遺伝子操作時代の権利と自由

なぜ遺伝子権利章典が必要か

シェルドン・クリムスキー
ピーター・ショレット　編著
長島　功　訳

緑風出版

【凡例】

一、本書は、“Rights and Liberties in the Biotech Age”（2005）edited by Sheldon Krimsky and Peter Shorett ,Rowman & Littlefield の全訳である。

一、原注は、（ ）内に算用数字で示し、説明は各章末に一括して収録した。

一、訳注は、［ ］内に算用数字で示し、説明は原則として各ページ末に掲載した。

一、必要と思われる単語には、（ ）内に原語を示した。

一、訳文の理解のために必要と思われる語句は［ ］内に補った。

一、著者が補った語句は〔 〕内に記した。

一、著者が行ったイタリック体による語句の強調は、太字体で表した。

訳者まえがき

本書の原書の出版を企画したのは、米国の非営利の市民団体「責任ある遺伝学協会（The Council for Responsible Genetics：CRG）」である。

ＣＲＧは、一九八三年の創立で、マサチューセッツ州のケンブリッジに本拠を置いている。その目標は、簡単に言えば、遺伝子技術の社会的、倫理的意味とそれが環境に与える影響に関する討論を主に米国の公衆のうちに巻き起こすことであると言ってよい。そのためにＣＲＧは、メディアを通じて、遺伝子技術の問題点や現状に関する正確な情報を提供し、バイオテクノロジーの分野で浮上してくる新たな問題に関して公衆の関心を呼び起こそうとしている。その際に、もちろん、彼らはこれらの活動を無原則的に行っているのではない。ＣＲＧは、次のような三つの明確な原則に基づいて上述の活動を行っている。すなわち、一、公衆に技術の革新的進歩に関する明確で分かりやすい情報を提供しなければならない。二、技術の発展とその実用化に関する公的・私的な意思決定に公衆を参加させることができなければならない。三、貧困や人種差別やその他の不平等に根ざす問題は技術だけでは解決できないが、新しい技術は社会的なニーズを満たすものでなければならない。

ではＣＲＧは、新しい遺伝子技術を発展させたバイオテクノロジーに関しては、どのような見解を持っているのか。ＣＲＧのバイオテクノロジーに関する評価は、およそ次のとおりである。

バイオテクノロジーの分野は、未来において劇的な進歩を遂げる可能性を持っているが、それはまた誤った情報や誇張された主張に満ちている。実際、バイオテクノロジーは、科学の進歩が人間の権利と公共の福祉に与える潜在的な影響を含めて、重大な国民的および全地球的な問題を引き起こしている。その中には、生命特許による種子市場の破壊やバイオ企業による農村支配、遺伝子組み換え作物の拡大による生物多様性の破壊、そして知的所有権がヒトゲノムにまで及んだ結果生じた先住民族の遺伝子資源の破壊など、地球の今後の運命に関わる問題が含まれている。しかし、CRGは、このようにバイオテクノロジーに対して否定的な評価を行うからといって、バイオテクノロジーを全部否定するのでは決してない。むしろCRGは、米国や世界中で持続的な政策により改革を行うことによって、公共の福祉の進歩、環境保護の進展、「平等の正義」の発展および人権尊重の優先に向けて、バイオテクノロジーを正しい方向に舵取りをしていく運動の先頭に立っていると言ってよい。

CRGのこのような運動の展開において先進的な役割を果たしているのが、その機関紙のGeneWatchである。今日のような遺伝子技術と生命科学の急成長の時代にあっては、その結果として生じてくる情報の氾濫に追いつくのはきわめて難しくなっている。また遺伝子技術は、私たちの生活のほとんどすべての分野に入り込んでくる。私たちが食べる遺伝子組み換え食品からはじまって、私たちの生態系の生物多様性や人間の健康の分野、さらには再生医療やDNA鑑定を中心とする犯罪捜査の分野にまで至る。当然、公衆は信頼できる出所からの信頼できる情報を欲する。GeneWatchは、このような信頼できる情報源として四半世紀以上にわたって中心的な役割を果たしてきた。GeneWatchが扱う分野は非常に多岐にわたっている。次にそれらの主な分野を列挙してみよう。遺伝子組み換え食品、生物兵器とバイオテロ、遺伝的プライバシー、遺伝子差別、再生医療、ヒト・クローニング、遺伝子治療、優生学、生命特許、生物植民地主義、出生前遺伝子診断……。GeneWatchには、これらの非常に様々な分野に関する最新の情報を適切な批判的見解を織り混ぜながら、多くの学識のある専門家やジャーナリストが寄稿している。この雑誌は、定期購読ができるが、CRGの公式のウェブサイト（http://www.councilforresponsiblegenetics.org/）でも全内容を閲覧できる。

もちろん本書でも、先ほど列挙した項目のうち「生物兵器とバイオテロ」と「再生医療」の問題を除くすべてのテーマに関して複数の専門家が論じている。このようにCRGは、非常に多様な分野にわたって活動しているが、これらの分野の中で現在主に活動を集中している領域が四種類ある。それらは、㈠、遺伝的プライバシー、㈡、民族と遺伝学、㈢、生物兵器戦争とバイオ実験施設の安全性、㈣、犯罪科学上の証拠としてのDNA、である。これらの分野の問題は、㈡の一部と㈢を除いて本書で詳細に議論されているが、まえもってその概要をお伝えすることとしたい。

㈠　遺伝的プライバシーの問題について

今では、遺伝子検査によって将来その人が罹る可能性のある病気を予測することができる。このような遺伝子検査を中心とする人間の遺伝子技術の発展は、健康の増進のための大きな潜在的な力を持つものとして推進されてきた。しかし、このような技術の発展とともに、人の遺伝情報のプライバシーとその漏洩に関する懸念が生じ、それとともに漏れた遺伝情報がどのように使用されるかが不明であるという問題が発生してきた。

これらの二つの関連する問題から、遺伝的プライバシーの問題と遺伝子差別の問題が生じる。前者は個人の遺伝情報の保護の問題であり、後者は個人によって様々な遺伝子構成の違いに基づいて個人を差別的に扱うという問題である。この両者の問題は密接に関連している。というのは、個人の遺伝情報は、遺伝子検査により明らかにされるが、これらの情報は個人のプライバシーとして決して第三者（職業上知りうる医学関係者を除いて）に知られてはならないものだからである。

もしこの情報が保険会社や就職予定先に知られれば、この情報が示す個人の形質（将来特定の病気にかかる可能性が高い素質など）に基づいて、保険の加入や就職の内定を断られることがあるかもしれない。すなわち、遺伝的プライバシーを保護しなければ、遺伝子差別が発生する可能性があるのである。もちろん、遺伝子差別は、遺伝的プライバシーが保護されない結果としてでなくとも、強制的に行われた遺伝子検査の結果として起きる場合が多い。その場合には、当然のこととして強制的な遺伝子検査に反対する必要があるだろう。幸い、ジェレミ・グルーバー（Jeremy Gruber）会長を先頭とする「遺伝子差別禁止法」の制定を求めるＣＲＧの運動の力もあって、二〇〇八年に「遺伝情報差別禁止法（The Genetic Information Non-discrimination Act of 2008 : GINA）」が成立し、これによってこのような差別は禁止されるようになった。

(二) 民族と遺伝学

社会の中で遺伝子検査が普通あるいは強制的に行われるようになれば、米国のような多民族社会では、遺伝子検査によって個人の民族的出身はたちどころに判明してしまう。米国では確かに黒人の人種差別は法律上は撤廃されたが、社会のすべての分野で民族差別が無くなったわけではない。人は外見では民族や人種が明確には分からない。しかし、遺伝子の配列の特徴が分かれば、人は誰でも民族的、種族的出身を確認することができる。このように、遺伝子検査が広まることによって、人々を民族的、人種的に選別することが可能になるが、これが新たな民族的人種的差別につながるかどうかはまだ分からない。

逆に、遺伝子の配列を調べることによって、自分や親族の民族的人種的出身を知ることができるようになったことも確かである。この点では、遺伝子検査を何も否定的に捉える必要はない。多民族社会の米国では、自分の民族的出自を知らない人が多いだけでなく、自分の親が誰なのかもわからない人がいる。個人の民族的出身を知る権利というものがあるとしたら、それは今日の遺伝子技術によって初めて開かれたと言うべきであろう。また日本のような場合でも、日本人がどのように形成されてきたか、つまりモンゴル人をはじめとする北方アジア系が中心なのか、それとも東南アジア系も混じっているのかという学問的な問題の研究にも役立つだろう。その他、米国では、自分の民族的出身を知ることによって、病気の罹患率、死亡率および平均寿命を知る手立てを得ることができるという利点も注目されている。また本書の「あとがき」でも触れているように、米国では、個人が事故や災害など何か緊急事態に遭遇した時にすばやく個人の識別ができるように、ＤＮＡプロファイリング（三九一頁の訳注［4］を参照）によって作成が可能となった「ＤＮＡ身分証明書」を常時携帯することが国民に推奨されている。

(三) 生物兵器戦争とバイオ実験施設の安全性

封じ込めレベルの低いバイオ実験施設（Ｐ１・Ｐ２実験室）は世界中に拡散しており、新しい病原体、遺伝子組み換えウィルス、ナノ物質およびその他の生物物質を定期的に実験で扱っている。このような研究が急速に拡大すると、健康と安全問題に関する幅広い監視が必要となってくる。したがって、この分野での強制力のある実験基準と実践慣行の制度化に向けて努力する必要がある。封じ込めレベルの高いバイオ実験施設（P3実験室またはP4実験施設）は生物兵器を開発・生産し、生物兵器戦争を準備する潜在能力を持っている。またこれらの生物兵器として用いられる病原体は、実験者に感染することもあるし、まだひとたびバイオ実験施設から漏れれば、近隣住民が感染の危険にさらされる。それとともに、ヒトゲノム・プロジェクトが完了してから着実に複雑さを増してきている遺伝子分析と遺伝子組み換えの技術によって、科学者たちは今では、感染力を高める致死的な病原体を作り出す能力を持ちあわせている。

これほどまでに遺伝子組み換え技術が発達した現在では、生物兵器の開発と使用を終わらせるとともに、明確な攻撃的意図を持ったいわゆる生物「防衛」研究（名目上は、生物兵器による攻撃から国民を防衛するための研究）を終わらせるために努力する必要がある。そのためには、米国が「生物・毒素兵器禁止条約（BTWC）」の検証・実施のための議定書を批准するよう引き続き圧力をかけていく必要がある。それとともに、軍事目的のために病原体を遺伝子組み換えするすべての試みに同条約を適用する必要がある。

㈣　犯罪科学上の証拠としてのDNA

世界中の警察は、急速および広範に犯罪捜査用のDNAデータベースを利用しはじめている。そのため、犯罪科学上の証拠としてのDNA鑑定は、市民的自由を擁護する人々にとっても大きな関心の的となっている。DNA鑑定は、もともと有罪宣告を受けた重要犯罪人の特定のみを目的とした犯罪予防の手段だった。しかし、それが今では日常的に多くの目的に利用されるようになって、すべての市民にとってプライバシーや市民権と同じような重大な関心事となっている。DNA鑑定は、指紋のような犯人を特定する他の手段とは非常に異なっている。それは、言わば個人の病歴とその家族全体の病歴を覗くことのできる窓のようなものである。またDNAデータバンクの利用の拡大は、世界の民主主義とプライバシーに非常に大きな脅威を与え、それによって様々な問題が起きている。それらの問題には、一度も有罪判決を受けたこともない個人のDNAサンプルが永久保存されたり、DNA「捜査網」（人口全体からDNAを収集すること）が張られたり、そして個人だけでなくその家族のDNA調査が行われる、などの問題が含まれる。

最後に、本書の読み方について一言したい。すでに述べたように、本書は今日のバイオテクノロジーが引き起こしている問題のほとんどすべてを扱っている。これらのうちには、すでに読者がある程度の知識を持っている分野もあるだろう。その場合には、その分野を論じた部分から読み始めていただいても結構である。もしそうでなければ、まず最初に付録に収録した「遺伝子権利章典」をじっくり読んでいただきたい。個々の論述がかなり専門的であるので、専門用語について行けない方もあるだろうと思われる。この点を考慮して、できるだけ詳細で分かりやすい訳注を付けたつもりである。したがって、初学者であれば、はじめから順に読み進めることを勧めたい。訳注に出てくる生物学的な専門用語が分からない場合には、パソコンや『生命操作事典』（緑風出版）、バイオテクノロジーに関する事典などを手元に置いて読んでいただければなお一層分かりやすいだろう。なお、訳者の学識不足などで訳注に不正確な記述や明らかな間違いがあるとお気づきの方は、ご一報いただければありがたい。

訳　者

二〇一二年立夏

目次

遺伝子操作時代の権利と自由

——なぜ遺伝子権利章典が必要か

シェルドン・クリムスキー&ピーター・ショレット編著

第3部　遺伝子組み換え食品

第4部　先住民族

第5部　環境中の遺伝毒性物質

第9部　無実を証明するDNAの証拠

日本語版への序文

二一世紀の初めに「責任ある遺伝学協会（ＣＲＧ）」によって「遺伝子権利章典（ＧＢＲ）」がはじめて発表された。その当時、科学者たちはヒトゲノム解読の第一段階を終えていた。また遺伝子組み換え作物が市場に出回りはじめていた。犯罪科学上の証拠として用いられるＤＮＡのデータバンクもすでに主要な先進国で導入されていた。また一九九五年には、ミリヤド・ジェネティクス社が乳がんを引き起こすＢＲＣＡ1とＢＲＣＡ2という遺伝子の特許を申請して認められた。

本書の第一版が発行されたときまでには、「全米バイオテクノロジー情報センター」の遺伝子データベースに登録されている二万四〇〇〇を超える遺伝子のうち四〇〇〇近くが知的財産であると主張された。そしてヒトゲノムの約二〇％が特許化された。ヒト遺伝子の特許化に反対する最初の大きな挑戦的行動は、米国自由人権協会（ＡＣＬＵ）とパブリック・パテント・ファウンデーション（Public Patent Foundation）によって起こされた。二〇〇九年に彼らは、乳がんと卵巣がんに関連する二つのヒト遺伝子（BRCA1とBRCA2）の特許は憲法違反であり無効であると主張して、訴訟を起こした。彼らは訴訟で、この特許は治癒につながる診断検査・研究を抑制し、医療に関する女性の選択肢を狭めると主張した。二〇一〇年に連邦裁判所は、ヒト遺伝子に関する特許は無効であるとの判決を下した。ミリヤド・ジェネティクス社はこの決定を不服として控訴した。二〇一一年に米国控訴裁判所は、企業はヒト遺伝子に関する特許を取得することはできるが、ヒト遺伝子の遺伝子配列を比較する方法の特許は取得することはできない、との判決を下した。この裁判が米国最高裁判所に持ち込まれると、最高裁判所はこの控訴裁判所の決定を無効にし、控訴裁判所に対してメイヨ対プロメテウス（Mayo v. Prometheus）裁判の決定[1]を踏まえて同裁判を再審理するよう指示した。最高裁判所は全員一致で、薬剤に対する患者の反応を評価する方法に関する特許を無効にした。このように、生命形態とＤＮＡの特許化は依然として紛争中の問題である（遺伝子権利章典第二条を参照）。

一方、遺伝子組み換え（ＧＭ）作物が増大するとともに、いくつかの工業国は、「遺伝子権利章典」第三条に一致した非組み換え食品を購入する自由選択権を人々に与えようとした。消費者が選択できるようにＧＭ作物の表示を企業に求めた国もあれば、ＧＭフリーの「有機食品」の表示を生産者に求めた国もある。農業バイオテクノロジー企業は、市場に出回ることを承認されたＧＭ作物の種類を拡大しようと精力的にロビー活動をしている。

また遺伝子差別（「遺伝子権利章典」第八条を参照）に対処する重要な法律が合衆国で可決された。二〇〇八年に「遺伝子情報差別禁止法（ＧＩＮＡ）」が米国議会で可決されたのである。同法は、団体健康保険組合や保険会社が、将来病気に罹ることを予測的に示す遺伝的素因にのみ基づいて、健康な個人に補償を拒んだり、またより高い保険料を課すことを禁じている。同法はまた、雇用者が、従業員の雇用、解雇、配置転換または昇進の決定に際して彼ら個人の遺伝情報を利用することを禁じている。ただ雇用と医療保険における差別の禁止は、遺伝子差別に対する取り組みの第一歩にすぎない。というのは、この法律は長期医療や生命保険を適用対象にしていないからである。また（第21章で議論されているように）、胎児の段階で遺伝子の欠陥を発見して妊娠中絶させることを目的とした予測的な出生前遺伝子検査が行われているが、こうした遺伝子検査の差別的な利用から保護されることを求めている人々もいる。他方で、妊娠中の女性の血液中に胎児細胞が発見され、それにより出生前の遺伝子検査はさほど危険なものでなくなっている。このように出生前遺伝子検査が遺伝子差別かどうかは依然として激しい論争の的となっている。

本書が最初に出版されて以来、エピジェネティックス（epigenetics）の分野がかなり発展した。エピジェネティックスとは、「後成的遺伝学」と訳され、DNAへの後天的な作用――例えば放射線被曝――による形質変異を研究する遺伝学の一分野である。科学者たちは今では、発生しつつある胎児または大人の人間に病気を引き起こす唯一の仕組みは、人間の細胞内でのDNAの変異であることは知っている。他方で、両親や祖父母が有毒化学物質に曝されると、それがエピゲノム（epigenome：DNAの二重らせんの断片に付着したタンパク質）内に刻印されて、遺伝子の発現に悪影響を及ぼし、障害を発生させることも今では知られている。人に障害を負わせるこの後者の仕組みを妨げるためには、有毒化学物質から人のゲノムを保護すること（「遺伝子権利章典」第五条を参照）が必要である。しかし、それは普通の病気を引き起こす細胞内のDNAの変異を防ぐことよりもはるかに難しいことである。

犯罪捜査にDNA鑑定を利用するという革命的な実践は、一九八〇年代後半に英国ではじまり、すべての先進国に広まった。日本と米国の両国は当然ながら、犯罪科学上の証拠として利用される国家のDN

Aデータバンクを擁する先進国の中に含まれる。しかし、国家のDNA鑑定用データバンクと市民のDNAの収集はプライバシーと市民の自由と衝突する。欧州人権裁判所は、イングランドとウェールズでは犯罪捜査用のDNAコレクション［収集されたDNAのデータ］を利用することに反対するとの判決を下した。というのは、それらの地域では無実の人のDNAと彼らの生体試料が警察に保有されていたからである。これは完全なプライバシーの侵害である。米国ではDNAの収集は、今までいかなる犯罪でも有罪を宣告されたことのない「逮捕者」に拡大され、また犯罪現場で採取されるDNAに十分似てはいるが完全には合致していない個人の家族全体の捜査にまで拡大された。いわゆる「家族のDNA捜査」では、逮捕・捜査ができる相当な理由が特に無い場合には、家族全体が容疑者として扱われる。米国には、投獄されてはいるが、DNAによって無実を証明することを願っている人が数多くいる。しかし、彼らは、米国のパッチワークのような寄せ集めの法律に頼っても、無罪を証明できる証拠は獲得できないだろう。

「遺伝子権利章典」が最初に発表されたときには、世界中の道徳的な風潮は、生殖細胞系の遺伝子工学を禁止する方に有利に傾いていた（「遺伝子権利章典」第十条を参照）。この問題に関する道徳的な傾向は、多くの著作やシンポジウムで大きく異なり、またさまざまであった。しかし、今では、科学者や生命倫理学者たちは、「より完全な」子孫を作り出すためにヒトの受精卵が操作される未来を唱道している。また生殖細胞系列の遺伝子治療を禁止する法律を制定している国はほんのわずかである。

この“*Rights and Liberties in the Biotech Age*”（『バイテク新時代の権利と自由』）の日本語版は、新たな読者たちに上述のような議論を紹介し、それによって、遺伝に関する科学と技術の応用と人間の権利に対するそれらの影響について、対話を広めてくれるだろう。私たちは長島功氏による英語版の翻訳に感謝したい。

シェルドン・クリムスキー

---

[1]消化器分野で全米最大手の検査機関であるメイヨ（Mayo Collaborative Services and Mayo Clinic Rochester）とプロテウス（Prometheus Laboratories）との間で争われたチオプリン薬（自己免疫疾患を治療する薬剤）に関する二件の特許をめぐる特許侵害裁判のこと。

まず、二〇〇四年に、プロテウスは、同研究所の特許方法を無断で使用しているとして、メイヨをカリフォルニア連邦地裁に提訴した。これに対して、メイヨは逆に、プロテウスによる特許クレーム（日本の特許法による「特許請求の範囲または請求項」のこと）――免疫介在性胃腸疾患の治療効果を最適化する特許の方法クレーム――は特許可能な主題ではないとして無効判決を申し立て、地裁は、この請求を認めて、プロメテウスの特許が無効であるとの判決を下した。プロメテウスの特許クレームは、チオプリン薬の投与の結果生じる代謝物の量を測定して薬の投与量を最適に調整する方法に関するものであった。地裁判決の趣旨は、このプロメテウスの特許クレームに記載されている薬剤投与工程および薬剤（6―チオグラニン）の投与量の決定工程は単に薬剤の代謝レベルと治療効果の相関性を見るために必要な情報収集過程に過ぎず、したがってこのような相関性は自然現象であり、発明者による発明ではないとするものだった。

プロテウスがこの判決を不服として、控訴裁判所（ＣＡＦＧ）に提訴した。ＣＡＦＣは地裁判決を破棄したが、またこの逆転判決を受けてメイヨは、連邦の最高裁判所に上告した。最高裁はＣＡＦＣの判決を差し戻したが、ＣＡＦＣは前と同様の判決を下したため、メイヨは再度最高裁に上告した。その結果、最高裁は、プロメテウスの特許クレームの方法は米国特許法一〇一条［法定発明主題を定めている］の下では、特許可能な主題ではない、という判決を下した。

最高裁の判決理由の趣旨、すなわち、著者の言う「メイヨ対プロメテウス裁判の決定」の趣旨は、次のとおりである。プロメテウスの特許クレーム［薬剤の反応を測定し、それに従って薬剤の投与の最適量を決定する方法］は、従来からある公知された技芸であり、自然法則の記載に留まっている。しかし、単に「自然法則」の記載があるだけでは、その特許クレームは無効であり、その技芸が「自然法則」を応用し従来の技芸に新たな変更を加えた技芸であるという記載がなければ、特許取得可能なものではない、というものである。(この訳注は次の二つの資料を参考にして作成されたものである。①Yoshiya Nakamura, "MAYO v. PROMETHEUS 米国最高裁判決" CAFC Blog, March 23, 2012, at : www.whda.com/cafc/2012/03/mayo-v-prometheus-japanese-summary/、②藤野仁三「米連邦最高裁、治療方法特許を認めず」(『日刊工業新聞 2012/05/11』)

序文

一九九九年の八月初旬に、マックス・モアという男が、新しい生物学の（そしてナノテクノロジーとロボットの）革命の先頭に立つ多くの研究者やパンフレット作成者を助言者と指導者とするエクストロピアン[1]運動の第四回年次総会の演壇に上がった。モアは、生まれたときはマックス・オコンナーという名前だったが、進歩に向かって絶えざる努力をする哲学を具体化するために自らに新しい名前をつけた。彼は演壇から、自然は多くの点で下手な仕事をしてしまったのであるから、自分は「人間の体質に何らかの修正」を施す提案をしたい、と述べた。彼が提案した七つの修正には、(1)永遠の生命のために死を無くすこと、(2)新しい改良された感覚を工学的に作り出すことによって、人間の認知能力を増大させること、(3)「情緒的な反応」を改善すること、(4)行動形態を再形成すること、(5)記憶力を高めること、そして(6)知能を改善すること、が含まれている。彼は仲間たちのひときわ熱い喝采を受けて着席した。

[1] Extropian：遺伝子改変による人間改造の推進を唱える積極的優生主義を唱道する人々。

私は、彼が概略を述べた種々のプロジェクトの成功する可能性がどの程度あるかをここで評価するつもりはない。しかし、これらのプロジェクトの多くはすでに実験動物である程度達成されていることは述べておくに値する（たしかに、最近十五年間に遺伝子組み換え作物が実験室での実験から大陸規模の栽培へと広がったことは、モアがしたような話を却下する前に私たちに再考することを促している）。私が彼の熱狂的な主張から取り入れたいことは、「私たちはいま岐路に立っている」という見方だけである。すなわち、私たちは、私たちの世代のうちに、今住んでいる世界とは非常に異なる世界に、二度と引き返せないまま入ってしまうべきか否かを決定することになるだろう。

本書の著者たちは、注意深くかつ理性的に「遺伝子権利章典」[2]を提案し、力強い保守的な主張をしているが、モアのような男たちが推進する熱狂的な運動よりもはるかに賢明で人間的で合理的な［人間の体質の］修正を提案しているように私には思われる。著者たちは、私たちが今まで知っている人間には、また人間と自然界の関係の中で数千年にわたりゆっくりとしかも明確な進化の境界線［生物の種を区別する境界線］の内部で私たちが発展させてきた植物や食用作物には、大きな価値があると述べている。私が「保守的」と言うときは、もちろん、現在の政治的な用語法でこの言葉を使っているのではない。今日の使われ方では、この言葉は、他のすべての政治的な目標に先んじて何よりも経済の無限の成長を目指し、その目的のためにはいかなる破壊をも進んで容認する人々のことを表すようになってきた。しかし、私はどちらかと言えば文字通りの意味で言っているのである。すなわち、これらの著者たちは、私たちが文明の正常な働きとして直観するもの［すなわち、現にある自然―訳者］の多くを保存することに関心があるということである。

このような訴えを行う必要があるのは、地球上に生きる私たちの、宇宙的な視野から見れば瞬間に過ぎない時間[3]のドラマチックな性質を強調しなければならないからである。すべての生命は多くの点でその遺伝子の産物であるという発見は、まだ比較的歴史的に新しいものである。それらの遺伝子が可塑性を有し、操作が可能であるという考えは、ほとんどの人々にはまだサイエンス・フィクションのように思われる。研究者たちがサイエンス・フィクションではないことを日々立証しているのに、人々はそう思っているのだ。このように公衆が認識していたため、またこのような技術から利益を得る人々による商業上の圧力があったために、国会議員たちはなかなかこれらの問題の多くを取り上げなかった。しかし、このような状況は変わりはじめている。ヨーロッパで遺伝子組み換え食品に対する反対が広がるとともに、活動家たちは自らの主張を口に出しはじめ、米国以外の世界の多くの地域では、この本の著者たちが描いた線に沿って、少なくともある程度の前進があった。例えば、カナダ政府当局は、人間の生殖細胞の遺伝子改変を禁止し、またEUも同様の措置を講じた。本書で要求されている権利のいくつか、例えば、無罪を証明するDNAの証拠を提出する権利や遺伝的プライバシーを守る権利は、将来数年のうちに必ずや政治日程に上るであろう。

[2] genetic bill of rights：アメリカの独立時に制定された「アメリカ権利章典」に倣って、本書を編集した「責任ある遺伝学協会」が「バイテク時代の」遺伝子革命に直面して擁護すべき人権と自由を宣言した画期的な文書。その全文は本書の巻末に収められている。

[3] 地球の歴史を一日二十四時間に直したら、人類の歴史はほんの二分に過ぎない。そのうち、産業革命以降の人類の歴史は数秒に過ぎないことを知れば、遺伝子の発見後から現在までの期間は一秒にも満たないことに目を向けるべきである。

しかし、これらの問題のいくつか、つまり、先住民族の権利、遺伝毒性物質の脅威を受けずに生きる権利、汚染されていない食品を食べる権利、とりわけ、テクノユートピアンたちが描く技術的に操作された子孫を作ることを拒む権利はあまりに大きな問題なので、実際に取り上げられることは決してないだろう。また私たちは、何が起こったのかをはっきり理解しないうちに、技術的進歩の慣性により重要な分岐点を通り過ぎてしまうこともありうるだろう。

したがって、本書の最も貴重な貢献は、議論の開始者、簡単には無視できない論争問題の確認者として、守らなければならない［バイオテクノロジーによる人間の改変の］限界点を示すことにあるように私には思われる。そして、このような宣言に反対する勢力、つまり、単に最もロマンチックな科学者だけでなく、これらのバイオテクノロジーの進歩から利益を得ようと渇望している大企業の集団もまた強力ではあるが、彼らに打ち勝つことができないわけではない。実際、ほとんどの人間は、これらの技術に深刻な不快感を抱いている。そして、もしこのような規模の遺伝子工学の進行を許せば、まさに私たちの人生の意味が危機に曝されると本能的に感じているのだ。

私からの唯一の警告は次の通りである。私たちは、何よりもまず、個人が所有するものとみなしているもの［例えば、私たちの遺伝子］に対する権利を宣言するに際して、その権利は個人のためであると同様にコミュニティのためでもあり、私たちと同じ生物種である一般の人々のためでもあるという事実を見失ってはならない。[4]

また私たちは、この闘いが遂行されなければならないということをも見失ってはならない。人々が危機に曝され、人々の自由が危うくされているだけでなく、ある考えもまた危機に瀕している。その考えとは、まさに私たちとは何者か、人間であるとはどういう意味なのかに関する考えである。

ビル・マッキベン

二〇〇四年七月

[4] community：最近の辞書的な定訳は「地域社会」であるが、実際には地域に居住する住民の共同体を指し、それ自体が地域に住む個人の集団であることに注意されたい。「地域社会」という訳語は、community が**人間の集団**であることを意識させることが不十分なので、本書では原語の音（オン）をそのまま示す「コミュニティ」の訳語を採用した。

謝辞

私たちは次に示す方々の尽力に感謝したい。彼らなしでは本書は実現できなかっただろう。マーサ・ハーバートは、「責任ある遺伝学協会（ＣＲＧ）」の理事の間での長い議論を進めてきたと同時に、この議論を文書化した。クレア・ネイダーは、理事会の議長として、理事会での多くの活発な議論を導いてきた。これらの議論のすべての結果として「遺伝子権利章典」が立案され採択された。そしてＣＲＧ事務局長のスジャータ・バイラヴァンは、本書に対して事務局として支援を行った。また私たちは「遺伝子権利章典」の原案の起草に関与した次に掲げるＣＲＧの理事会の他のメンバーにも感謝の意を表明する。コリン・グレイシー、ポール・ビリング、フィリップ・ベリアーノ、デブラ・ハリー、ルース・ハッバード、ジョナサン・キング、シェルドン・クリムスキー、スチュアート・ニューマン、ディーヴォン・ペナーおよびドリーン・スタビンスキー。最後に、私たちは原稿の整理・編集に際して、このようにすばらしい仕事をしてくれたエイリーン・スミス氏には感謝の念を禁じえない。

序論

シェルドン・クリムスキー
ピーター・ショレット

過去四半世紀の間、バイオテクノロジーというエンジンは、減速させるブレーキもなく、また操縦する技師もいない貨物列車のように、工業経済と農業経済の分野を突っ走ってきた。バイオテクノロジーの応用に対して社会的な規制を加えるという考えは、バイオテクノロジーの最も熱心な推進者たちから「自由な市場に決めさせよ」という叫び声を浴びせられてきた。しかし、この考えによれば、ある技術にブレーキをかける唯一の正当な根拠となるのは、その技術が人間の健康や国の安全に明確で現実的な危険を及ぼす製品を生み出す場合だけである。

バイオテクノロジーは、農業、健康産業、製薬業、生殖産業、天然資源、材料科学および犯罪科学を含む経済の広範な部門に影響を与えている。このような理由により、私たちは、遺伝子工学と細胞工学を含むバイオテクノロジーを、重大な技術革命とみなすことができるだろう。歴史的に見れば、このような革命は、時には良い方向に時には悪い方向に、社会を変化させてきた。しかし、私たちがこれまで経験した技術革命や政治革命の後には、変化を引き起こす力に対する何らかの基本的な調整とその力の制御が必ず伴ったものである。技術や政治の変化に対する私たちの様々な対応に大きな相違点があるとすれば、それは、戦わずしてそれらの変化に順応するか、それともそれらの変化を引き起こす可能性のある種々の事態をコントロールする意識的な努力をするかどうかという点である。

バイオテクノロジーの発展に対する国家的または国際的な規制が全く行われない近未来がどのようなものであるか想像してみよう。私たちはどんな結果を予想するだろうか。市民の自由やマイノリティの権利に対してどのような侵害が生じるだろうか。起こりうるケースを次に考えてみよう。

ある犯罪の目撃者が、面通しから、ある若くて貧しい男性を、若い女性をレイプして殺したと言われている人物であると識別したとする。陪審員はこの最重要の容疑者に毒物注射による死刑の判決を言い渡す。上訴の六年後に、裁判所はこの判決を支持し、有罪を宣告されたこの重罪犯罪者は死刑に処される。ところが、彼の処刑後に、弁護団は、もしDNA鑑定をしていたら、犯人ではない人物が裁判にかけられて有罪を宣告されたことが立証されただろう、ということに気づく。しかし、州の予算の資金不足のために、有罪の宣告を受けたその人物はDNA鑑定を受けることができなかった。これが最初のケースである。

第二のケースでは、ある若い女性の父親が、不治で治療不可能な退行性神経障害のハンチントン舞踏病[1]だと診断される。この若い女性は、その後の人生でこの病気にかかる可能性が五〇％ある。彼女は、自分がハンチントン舞踏病の遺伝子の保有者［「保因者」という］であるかどうかを決定する遺伝子検査を受けないことに決める。それでも、彼女の健康保険会社は、彼女の健康状態の不確実性に基づいて、彼女の保険料を倍化し、他方、彼女の生命保険会社は、彼女を保険料が法外に高いハイリスク・グループに入れる。

第三のケースでは、「有機食品栽培者協会」が、有機農産物が遺伝子組み換え農産物に汚染されないことをもはや消費者に保証できなくなったとする。その理由は、遺伝子組み換え作物と有機栽培作物の間に設けられた緩衝帯が有機農場の汚染を防ぐのに有効に機能しなかったためである。[2] 今や消費者は、動物と植物の違いを超えて遺伝子を混合させることによって食物アレルゲンが広がる可能性や遺伝子組み換え作物の栄養価値の変化について懸念を持っているので、もはや消費者保護のために貼られた有機栽培作物の表示ラベルに頼ることはできない。

これらの全く現実にありうるケースでは、新しい遺伝子技術の誤用または不注意な使用から消費者を保護することが求められている。本書は、規制されていない技術から、市民の自由、コミュニティの諸価値およびマイノリティの権利を保護するために、社会は今や「遺伝子権利章典」を必要としているという考えに基づいている。バイテク企業は、検査も受けておらず表示もされていない遺伝子組み換え食品を市場に投入している。子供を持とうと計画している若い夫婦は、その結果も価値も完全には分かっていない数多くの遺伝子検査を受けさせられている。数千の合成化学物質が、人間に遺伝子や染色体の損傷という危害を与え、それによって癌や発達障害を引き起こしている。政府機関と州機関は、個人のプライバシーにはほとんど関心を寄せずに、人口のより大きな部分からＤＮＡ識別情報を集める方法を見つけようとして

[1]優性遺伝する遺伝性疾患の一つで、三〇～四〇歳代に発病し、踊るように手足が震える症状が見られることから舞踏病と名づけられている。西欧人に多く見られ、日本には一〇〇万人に一人の割合でこの病気に罹患している人がいると見られている。
[2]その理由は、ＧＭ作物の花粉が飛散して有機栽培作物の栽培地帯に入り込み、ＧＭ作物と有機栽培作物の間で交雑が発生し、両者の雑種ができたためである。

いる。世界中の先住民族は、彼らの伝来の土地に繁茂する植物や生息する動物の染色体や遺伝子、さらには彼ら自身のＤＮＡの特許を取得しようとする多国籍企業の企みと闘っている。本書は、新しい遺伝子技術に関して、また、まだその意味が広範に理解されていないのに企業が市場に投入している遺伝子組み換え食品に関して認識を高めることを目指している。

新しいミレニアムの転換点に際して、二十一年の歴史のある公益組織である「責任ある遺伝学協会（ＣＲＧ）」の理事会の十二人のメンバーは、新しい遺伝子技術の社会的意味を探ることに専念し、「遺伝子権利章典」と彼らが呼ぶ十の原則を投票で決めた。ＣＲＧがこれらの十の原則をこのように定式化する目的は、安全性がチェックされていない遺伝子技術と人間の権利の侵害との間に関連があることを強調することであった。というのは、正式に打ち立てられたひとまとまりの原則のみが変化を引き起こす力に真っ向から挑戦できるからである。

遺伝子技術も技術であるかぎり誤用されるのは避けられない。私たちがこの誤用から人々を保護するために、一連の権利を採り上げた理由はいくつかある。その理由となる第一の考えは、合衆国憲法の一連の修正条項に付け加えられた「アメリカ権利章典」に私たちを連れ戻すことである。英国国王の支配がアメリカの植民地開拓者によって打ち倒されたとき、私たちが「我が建国の父」と呼ぶ革命的な反体制活動家たちの一団は、代議制に基づく政府を樹立し、多数の人の暴政から市民を保護するために「権利章典」を制定した。憲法の立案者たちは政府部内で憲法のチェックを行い、バランスを取る作業をやり遂げたが、その一方で、彼らが「権利章典」を採用するまでは、個人の自由を犠牲にすることをあまりにも熱心に望む心理状態が存在し、それに全く歯止めがかからなかった。

もちろん、「アメリカ権利章典」の原則の各々には限界がある。例えば、第四修正条項は、独立したアメリカの連邦政府による不当な捜査と逮捕を免れる権利を諸個人に保証しているが、その保証は絶対的なものではない。裁判所は、容疑者が犯罪を犯したと信じられるか、または犯罪を犯すことを準備していると信じられるときには、警察と連邦当局による個人［すなわち容疑者とされた人物］の強制捜査を是認した。裁判所は、第一、第四および第五修正条項の組み合わせはプライバシーのある一定の範囲を保護すると解釈できるものとみなしたけれども、「権利章典」はプライベートな事柄への他人の介入を明確には保護していない。

しかし、「権利」を採用し主張することは、「立証責任」という概念を確立することである。権利を侵害しようとする者は、政府の強制的な関与が必要であることを証明しなければならない。例えば、立ち入り捜査とか個人の医学的情報の開示の場合にはそれ相当の理由があることを証明しなければならない。また言論の自由を制限する場合には、明確な危険が現存することを証明しなければならない。このような次第で、自由の保護に権利という観点からアプローチすることは大変重要である。このような自由を保護する権利という観点からのアプローチは、法の制定を求めるための議論とは著しい対照をなしている。その理由は次のとおりである。すなわち、法制定の議論では、新しい法律や規則を提案すれば、提案者は、例えばその法律の実施により自由市場への干渉というような重荷が課されるが、提案者は、それに対して、その法律の可決が正当であるとする議論を行うことが必要となる。だから、このような政策決定や法制定においては、基本的な権利は、費用対効果の分析の論理によって二の次の扱いになる。簡単に測定しきれない損失は、考慮もされない場合があまりにも多い。

「アメリカ権利章典」は、諸個人を保護するために、すなわち、彼らの財産、言論、信仰する権利、自己防衛する権利および公正で迅速な裁判を受ける権利を保護するために制定されている。それは、共有の権利にも、公的資源の保護にも、また集団的な公共利益にも一切触れていない。「遺伝子権利章典（GBR）」といくつかの特徴を共有している権利の原則のもう一つ別のモデルとなったものとしては、一九四八年に国連で可決された「人権の普遍的な宣言」がある。この宣言で擁護された権利のいくつかは、第五条（「いかなる人も拷問または残虐で非人間的または名誉を傷つけられるような扱いや処罰を受けてはならない。」）、または第一三条（「人は誰でも各々の国家の境界内で移動し居住する権利を有する。」）のように個人を対象にして規定されている。

しかし、諸個人の権利に加えて、共通の公的な目的に基づいた他の種類の権利もある。例えば、第一五条（「人は誰でも国籍を持つ権利を有する。」）と第二五条（「人は誰でも自分とその家族の健康と福利に適した生活水準を享受する権利を有する。」）を考えてみよう。これらの権利は、人々が話し、行動し、財産を保有することに対する国家の妨害を防止することに関わるものではない。また、人のプライバシーへの干渉、つまり私たちが通常個人の自由の侵害に対する保護として理解しているものへの干渉に関わるものでもない。国連の宣言により説明されているもう一つ別の一連の権利は、第二六条（「人は誰でも教育を受ける権利を有する。」）のように、市民たちの幸せな生活を保証する義務を国家に課している。これらの権利は、公共の福祉を守る政府の機能の一部である。教育を受ける権利、または医療も含めて適切な生活水準を享受する権利は、国家がその役割を積極的に果たすことを求めている。

原子核の力が解き放たれたとき、諸国際組織は原子力エネルギーの安全な使用に関する条約を支持した。同様に、フロンガスと上部の成層圏にあるオゾンの減少との間には関連があると科学者たちが認識した後に、さまざまな社会運動がオゾンを破壊する化学物質の使用を禁止する国際条約を策定することに貢献した。これらの条約は、特定の技術の誤用とその技術による地球規模の共有財産の略奪から現在と将来の世代を守るために国境を越えた行動指針を策定した。政治的・経済的な変化もしくは科学的・技術的な変化が理由であるにせよ、進歩的なコミュニティは、コミュニティの利益に対する脅威に対抗するために何度も自らを組織してきた。私たちはこれらの権利を集団的権利と呼ぶことができる。なぜなら、これらの権利は、質的に相当な生活を達成できるようにする社会的、経済的、環境的な状態を人々に提供する役割を政府に求めているからである。集団的権利は、自由に言論活動し、結社し、陪審裁判を受ける人々の基本的な自由への侵害を防ぐという国家の役割を超えた、それ以上のものである。こうして、米国障害者差別禁止法が成立し、同法は障害をもつアメリカ人に、例えば公共施設に車椅子で入る権利のような、「権利章典」では彼らに与えられていなかった新しい特別な権利を授けた。すべての権利はその履行を政府に頼らざるをえないが、集団的権利を守るためには、公共財産、国家資源のより大きな割り当ておよび国際協力等を重視することがしばしば必要である。

普遍的原則を提示する点から見れば、「遺伝子権利章典（GBR）」は、個人的権利と集団的権利の双方から成り立っていると言える。GBRの第一条は、人々は地球の生物学的および遺伝的多様性を保存する権利を有していると主張している。これは、各人が主張できてしかも国境を越えて存在する権利であるとともに、すべての政府が共同で分かち持つ義務でもある。特許を取得した組織・団体、遺伝子組み換え食品、生物資源の管理、毒物からの保護および出産前の遺伝子操作を扱っている第二、三、四、五および一

○条は集団的権利に関する規定である。これらに関する権利を「集団的」と言えるのは、これらの権利が、その保護のために諸個人、諸国家および市場の間の協力が必要とされる集団的財貨（地球上の遺伝子資源共有財産、食糧の健全性／完全性（integrity）、有毒物質の無いきれいな環境）に関わるものだからである。集団的権利はまた、個人の自由と譲り渡すことのできない諸個人の権利にはそれほど関係が無く、むしろコミュニティの諸価値により一層関係がある文化的風潮や正義に関する国際的な原則に関わりがある。優生学、遺伝的なプライバシー、遺伝子差別およびＤＮＡ鑑定について規定している第六条から第九条までは、「アメリカ権利章典」における市民的自由の伝統に従っている。

「遺伝子権利章典」の策定のための枠組みは、次のような議論や主義をめぐる討論から生じた。すなわちそれらは現代社会において技術の変化はどのような位置を占めるのかという議論、ならびに科学には科学の発見に社会を順応させる何らかの不変な力が与えられているとする多くの人々の抱いている暗黙の前提があるという主張である。ＣＲＧの理事会は、このような見方は明らかに間違っていると考える。むしろ、新しい技術が情報を与えられた国民の要求と彼らの価値観とに合致しているかどうかを集団的に決めることは、民主的な社会の構成員の基本的な権利であり義務である。技術は自立的なものではなく、むしろ、社会が技術についての偽りの予言者にだけ耳を傾けている場合には、技術は怠慢によって結局受け入れられてしまうだろう。

また、遺伝子技術の応用の結果、人々の反対が生じた場合、ある技術の使用がなぜ制限または禁止されるべきかを証明する責任を、技術の懐疑論者たちに求め過ぎる場合があまりにも多い。このような結果になる理由は簡単である。社会の構成員としての私たちは、科学と技術には前へ進むという譲り渡すことのできない権利があるのだとの考えにあまりも簡単に陥ってしまうからである。科学のそのような「権利」を疑問に思う人々は、新しい技術が投資家たちと一般大衆にもたらす経済的な便益を良く考量して、起こりうるリスクや社会的費用負担を立証する重い責任に直面することになるのである。

しかし、遺伝学における発見によって生じるすべての問題が、伝統的な費用と便益の比較考量によって解決できるわけではない。新しい遺伝子技術のもたらす結果の或るものは非常に重大な社会的な意味を持っているので、その技術は、将来の世代にとっての遺産を守るために、諸個人、マイノリティのコミュニティあるいは全世界の市民の基本的な権利を侵害していないかどうかという観点から評価されるべきである。

二〇〇〇年四月の「遺伝子権利章典（ＧＢＲ）」の第一版には序文が含まれていた。ＧＢＲを構成している序文と一〇カ条の条文の双方とも本書の付録に再録されている。このＧＢＲの枠組みを最初に作り上げた人々は、各原則が一層分析され、正当化され、また解釈されることを必要としているものと了解していた。彼らはまた、人々は、たとえ概して同じ考えを持つ人々であっても、ＧＢＲに組み込まれている原則へのアプローチの仕方は異なるだろうということを認識していた。

本書の出版のために、私たちは、「遺伝子権利章典」の起草に関わったＣＲＧの理事会のメンバーからなるグループ、ならびにバイオテクノロジー問題に関して批判的な論評を提出したかまたはその問題に関する社会活動家として参加した他の人々にもコメントを求めた。彼らの論評はＧＢＲのために歴史的かつ哲学的な根拠を提供したが、またそれだけでなく多くの問題を提起した。

例えば、第三条、すなわち「すべての人は遺伝子組み換えされていない食品の供給を受ける権利を有する」において述べられている権利について考えてみよう。これは、遺伝子組み換えされた（ＧＭ）食品は全く存在すべきでないという意味なのか。それとも、人々が望むならば、供給される食品の遺伝子組み換えに関する世界的な規模の実験を止めさせることを可能にするような選択肢が存在すべきであるという意味なのか。

他方では、次のような問題もある。すべての人は彼らの遺伝子と彼らの子孫たちの遺伝子を傷つける可能性のある環境内の毒性物質から保護される権利を有する、という原則ではどのような責任が意味されているのか。そもそも、太陽からの紫外線は人間のＤＮＡに対して突然変異原性〔突然変異を起こす率：発癌の引き金になる―訳者〕を持っている。このような権利は、自然の突然変異原と人工的に産み出された突然変異原とをどのように区別することができるのか。人々を環境内の突然変異原から守る責任は誰にあるのか。そして環境内の突然変異原は、体細胞よりもむしろ生殖細胞（卵子、精子およびそれらの前駆細胞）を傷つけるのか、または個体の遺伝子構成を乱すことなく細胞と器官を損傷し得るような環境内の他の毒性物質に比べて相対的に好ましい状態にあるはずなのか。

また、「すべての人は遺伝子操作されることなく、母親の胎内に身ごもられ、懐胎され、生まれる権利を有する」と述べる第一〇条は、それ自身の特別な解釈問題を示している。第一に、この権利は、何らかの事態に対して保護される権利、ある人が利用できる権利に反対する権利、ある行動を起こしたり、その行動に関わったり、さらにはある信念を保持したりする権利として組み立てられている。この種の権利は前例が無いものではない。職業安全衛生法の下では、労働者は安全な労働条件の下で働く権利を有している。したがって、労働者は職業上の災害から守られるべき権利を有している。規制当局の米国労働安全衛生局（ＯＳＨＡ）は、労働者のためのこの権利を保護することになっている。

第二に、人は、例えば出生前の遺伝子操作の場合のように、人になる以前にその身に起こった事態から守られる権利を一体どうやって持つことができるのか、という問題もある。これは、権利が、人になる前の状態にまでさかのぼって行く働きを有するかどうかという問題を提起している。胎児の権利のようなものがあるのか。胎児の保護は、胎児がいったん人になったら、過去にさかのぼって解釈できるのか。

GBRは、人の権利の観点から組み立てられたものであるが、第一条は、人々は地球上のすべての生物種を管理する（control）ことを示している。GBRにおいては権利の概念はただ人にのみ与えられているけれども、生物多様性の保護ということではすべての生物種の利益が無条件に認められている。

いま、市民社会は、遺伝子革命を推進する政治的・経済的な関心に対応すべき強力な手段を必要としている。「遺伝子権利章典」は、これらの恐ろしい力に対抗して、人間の権利と環境を保護することに関する主流の功利主義的でますます増大しつつあるその場限りの取り組み方では、基本的に不適当であることを認識している。ゲノム医学、私たちの畑や農地の変形および私たちの生物的遺産の私的所有によっていくつかの選択すべき道が生じた。しかし、今やそれらに代わって私たちの基本的な権利と価値とを第一に取り上げる広範で強固な意思決定の枠組みが求められている。私たちに提示されている問題は複雑であり、また展望と危険も不確定である。だから、私たちの示す枠組みは、間違いなく、いくつかの新しい技術とその産物を慎重に受容することを意味するだけでなく、その他の技術とその産物を徹底的に拒否することの両方をも意味することになるだろう。しかし、どちらの場合にも、私たちの政府がバイオテクノロジーの分野において行う選択が、私たちの基本的な自由や私たちのコミュニティと地球上の全社会の中心的価値観とどの程度一致しているのかをも、公衆は当然知る権利がある。

第1部　生物多様性

「すべての人は、地球の生物的・遺伝的な多様性を保護する権利を有する」

「遺伝子権利章典」第一条

第1章　遺伝学、「自然権」および生物多様性の保護

ブライアン・トカー

今日のかなり人工的・衛生的な環境においては、私たちは、自分たちが生きた生態系（Living ecosystems）の健全性／完全性と多様性にいかに依存しているかをとかく忘れがちになる。「生命の網の目」というと、それは単なる抽象物のように見える。つまり人間の歴史の昔の、より単純な時代を賛辞する言葉のように見える。私たちは、この生命の網の目が重大な損傷を受けたときにはじめて、地球上の私たち以外の生物に私たちがいかに多く依存しているかに気づくようになる。旱魃（かんばつ）、洪水、原野火災の時、または異常なほど極端な天候がだらだら続く時には、私たちは、自然の明らかに行き過ぎた現象から私たちを守るために、私たちの文明の、一見すると頑丈に見える技術インフラに頼っているのだ。

しかし、人間以外の自然の過程に私たちが依存することはこれからも続く。私たちが吸う酸素から私たちの食する食べ物に栄養を与える土壌に至るまで、私たちは種としての健康を他の生物の相互に結びつい

た網の目とそれらの生物のほとんど理解できないほど複雑な相互関係に負っている。最近十年の間に、生態学者たちは、ひとつの重要な生物種が絶滅しただけで生態系全体が崩壊するに至ること、生態系にひとつの新しい生物種が導入されると、それがあまりに侵襲的になる可能性があるために、その周りのあらゆる生物種がその種の存在によって変化を被ることを証明した。

全地球上の農耕民族と今でも生き残っている先住民族の社会の場合には、このような自然の過程への依存は私たちよりもはるかに直接的である。しばらく前に、科学者たちは、南メキシコ——ここは栽培化したトウモロコシの原生種の生物学的中心地である——の原産のトウモロコシの作物が、輸入された遺伝子組み換えトウモロコシの変種植物の花粉に汚染されていることを発見した(1)［第七章を参照］。これは、土地の上での植物の伝来の長く定着した生育・栽培の仕方は、自然の限界を破ることを言わば下心で企んでいる遺伝子技術に直面すると、いかに脆いものであるかを浮き彫りにした出来事だった。

それでは、完全な状態の生物多様性の果実を享受する基本的な権利はあるのか。このような権利は誰が定め、確定するのか。他の生物は人間の権利（those [=rights] of humans）に匹敵する——あるいはそれよりも一層優れた——権利を持っているのか。このような問題が数世紀の間、哲学者や神学者の関心を引き付けてきた。これらは、現代の環境保護主義の勃興とともに——そして以前では想像もつかなかった破壊行為を行うことが可能な技術インフラとともに——、解決を要するますます緊急な問題となった。

アングロ・アメリカンの伝統では、「自然権[1]（natural rights）」の議論は普通はジョン・ロック[2]の著作にまでさかのぼる。しかし、ロックにとっては、自然は主として財産として興味があるものだった。私有財産の防衛は奴隷所有者にまで及び、法的権利は教養のあるエリートに限られた特権だった。ロックの権利に関する主張を基本的な「人間の権利[3]」のより普遍的な承認へと変えるには、イギリスとアメリカの急進主義者たちの数世代にわたる期間を要した。ロデリック・ナッシュ[4]のような環境哲学者たちは、アメリカ先住民、家畜化された動物と同じくらい野生であるアフリカの奴隷、最後には、地球上の生き物のすべてを包含する「自然権（natural rights）」を次第に主張しはじめた。(2) 人々に見知らぬ人を敬うよう求めている聖書の言葉[5]や神の創造物［すなわち「自然と生物」―訳者］をきちんと面倒見ることから、[6]生体解剖をめぐる一七世紀の議論[7]や家畜やペットの［倫理的］扱い、[8]アルド・レオポルド[9]の二〇世紀の「土地倫理」(3)[10]にいたるまで、人間以外の自然と人類の関係に関する倫理についての議論は、もちろん希望に溢れていたが、他方で曖昧さに満ちていた。「自然権」は何に対する権利なのか。そして「自然権」は正確には何を保護するのか。

今日の法制度――それは二百年にわたる資本主義的所有関係に苦しめられているが――では、自然保護に関する議論が自然の適切な使用、所有および販売についての議論に転化する場合が極めて多い。二〇世紀の変わり目に、被造物としての自然の健全性／完全性へのジョン・ミュア[11]の先見の明ある訴え[12]に代わって、アメリカ西部の「支配（taming）」を合理的な方法で成し遂げることを求めた「進歩的な」功利主

---

[1] 人が生まれながらにして持っているとされる権利。生命、財産（所有）、自由の権利など、国家権力をもってしても奪うことのできない人民の権利を指す。ホッブス、ロックに代表される一七・一八世紀の啓蒙主義者たちが唱えた「自然法論」や「自然権論」のなかで主張された。

[2] John Locke（一六三二〜一七〇四）はイギリスの哲学者で医者でもあった。アメリカ独立宣言、フランス人権宣言に大きな影響を与えた。彼の所有権論は、スミス、リカードウに代表される古典派経済学の労働価値説の源泉と言

われ、人が所有できるのは労働の成果としての生産物だけであるとし、所有権を労働に基づくとした。著作に『統治二論』(岩波文庫) 等がある。

[3] rights of man:トマス・ペイン (Thomas Paine) の代表的な書物である Rights of Man に由来する言葉で、通常、この本の日本語名の「人間の権利」に従って、このように訳されている。他方、これに対して日本語には「人権」という言葉があり、それは"human rights"に対する訳語として用いられている。

[4] Roderick Nash (一九三九〜):米国の環境倫理学者。自然にも人間と同様の権利があると論じ、ロック等の「自然権 (natural rights)」から「自然の権利 (rights of nature)」への転換を主張している。著書に『自然の権利――環境論理の文明史』(ちくま学芸文庫) 等がある。

[5] 新約聖書 (Iテモテ 5:9―10) の「やもめとして名簿に載せるのは、六十歳未満の人でなく、ひとりの夫の妻であった人で、良い行いによって認められている人、すなわち、子どもを育て、**旅人をもてなし**、聖徒の足を洗い、困っている人を助け、すべての良いわざに務め励んだ人としなさい。」との言葉に由来する。聖書で「旅人」と呼ばれているのは「外国人」のことで、言わば「新参者」や「見知らぬ人」を意味する。つまり、この聖書の言葉は、見知らぬ人は敬って親切にしなさいと言っていると解釈できる。

[6] 新約聖書 (マタイ伝) の「愛である神は、その創造物の面倒を常に活発に見ている。」という言葉に由来する。

[7] 一八世紀前半には生体解剖が行われて、人体解剖学の教科書が現れた。この頃に検死が行われはじめ、今日の医学知識の基礎が築かれた。

[8] 米国には「動物の倫理的扱いを求める人々の会」(http://www.peta.org/) などの動物愛護団体があり、実験動物や家畜・ペットを虐待することに対する反対も強く、また動物の肉を食べない菜食主義者が少なからずいる。そのような動物愛護精神から、ペットを人間のように扱い、日本でもそうだが、施設やサービスには動物でも利用できるものがある。

[9] Aldo Leopold (一八八七〜一九四八):アイオワ州バーリントン生まれのドイツ系アメリカ人で「土地倫理」の提唱者。当初はスポーツハンティングのための鳥獣管理に従事していたが、次第に生態系の保存へとその活動は推移していった。環境倫理学の父と呼ばれている。

[10] 土地倫理における「土地」とは「生態系」を意味し、彼はこれまでの森や動植物を人間が利用する物として見る考え方から人間も森も動植物も一つの共同体であるという考えを抱くようになった。

義が出現した(4)。百年後には、生物多様性の保護を国連の条約に明記しようとする努力がなされた結果、「生物の多様性に関する条約」(以下、「生物多様性条約」と略記する)が採択されが、そのためにかえって生物多様性の所有権を首尾よく獲得しようとするバイオテクノロジー産業の権利が確立された(5)。

一九八〇年代と一九九〇年代には、生物多様性の保護を土地と資源の私的所有に結び付けようとする多くの企てがなされた。コンサーベーション・インターナショナルや世界自然保護基金のようなグループはいわゆる債務環境スワップ[13]を支持したが、それによってラテン・アメリカとアフリカの諸国は、生態学的に敏感な地域を「持続的に管理する」約束と引き換えに、急速に膨れ上がる国家債務のごく一部を帳消しにすることが可能になるだろう。表面的には、両方の側も——そして自然保護の大義も——この契約から利益を得るだろうが、実際には、一連のかなり予測可能な問題が残った。保護された地域を取り囲む緩衝帯は、木材の伐採や他の資源の採取を強化されるという事態にしばしば曝された。そして生態学的に敏感な地域に住んでいる先住民族は、強制退去させられるか共有地を個人の私有地に分割せざるを得なかった。

一九九一年、巨大製薬企業のメルク[14]は、コスタリカの国立生物多様性研究所との間で、新薬開発のために原生種の遺伝子を検査する独占的な権利を二年間にわたって一〇〇万ドルで取得する契約を交した(6)。この契約は持続可能な開発/発展(sustainable development)のモデルとして大いに売り込まれ、宣伝されている。というのは、メルクが、同研究所で発見されたすべての新原種の遺伝子に関する特許使用料の一部を同研究所と分け合うことを約束したからである。その五年後に、メルクからの支援金[名目は国立生物多様性研究所に分配される特許使用料—訳者]の供与は継続して行われ、ほとんどコスタリカの環境保護地域での生物資源調査の活動費にのみ使用されていて、一部の特許使用料は国立公園の日常的な維持費に充てられている――しかし、特許使用料は自然保護費には一銭も行かない――ことに研究者たちは気づいた。

二〇〇二年に、コンサーベーション・インターナショナルは米国国際開発庁（USAID）との間で、モンテス・アスレス生物圏保護区（メキシコの南部のチアパス州にある広大な低地熱帯雨林）の端に定住しているマヤ族の三二のコミュニティの集団［実際には「入植者」の集団―訳者］を特定する共同研究を行った。米国国際開発庁は、コンサーベーション・インターナショナルに、個々の住民と彼らの簡単な家事用具を見つけることのできる複雑な航空写真撮影装置を提供した。この保護区は大部分は一九七〇年代に設立された。というのは、その時にメキシコ政府がチアパス州の半封建的な巨大コーヒー・プランテーションからの難民に、チアパス高地の土地利用圧[15]が高まった影響から逃れるために熱帯雨林に定住することを勧め

[11] John Muir（一八三八～一九一四）：アメリカの自然保護運動家で、ヨセミテ国立公園の設立に貢献した。一八九二年に米国最大の自然環境保護団体「シエラ・クラブ」を創設した。植物学者、地質学者、そして作家でもあった。

[12] アメリカの開拓期の初期に米国の未開拓地の保全を唱導したことを指す。また晩年には米国西部の森林保護に残りの生涯を捧げた。

[13] 自然保護と債務の交換のこと。国際環境保護団体などが開発途上国の債務を一部引き受けることと引き換えに、開発途上国に対して相当額の資金を環境保護に充てさせる仕組みを指す。

[14] Merck & Co., Inc.：世界一四〇カ国以上で事業を展開している世界第二位の医薬品大手企業。本社はアメリカ合衆国・ニュージャージー州にある。

[15] 土地利用圧とは、「土地圧」とも言い、農業で耕地を利用する頻度のこと。耕地で栽培した後の休閑期が長ければ土地利用圧は低く、連続して耕地を利用すれば土地利用圧は高くなる。焼畑農業は土地利用圧が高く、それだけ土地の荒廃・砂漠化が進行する。したがって、「土地利用圧が高まった影響」とは、土地利用圧が高くなって、焼畑農業の場合のように土地が痩せて砂漠化が進み、作物の栽培が困難になったことを指す。

たからである。しかし、今では、コンサーベーション・インターナショナルとメキシコ政府によると、彼ら難民が彼らの保護区のある熱帯雨林に脅威を感じているので、強制的に元の地に再定住させざるを得ないという。

この地域は最近、二つの巨大な軍事基地が設置されて、ますます軍事化されてきたので、メキシコ政府当局は、見せかけだが環境保護主義の旗を掲げようとしている。エルネスト・セディジョ元大統領はモンテス・アスレス生物圏保護区を全人類のために保護すべき「地球公共財」であると宣言した。メキシコの新しい国連大使は、「森林の破壊はテロや麻薬密売カルテルよりさらに悪い」と語っている。あるコミュニティの集団は、すでに熱帯雨林から強制的に追い出されて元の地に戻され、他の多くも武装した政府職員に脅えている。

しかし、土地の世話をし、その土地の生物多様性を保護するのに最も頼りになるのは誰なのか。メキシコ政府は「プエブラ・パナマ計画（ＰＰＰ）」と名づけた巨大プロジェクトに乗り出した。これは南メキシコからパナマにいたる地域全体を高速鉄道路やコンテナ港や広大な輸出加工区を備えた単一の自由貿易区に変えようとしている。コンサーベーション・インターナショナルは、大規模な木材抽出と遺伝子組み換え種子の販売に関心を持つメキシコに本社を置く多国籍企業のグルポ・プルサーと共同で、モンテス・アスレス生物圏保護区に生物研究所を数カ所設立した。

一方、二〇〇三年の春、モンテス・アスレス生物圏保護区へ派遣された環境使節団は、数個のコミュニティが焼畑農業と化学肥料と農薬の使用を終わらせることをはじめとして、その土地でかなり持続的な生活を送る方法があることを証明しようとする努力を始めたことに気づいた。[7]「これらの森林は、サルや鳥やジャガーのためにあるのです。これは私たちの将来にとっても重要なのです。もし私たちが木々を伐採したら、子供たちは山がどのように見えるか分からないでしょう」。このように説明するのは、ヌエヴォ・サン・グレゴリオ入植地の近くにある林冠の下に広がる青々と繁茂したトウモロコシの畑を世話している農民である。

また、そのコミュニティのもう一人のリーダーは、「メキシコ市の専門家たちはオゾン層が薄くなっていることは知ってはいても、夜に星を見ることとさえできない。彼らはこの土地の世話をしているのがマヤの顔をした民族であることも知らないのだろう」と説明している。

これらの話は、人類の「共通の遺産」としての生物多様性という概念に対する人々の不安を幾重にも増幅させるだろう。今日、世界中で力と富の格差が大きく広がっていくとともに、人間の誰しもが関心を抱く理想［生物多様性の保護もその一つである―訳者］を理解することはますます困難になっている。また富と人生経験の違いにより、土地や個人の価値観や倫理体系に対する関係に非常に大きな相違が生まれてくる。このようなギャップが広がると、先進工業国の特権層の人々にとっては、山腹で暮らし、森林や草原や山腹の健全性／完全性に直接依存して生きている人たちには地球という世界がどのように見えるのかを理解することはますます難しくなってくる。

生物多様性の保存が私たちに可能となった時代にとっては、一億五〇〇〇万エーカー［約六〇万平方キロメートル：ウクライナの面積に相当］以上の耕地で遺伝子組み換え作物が商業生産されていることは最も厳しい試練の一つである。遺伝子工学は、いわゆる生命の網の健全性／完全性に対する激しい攻撃である。遺伝子工学の技術者たちは、新しい遺伝情報の組み合わせを無理やり動植物の染色体の中に注入し、それから、こうして作成された新しい動植物を環境中に放出している。しかし、これによって彼らは予想もつかない多くの遺伝子破壊と生態学的な破壊という危険を冒しているのである。遺伝子工学は、細胞過程を適切に規制する生きた細胞の能力を邪魔する本質的に不確かな、それゆえ本質的に予測不可能な過程である。私たちは、遺伝子サイレンシング[16]、および新奇のタンパク質の生産を目撃している。さらに私たちは、科学者たちが生理的機能の向上・低下を目指して特定の形質を変化させようとしても、その形質の変化とはっきりした関係の全くない生理的機能の向上・低下が生じるという事実をも目撃している。(8)

遺伝子操作を支持する人の中には、ＧＭＯｓ（遺伝子組み換え生物）は、遺伝子プール[17]に新しい人工的な遺伝子の組み合わせを加えることにより、ますます生物多様性を増加させていると主張する者もいる。このような偽りの主張は、還元主義[18]科学者たちが微妙で繊細な自然の過程の認識と理解からますます遠ざかっていることを雄弁に物語っている。今日の生物の遺伝子構成は、数十億年にわたる生物の進化の産物である。それは、本当に驚くほど巧妙に自己組織化し、驚くほど見事に内部調節している自然の過程の結果である。生きた細胞は、遺伝的な不安定性を防ぐＤＮＡ修復の手段を進化させてきたので、遺伝子工学の技術者たちは、数多くの遺伝子の「手品」――例えば、ウィルスから取り出したプロモーター配列[19]――を用いてこれらの自然の過程の制御機構［自然の生物自身によるＤＮＡ修復―訳者］を打ち破って、ＤＮＡ組み換えを行おうとする。その結果として作成された「新奇の生物」は本質的に遺伝子構造が不安定な場合が多く、確実な予想も制御もできない特性を有している。生物多様性を保護し、時にはそれを高めようとする科学者は、遺伝子工学の技術者たちに比べて介入主義者[20]であることははるかに少なく、体系的な生物学知識を統合させて、生命過程の内的な論理に対して彼らよりもはるかに鋭敏な感受性と配慮をもって接するだろう。

[16] Silencing of genes：遺伝子の発現の停止。遺伝子は正常な環境の下でタンパク質を発現する（これを「スウィッチが入る」という）が、遺伝子の「スウィッチを切る」ことによって特定種のタンパク質の発現を人工的に停止させること。

[17] Gene pool：繁殖する生物種の個体から成る集団の対立遺伝子（染色体のなかのメスに由来する遺伝子とオスに由来する遺伝子）の総体のこと。

[18] Reductionism：「還元主義」と訳され、一般には多様で複雑な事象を単一の基本的要素に還元して説明すべきであるとする考え方を指すが、ここでは「遺伝子還元主義」のこと。これは「遺伝子決定論」とも呼ばれ、生物の本質は遺伝子であり、生物の形質（性質または特徴）はその遺伝子によって決定されるとする。「遺伝子還元主義」と言う場合には、特に生物の形質の形成要因を遺伝子だけに還元する立場に限定される。その反対の立場がHolismで、そのまま「ホーリズム」と呼ばれるが、「全体論」と訳される場合もある。これは、生物がある種の形質を形成するのは、遺伝子の構造と環境からの影響および環境に対する生物の適応の二つの作用の全体に左右されると考える立場を指す。前者の代表がグレゴリー・ストック（Gregory Stock）で、後者の代表的な分子生物学者にマエ・ワン・ホー（Mae-wan Ho）がいる。著者のBrian Tokarは後者の立場に立っている。

[19] Promoter sequence：ＤＮＡの塩基配列のうち、ＲＮＡ合成を触媒する酵素が結合した、伝令（メッセンジャー）ＲＮＡに転写の開始を指令する遺伝子の配列のこと。

[20] Interventionst：「介入主義者」または「干渉主義者」と訳されるが、普通は政治的な用語で、例えば最近の歴代のアメリカ大統領のように世界の各地で起きた紛争や戦争に積極的に介入する政治的態度を指す。ここでは、遺伝子工学を用いて遺伝子組み換え生物を作成し、これを自然環境中に放出して自然の進化過程に介入しようとする考え方または科学技術的立場を指す。

北半球に住む人々の中で生物多様性の保護に全力で取り組んでいる私たちが行う仕事は、私たちの倫理的理解と科学観の限界を打ち破り、それを大きく広げることである。この仕事の中には、先住民族のコミュニティの世界観を一層大きく深く認識することが含まれるだろう。というのは、彼らの価値観は、生物界に自ら［私たちに比べればはるかに］広く参加しながら自然界との密接な関係を築き上げる中で進化してきたからである。目的は、これらの人々の生活をロマンティックに描くことでもないし、世界に関する彼らの多様な理解の仕方を美化することでもない。そうではなくむしろ、あの管理者的な超然たる態度［前述の「介入主義者」の態度を指す―訳者］により環境保護主義者がうっかり無意識の内に人々と彼らの土地の乱用に加担し、遺伝子工学技術者が自然の多様性を技巧と操作により単純化した世界［遺伝子組み換え生物から成る世界―訳者］に置き換えるように駆り立てられたにもかかわらず、彼らはそうした超然たる態度を私たちが乗り超えるために力を貸してくれるからである。というのも、私たちは、大地や動植物や遺伝情報の商業化を率直に拒絶しなければならないだけでなく、生物資源を無視し、悪用し、徹底的に開発・利用し尽くすというノルマを絶えず強要する経済・政治機関に挑むことにより、私たち人間の相互依存と創造性を褒め称えることができるからである。私たちは、人間の自由の夢を実現させ、地球の生物多様性の保護を日常的で非常に明白な現実とすることに貢献する協力と相互援助と相補性の新しい機関［具体的には環境保護を目的とする財団や市民団体―訳者］に根ざすことにより、倫理的・社会的な変形の過程をはじめることができる。

注

(1) David Quist and Ignacio H. Chapela, "Transgenic DNA Introgressed into Traditional Maize Landraces in Oaxaca, Mexico," *Nature* 414（November 29, 2001）: pp. 541-3.

(2) Roderick F, Nash, *The Rights of Nature: A History of Environmental Ethics*（Madison: University of Wisconsin Press, 1989）.

(3) Aldo Leopold, "The Land Ethic, in *A Sand County Almanac*（New York: Ballantine Books, 1970）, pp. 237-64（original edition, London: Oxford University Press, 1949）.

(4) 例えば、Edwin W. Teale, *The Wilderness World of John Muir*（Boston: Houghton Mifflin, 1954）を参照。また Donald Worster, Nature's Economy（San Francisco: Sierra Club Books, 1977）をも参照。

(5) Brian Tokar, "After the 'Earth Summit," *Z Magazine*（September 1992）: pp. 8-14; Brian Tokar, "Environmentalism, Clinton Style," *Z Magazine*（October 1993）: pp. 30-35.「生物多様性協会」の公式ホームページはwww.biodiv.orgである。

(6) MerckとNBioとの契約の概説は、www.wri.org/wri/biodiv/b34-gbs.htmlから入手可能。

(7) Global EXchangeから財政援助を受けたこの使節団は二〇〇三年三月十四日に最終宣言を出した。テキストは、www.wrm.org.uy/bulletin/68/Mexico.htmlから入手可能。

(8) これらの結果は、Jeffrey M. Smith, *Seeds of Deception*（Fairfield, IA: Yes Books, 2003）:47-75の中で要約されている。より詳細な説明に関しては、Evelyn Fox Keller, *The Century of the Gene*（Cambridge, MA: Harvard University Press, 2000）とMae-wan Ho, *Genetic Engineering: Dream or Nightmare?* revised edition（London: Continuum Publishing Group, 2000）を参照。最初に遺伝子組み換えされた豚に関して警告を発する話については、Andrew Kimbrell, *The Human Body Shop: The Engineering and Marketing of Life*（San Francisco: Harper Collins, 1993）, pp. 175-6を参照。

第2章

生物多様性を保護する権利——国際法と国際的理解に基づく概念

フリップ・ベリアーノ

一九九二年に開かれたリオの地球サミットで、世界の各国はアジェンダ21を採択したが、それは次のように宣言している。

私たちの惑星の提供できる本質的な財とサービスは、遺伝子、生物種、民族および生態系の多様性と可変性に依存している。生物資源は、私たちに食べ物と衣服を与え、住居、医療および精神的な滋養を提供している。森林、サヴァンナ、牧草地および放牧地、砂漠、ツンドラ、河川、湖および海は、地球の生物多様性の大部分を含んでいる。農民の田畑や果樹園も生物多様性の宝庫として重要である。一方、遺伝子バンク、植物園、動物園やその他の遺伝子資源の宝庫は、生物多様性の保護に小さいが重要な貢献をしている。現在、生物多様性の減少が進行しているが、それは大部分

は人間の活動の結果であり、人類の発展に重大な脅威となっている。(1)

それから世界の各国は、生物多様性条約（CBD）に署名して、その前文で、次のように書いている。

各国は、生物の多様性が有する内在的な価値ならびに生物の多様性とその構成要素が有する生態学的、遺伝的、社会的、経済的、科学的、教育的、文化的、娯楽的および芸術的価値を意識し、生物の多様性が進化および生物圏における生命保持の機構の維持のために重要であることを意識している。(2)

過去四半世紀の間に、「生物多様性」は少数の人にしか知られていない言葉から二一世紀の環境保護主義の中心的概念に発展してきた。その理由はおそらく、この言葉が生態学上のホーリズム[1]［全体論］の考え方を非常によく表現しているからだろう。あるいは、この言葉が重要性を帯びるようになったのは、自然界における多様性の持続が危うくなってきたためだろう。生物多様性に対する脅威に数えられる行為に次のものが挙げられる。それらは第一に、短期的な金銭的利益のために土地を過度に酷使することと海を過度に利用すること（例えば、魚種資源の枯渇）、第二に、以前には想像できないほどの規模で自然に対する攻撃を促進している企業のグローバル化、そして第三に、人間の活動の結果として生じた地球的規模の

[1] holism：第1章の訳注[18]の「還元主義」の項（五三頁）を参照のこと。

気候変動および遺伝子組み換えによる新奇の生物の工学的な作成である。この最後に挙げた側面［新奇の生物の工学的な作成―訳者］は、二〇〇三年九月に発効した「生物多様性条約カルタヘナ議定書」の根拠となっている。すなわち、遺伝子組み換え生物の作成は、「現代のバイオテクノジーの急速な発展と生物多様性に対するこの技術の潜在的な悪影響をめぐる公衆の憂慮がますます大きくなり」、そのことがこの議定書の成立の根拠となったのである。

遺伝子工学と自然の多様性との間にこのような関連があることは、「遺伝子権利章典」の中でCRG（責任ある遺伝学協会）が提示した最初の権利[2]の基本的な根拠となっている。今、生物多様性に対して全面的な攻撃が行われているが、それは、レゴのおもちゃのブロック[3]のようなゲノム学に代表される［遺伝子］還元主義の諸要素と自然に対する人間の支配、先住民族の集団主義に対する資本主義の支配、そしてのすべての文化的作品に対する「北」の産業主義的パラダイムの支配に基づいている。私たちの同僚であるヴァンダナ・シヴァ[4]が私たちに教えたように、現代の遺伝子工学の背後にある還元主義生物学は、「生物の構造と機能に関する無知のために、生物とそれらの機能は無価値であると断言している。(4)」このような考え方に関するシヴァの説明によると、すべての自然は、商業的に利用できなければ、活性に乏しく、皮肉にも死んでいて、文字通り無価値であるという。

このようにして、「女性、非西洋人および地域の生態系（local ecosystems）による多様な知識体系は、合理的な知識獲得の方法としてはみなされなかった。(5)」商品化だけが価値を有している。だから一万七〇〇〇種ものさまざまな品種の内の数種を栽培している農民は、インド政府、USAID（米国国際開発庁）およびロックフェラー財団から、世界の商品流通に入ることができるように「緑の革命[5]」の米（コメ）に方向転換するよう圧力をかけられた。そして反権力志向の強い種子バンクの或る官僚は、これらの在来種の消滅を支持することを拒んだために、進歩に対する障害だとして解雇されてしまった。一方、数十種の多様な植物を含んでいる伝統的な田畑は、数百万年の間にわたって食物、飼料および繊維のもととなる作物を栽培するために利用されてきたにもかかわらず、新しい「奇跡の」品種に道を譲るために「雑草取り」と称して土を掘り返されてしまった。このようにして、生物多様性が除去されることにより、農民は新しい品種の栽培に切り替え、それにより化学肥料と農薬を使用することを余儀なくさせられた。その結果、農薬を

---

[2]この権利は「1．すべての人は地球の生物的・遺伝的な多様性を保護する権利を有する」と表現されている（巻末の「遺伝子権利章典」を参照）。

[3]レゴ（LEGO）は、デンマークの玩具会社で、そのおもちゃとはプラスチック製の組み立てブロックのこと。筆者は、このブロックの一つ一つを、組み立てられて出来上がった物（例えば城）の要素であるとみなして、生物をそれを構成する各要素（DNA）に還元する遺伝子還元主義（その代表がゲノム学）をレゴのおもちゃになぞらえている。

[4]Vandana Shiva（一九五二〜）：インド生まれの科学者・環境活動家。著書は多数あるが、邦訳のある近著として『バイオパイラシー（Biopiracy）』松本丈二訳（緑風出版、二〇〇二年、原著発行一九九七年）がある。

[5]Green Revolution：「緑の革命」は、一九四〇年代から一九七〇年代後半にかけて米国が主導した農業に関連する一連の研究、開発、技術移転のことを言う。これにより一九六〇年代後半以降には世界中の農業生産が増加したと言われる。その要因は、高収益の品種の開発、管理技術の近代化、ハイブリッドの種子の分配、合成化学肥料と殺虫剤の農民への配布などにあったとされる。しかし、「緑の革命」は、一九七〇年代以降は多量の化学肥料と農薬の使用が環境に悪影響を与え、またコーヒーや綿花などの単一栽培が支配的となり、大規模農家には有利だが、小・中規模農家にはかえって財政負担が大きく、両者の格差が広がった。前述のヴァンダナ・シヴァは、『緑の革命とその暴力（The Violence of Green Revolution: Third World Agriculture, Ecology and Politics, 1992）』浜谷 喜美子訳（日本経済評論社、一九九七年）で「緑の革命」が及ぼした生物多様性への破壊的な影響を論じている。

販売するアグリビジネス［種苗企業または穀物商社］はかなりの儲けを得ることができるようになった。

その結果生じた田畑の単一栽培［モノカルチャー］は、シヴァが「精神のモノカルチャー」[6]と呼んだもの、すなわち、単一性よりも画一性を、生態学的バランスの中で機能している自然の体系の多様性よりも、同一のレプリカント［複製物］[7]を優先する全体主義的なイデオロギーに一致している。すなわち、予測可能であることが賞賛され、驚きと驚嘆は禁じられる。

同質化とモノカルチャー化を推し進めることは、多くのレベルで暴力を招く。それは、威圧、統制、中央集権化の導入など、常に政治的な暴力と関連がある。多様性豊かなこの世界を同質な構造へと変化させるには、中央からの統制と威圧政治の力が必要である。そして、モノカルチャーを維持するにも権力が必要である。自己組織化された非中央集権化型のコミュニティと生態系が、多様性を産み出すのである。グローバル化は、威圧的に制御されるモノカルチャーを生むに過ぎない。モノカルチャーはまた、生態学的暴力――それは自然界の多様な生物種を敵とする戦争宣言である――と関連している。[6]

こうした状況下では、米国を除く一八〇の国が国連の「生物多様性条約」の締約国になったということはちょっとした驚きである。

この条約の目的は――もちろん同条約の条項がその目的に一致するよう追求すべきである――、生物多様性の保存、生物多様性の構成要素の持続可能な使用と遺伝子資源の利用から生じる利益の公正で平等な分配である。またこの目的の中には、遺伝子資源の適切な利用、関連する技術の適切な移転が含まれ、その利用と移転の際にはこれらの資源と技術に対するすべての権利を考慮に入れなければならない。さらにこの目的には、適切な資金調達も含まれる。(7)

このように、「生物多様性条約」には三重の目標がある。それらは、すべての国民とコミュニティによる生物多様性の保存、持続可能な利用およびそれによる利益の分配である。ただし、実際にはこれらの目標は、時には互いに衝突し、時には徹底的な商業的利用に圧倒されるけれども。しかし、これまで一〇〇カ国以上の国が、自然の生物多様性の戦略と活動計画を発展させてきた。これらの戦略と計画がいかに力強いものであるか、またどのように実施されているかは、さらに調査・研究するためのテーマとするに値する。

同条約の下で、『地球の生物多様性の概観（Global Biodiversity Outlook）』という定期的な経過報告書が出版されていて、同誌には「生物多様性が保存され、持続可能的に利用されること、また遺伝子資源から生じる利益が平等に分配されることを保証するために国際社会が講じている諸方策の分析が含まれているので」(8)、是非読んでいただきたい。

生物多様性は、例えば「地域の（local）コミュニティの参加と支持」によって保護されてきたが、この

[6] monocultures of the mind：この言葉をそのまま書名にした本をヴァンダナ・シヴァ（Vandana Shiva）は著している。すなわち、Monocultures of the Mind: Perspectives on Biodiversity and Biotechnology, Zed Books (June 15, 1993)、邦訳『生物多様性の危機―精神のモノカルチャー』高橋由紀・戸田清訳、三一書房 一九九七年。

[7] Replicant：一九八二年に上映されたアメリカ映画の「ブレードランナー」に登場する遺伝子工学により開発された人造人間。また、二〇〇一年の映画「レプリカント（Replicant）」では、クローン人間をこう呼んでいる。転じて一つの生物種が遺伝子工学を用いて同一のゲノムを持つように作成された個体群をさす。

例のように、生物多様性がどのようにして保護されるべきかに関する提案が、リオの地球サミットで、アジェンダ21だけでなく生物多様性条約それ自体に関する討議の際にも提出された[9]。加えて、「各国は彼ら自身の生物資源を彼らの環境政策に従って利用する主権を有し、またそれと同時にそれらの生物多様性を保存し、彼らの生物資源を持続可能的に利用し、彼らの法的管轄と管理の及ぶ範囲内での活動が国家の法的管轄の範囲を超えた他の国家または地域の生物学的多様性を損なわないことを保証する責任を有している[10]」。

上述の提案の「遺伝子権利章典」に対する関係は、「国連環境計画」が発行した「生物多様性に関する条約」〔詳細は原注⑽を参照―訳者〕で提示されている。その文書では、「バイオテクノロジーの最近の進歩は、農業、健康および福祉に対して、また植物、動物および微生物に含まれている遺伝物質の環境保護的な目的に対しても潜在的な影響力を有していることを浮き簿りにした」ことが指摘されている。かくして、生物多様性条約の第一〇条は、締約国に以下のことを行うことを義務付けている。

(a) 生物多様性の保存と持続可能な利用を重視する方針を国家の政策決定に組み入れること、

(b) 生物資源の利用に関わる対策は、その生物多様性への悪影響を避け、または最小化するように講ずること、

(c) 生物多様性の保存または持続可能な利用のための必要条件と両立可能な伝統的な文化的慣行に一致した生物資源の慣習的な利用を保護し奨励すること、

(d) 生物多様性が減少した荒廃した地域で修復活動を発展させ実施するために地域の民族を支援すること、そして

(e) 生物資源の持続可能な利用のための方法を開発する活動で、政府当局と民間部門との協力を推進すること。

しかしながら、毎年六万種と推定される生物多様性の減少が引き続き起きているなかで、二〇〇四年二月の第七回締約国会議後の生物多様性条約の下における活動を要約するに際し、市民団体の組織は大部分は批判的だった。「最終的には世界貿易機関（WTO）に生物多様性条約を履行する責任がある」との主張と、「すべての国の政府は生物多様性の損失に対する脅威を減少させ、さらには除去するために緊急に行動を起こし、予防原則を実施しなければならない」という要求は、ごく当たり前のものだった。[11]それから十年後の今では、生物多様性条約は生物多様性の保存のための特効薬でもないし、また同条約は先住民の民族およびコミュニティの権利と役割の改善を保証するものでもないことは明らかである。[12]

生物多様性条約が、すべての人は生物多様性と遺伝的多様性に対する継続的な「権利」を有していると宣言する理由は、いくつかの根拠——功利主義的経済学、生物学的現実および叙情的な哲学——に基づいているだろう。

経済的根拠

アジェンダ21の言葉にあるように、「生物資源は、持続可能な利益を生み出すための大きな潜在力を有する資本的資産である」[13]。生物多様性に経済的価値があることは、ますます明白になってきた[14]。二〇〇二年のヨハネスブルグサミット（持続可能な開発／発展に関する国連の世界首脳会議）での討論で、保全と開発／発展はもはや衝突する目標とみなすことはできず、むしろ逆に相互に依存しあっていること、すなわち生物の多様性は今や貧困をなくし持続可能な開発／発展を達成する努力の不可欠な部分と考えなければならないという認識が何度となく確認された。すなわち、「人間の活動は、人間の幸福と経済活動に不可欠な生物資源とサービスを提供する生態系の健全性／完全性にますます大きな影響を与えている。自然資源の土台を持続可能で健全性／完全性を維持する仕方で管理することは、持続可能な開発／発展にとって必要不可欠である」[15]。

生物多様性条約にとって経済的な基礎となるのは、圧倒的に第三世界に存在する「遺伝子資源の利用」を「バイオ企業が差し出す」「利益の分け前」および〔先進国が行う〕技術移転と交換する取引である。言い換えれば、「南」は、「北」が継続して行ってきた遺伝子の横領を正式に止めさせるための十分な生物の遺伝的進化の余地を有していたが[7]、「南」の生物的豊かさは、多国籍企業にとっては立ち入ることのできない聖域ではない。うまくいけば、ある程度の利益は「南」へ流れるだろう。しかし、生物多様性条約は、国民国家を――その国境の範囲内に存在する先住民族のコミュニティをではなく――生物多様性の所有者にするだろう。かくして、誰が最終的に利益を得るかは不明である。生物多様性条約には産業社会の諸価値が浸透している。すなわち、生物資源調査と生物特許化（それには特許使用料の支払いが伴う）は、産業社会の技術好きな態度と両立可能なのである[16]。

生物学的根拠

二〇〇一年に発行された『地球の生物多様性の概観』は生物多様性を保存する生物学的根拠を次のように明らかにしている。

遺伝子は生物の構造と機能の青写真を示しており、したがって、生物の多様性は明らかに根本的なものである。生物多様性条約は、正当にも遺伝子資源を強調している。すなわち、同条約は遺伝的多様性を強調している。というのは、遺伝的多様性は、人間が食べ物や薬や他の目的に利用する生物の重要な特性を生じさせ、これらの生物に将来修正を施すことを可能にするからである。しかし、自然における遺伝子は、生物の形態とさまざまな生存の仕方を通してのみ表現される。そして、例えば、生物工学におけるように、遺伝子を操作する試みがなされる場合には、この操作が成功裏に遂行できれば、生物全体の遺伝子操作のための必要条件に研究の焦点を定めることが重要となる。したがって、生物の多様性は、どちらかと言えば、生物多様性の研究の中核となる傾向があり、生物種の多様性は、生物多様性の一般的に有益で実際的な尺度である。それと同時に、［生態学的］管理介入[8]をできるだけ効率的に行おうとする際には、生物多様性に関して全体論的な見方をし、生物種

[7] genetic leverage：別名「遺伝的進化の一定量の余地」。すなわち、生物が一定量の数値で表せる進化の可能性または余地を残していること。

の生物種同士との間の相互作用と非生物環境との相互作用に注意を向けること、すなわち、生態学的視点から研究することが必要不可欠である。(17)

このように、生態学的な多様性はますますそれ自身の固有の価値ゆえに評価されている。このような生物多様性の生物学的な存在理由は、引き続き政策分析の生き生きとした構成要素であり続けるだろう。もし私たちが明日、生物的生命を持ちたいと思うなら、今日それを保護しなければならない。生物多様性は生態系の健全さを意味し、生物種が様々な時代を通して（例えば、気候ストレス〔生物にとって厳しい気象条件のこと―訳者〕）生存していくことができることに役立つものである。変りやすい生態系の働きは、持続可能な開発／発展の基礎付けと人間の生命とその生命の質の維持にある。

叙情的根拠

生物多様性の哲学的基礎は進化しつつあるが、その哲学的基礎の背後には、産業社会の顕著で際立った自然に対する搾取的な関係を劇的に逆転させる大きな推進力が存在している。ヴァンダナ・シヴァは、『バイオパイラシー（Biopiracy）』〔五九頁の訳注[4]参照〕という本の中で、「生物多様性を保存することには……多様な文化と多面的な伝統的知識の保存が伴わなければならない」と指摘している。(18) 一九九一年に、ブラジルのフォルタレザでエスクウェル財団とセアラ州によって開催された「持続的開発／発展に関する国際セミナー」は、「持続的な開発／発展は、先進国が、従来のように公平な利益の配分を考慮することを無視しながら、自然資源を持続的に利用することを引きつづき確保していくための手段なのではない。それは本来的に目的そのものである。というのも、それは、人々の生活の質を恒久的に向上させるという最終的な目的を意味しているからである」[19]。

すべての文化において、自然は、文学、芸術、音楽および踊りに自然の豊かさとバランスと有目的性というイメージを吹き込みながら、熱狂的な畏敬の念を起こさせてきた。またアジェンダ21のような国際的な文書は、その簡潔な散文調の文章の中で、生物多様性の文化的な重要性を次のように称揚している。

伝統的な方法と先住民族および彼らのコミュニティの知識を認識し発展させよ。その際に、生物学的な多様性の保存と生物資源の持続可能な利用に関しては、女性の特別な役割を強調せよ。そしてこれらのグループ［先住民と女性］がこのような伝統的方法と知識の利用から生じる経済的・商業的な利益に与かる機会を保証せよ[20]。

国の法律に従い、生じてくる利益の公平で平等な分配のために、生物多様性の保存と生物資源の持続可能な利用のための伝統的なライフスタイルを具現している先住民族や地域のコミュニティの知識、革新的手法および慣行の広範な応用を尊重し、記録し、保護し、促進するために行動を起こせ。そして女性を含むこれらのコミュニティを生態系の保存と管理に組み入れるための仕組みを作り、発展させせよ[20]。

[8] management intervention：望ましい生態学的な状態を作り出すためにさまざまな生態学的技術を行使すること。

真の持続可能性を実現するには、政策決定の徹底的な民主化とすべての人に十分な資源を提供することが必要である。言い換えれば、良い社会とは最良の技術を有する社会である。私たちの時代は、世界貿易機関（ＷＴＯ）や世界銀行や国際通貨基金（人々はこれらの機関に勇敢にも抵抗していることを指摘しなければならない）の非持続的な活動に優先権を奪われている、強力な多国籍企業の時代である。このような時代においては、真の生物的および社会的な持続可能性が現れ出ないことは明らかである[21]。

シヴァのような社会的活動家が提示するこれらの革新的な考え方が、先住民族の文化と「現代の」文化との間の衝突のうちのいくつかの解消に役に立つことができるかどうかは、まだ問題がある。一九七〇年代に或る同僚は、カリフォルニアの沿岸に液化天然ガスの港を敷設することをテーマとした自著のことを語ったことがある。「理性的に」最良の場所だと決定された岬は、一方でアメリカ先住民のある地方の部族によって、死んだ人の霊魂がこの世を離れ永遠の国に入った、と信じられている神聖な場所でもあった。死せる魂が永遠にこの世に閉じ込められていること（そしておそらく、彼らが今は閉ざされている天国への入り口を冗談まじりに口にする時にカリフォルニアの沿岸地帯で発揮する高い集中力）を影響力としてどのように評価すべきかは、まだ少し難しい。しかし、私たちは、たとえ個人的にはイエス・キリストの復活を信じていなくても、カルヴァリー[9]にはスーパーマーケットは建てないだろう、と私は思う。

私たちが生きている遺伝子工学と遺伝子特許の時代では、生命それ自体が植民化されつつある。バイオテクノロジーの時代における生態学的な運動には、生命体の自己組織化を自由な状態に維持することに主眼を置かなければならない。自由な状態とは、「生命体の自己治癒と自己組織化の能力を破壊する技術的な操作から自由である状態のことである。さらに、[10]」自由な状態とは、コミュニティに問題が生じた場合に自然から授けられた豊かな生物多様性を利用して自分たち自身の解決策を模索するコミュニティの能力を破壊する技術的操作から自由である状態のことである。(22)

地球の多様なバイオシステム[11]［生体系］を私たちが大規模に攪乱した結果、新奇のアレルギー、種の間を伝播する病気、雑草および修復不可能な数千の種の損失が生じた。私たちに、これらのうちいくつかに経済的な価値（たぶん、病気の治療として）があったかどうかは分からないだろう。また生態系の健全な維持に決定的に重要だったかどうかも分からない。さらには生態系の完全な存在とその超越論的な美が人間の心と魂に引き続き喜びを与えるかどうかさえも分からない。

邪悪な勢力が、狭小で利己的な理由で、世界の生物多様性を減少させることに躍起になっている。ヨハネスブルグでは、ＵＳＡＩＤ（米国国際開発庁）の副長官のエミー・シモンズが、生物多様性を守っている私たちに挑んで、得意げに「四年後には、私たちは南アフリカに多くの遺伝子組み換え作物を植えて、

[9] Calvary：ゴルゴタの丘（新約聖書においてイエス・キリストが十字架にはりつけされたとされるエルサレムの丘）の英語による表記。
[10] 筆者の引用文では［　］の部分が欠落している。シヴァの *Biopiracy* の原文に従って［　］内を補った。
[11] biosystems：biological systems を略した表現で「生物（体）系」または「生体系」と訳される。概念の内包は ecosystems［生態系］と異なるかもしれないが、外延は重なると考えられる

アフリカの大陸全体の遺伝子プールをトランス遺伝子［動植物に人為的に導入された遺伝子―訳者］で汚染させてやる」[23]と息巻いている。このようにしてモンサントが利益を得れば、そのゴマすりどもは喜ぶかもしれないが、しかし、それによってCRGが認めるような「地球の生物的および遺伝的多様性の保護に対する万人の権利」に確かに弔いの鐘が打ち鳴らされるであろう。

生物多様性に対する権利をこのCRGの文書［本書］に含めることになったこと、またこの権利を「遺伝子権利章典」に示されている諸権利の最初に置くことになったことには、次のような理由がある。すなわち、国際的な思考の進化のなかで、作家、社会的活動家、官僚および政治家たちが、生態学的な現実は人間の生存にとって必要不可欠であると考えるに至ったことである。この認識論上の真実が国際的な条約や報告書の普通の言葉の中に表現を見出すようになったことは、この真実がいかに深い影響を人間の思考に与えているかを示すだけではない。それはまた、生物多様性が私たちのまさに生存そのものにとっていかに根本的であるかを示している。

すべての葉はこの葉であり
すべての花びら、この花は
多くの虚言のなかにある。
すべての果物は同じであり
木々はたった一本の木であり
一つの花が全地球を養う。

（パブロ・ネルーダ、「統一」より）

注

(1) United Nations Division for Sustainable Development, *Agenda 21*, テキストは www.un.org/esa/sustdev/documents/agenda21/english/agenda21toc.htm で入手できる（リオデジャネイロで一九九二年六月に採択された）。
(2) United Nations Environmental *Program, Convention of Biological Diversity*, テキストは www.biodiv.org/convention/articles.asp で入手できる。
(3) Convention on Biological Diversity（CBD）, *Cartagena Protocol on Biosafety*, テキストは www.biodiv.org/biosafety/pro tocol.asp.preamble で入手できる。
(4) Vandana Shiva, *Biopiracy: The Plunder of Nature and Knowledge*（Boston: South End Press, 1997）,p. 22：邦訳：『バイオパイラシー』（前掲）47頁。
(5) Shiva, *Biopiracy*, p. 24：邦訳：前掲書五一頁。
(6) Shiva, *Biopiracy*, pp. 101-2：邦訳：前掲書一九七―八頁。
(7) United Nations Environmental Program, *Convention on Biological Diversity*.
(8) CBD, *Global Biodiversity Outlook*（November 2001）, at www.biodiv.org/gbo/.
(9) United Nations Environmental Program, *Convention on Biological Diversity*, n.1, sec. 15（3）
(10) United Nations Environmental Program, *Convention on Biological Diversity*, n.1, sec. 15（3）
(11) ECO, "The Voice of the NGO Community in the International Environmental Conventions," www.itdg.org.
(12) ETC Group, *Communiqué*, no.83（January/February 2004）, www.etcgroup.org.
(13) CBD, *Global Biodiversity Outlook*（November 2001）.
(14)「生物学的多様性を構成する遺伝子、生物種および生態系は、人類に必要な資源とサービスを提供している。世界中の社会のすべての部門は、資源の直接的な利用を通じてであれ、またはその他の活動の間接的な影響を通じてであれ、程度の差はあれ、この多様性に影響を与えている。さまざまな文化と社会は、これらの資源とサービスを多様な仕方で利用し、評価し、保護している。これらの文化や社会が生物学的多様性を管理し、それから利益を得る力の大きさはかなり異なる。それは開発場所の位置、状態また必要な情報と技術の入手経路が違うためである」

(15) World Summit on Sustainable Development, *Plan of Implementation*, IV, sec. 23, www.johannesburgsummit.org/html/documents/summit_docs/2309_planfinal.htm.
(16) United Nations Environmental Program, *Convention on Biodiversity*.
(17) CBD, *Global Biodiversity Outlook*, chapter 1.
(18) Shiva, *Biopiracy*, p. 123：邦訳：前掲書一三六頁。
(19) International Seminar on Sustainable Development (Forteleza, Brazil, 1992).
(20) UN Division for Sustainable Development, Agenda21, sec.15 (4) (g).
(21) UN Division for Sustainable Development, Agenda21, sec.15 (5).
(22) Shiva, Biopiracy, p. 39：邦訳：前掲書八二頁。
(23) 私信

第2部　生命特許

「すべての人は、人間、動物、植物、微生物およびそれらのすべての部分を含む生物が特許化できない世界を持つ権利を有する」

「遺伝子権利章典」第二条

第3章 生命特許と民主主義的な諸価値

マシュー・アルブライト

生命に関する特許とは、人間、動物、植物、微生物およびそれらのすべての部分に関する知的所有権である。生命特許は比較的最近の現象であるが、特許の歴史は数世紀さかのぼる。米国における特許制度は、元来は科学を推進し発明家と技芸家を保護する憲法上の命令を履行するために設立された。皮肉なことに、憲法の起草者たちは、「特許」という言葉を使用すればあらぬ疑いを呼び起こすことが分かっていたので、慎重にも憲法草案にはその言葉を用いなかった。というのは、特許は英国政府が、塩、油、酢および小麦のような基本的な食料を独占するために用いたことがあり、こうした事実が「アメリカへの」入植者たちの心にまだ鮮やかに残っていたからである。それより前に、クリストファー・コロンブスが「特許」という言葉を使用していたが、それは彼が発見した島々を表現し、彼が見た土地、資源および現実の人々をスペイン国家の財産だと主張するためだった。生命特許を与える政策について考えるときには、特許制度を設立するに際しての憲法の目的にさかのぼるのが良いだろう。しかし、憲法の命令を生命特許を与える現行の政策と比較すると、憲法に概略が定められているような特許制度の元来の目的と特許制度の現在の用いられ方に隔たりがあることは明らかである。さらに、生命特許を与える政策が、公衆や米国議会の意見提出もなしに、それどころか行政機関の決定すらなく成立したことに私たちは気づいている。要するに、生命特許を与える政策は、非民主的に成立し、そして言論の自由の権利によって保障されている開かれた討論という利点なしに成立したのである。結局のところ、私たちは、人間、動物、植物、微生物およびそれらのすべての部分を対象とする知的所有権に関する政策を発展させるためには、憲法と権利章典に準拠するしかないということになる。また、私たちは、憲法と権利章典の中に、憲法の命令を実行するための行政組織――それは米国特許商標局に代わりうるもの――を作るための根拠を見出すのである。

本章では、第一に、生命特許を合衆国憲法の第一条の第八項に照らして分析する。大雑把に調べただけでも、生命特許は憲法に概略が定められている特許制度の主な目的の二つに反している。その二つの目的とは、科学の進歩を促進することと発明家の権利を保護することである。

第二に、本章では、生命特許を与える現行の政策は、その政策を成立させるために用いられた手続きを調べると民主主義的には機能しない、ということを証明する。

科学と有益な技芸の進歩の促進

アメリカ合衆国憲法の第一八条の第八項は、次のように述べている。「連邦議会は、一定期間に限って、著作者と発明者に彼らのそれぞれの著作と発見に対する独占的な権利を保障することにより、科学と有益な技芸の進歩を促進する権限を有する」。この比較的短い文句から米国特許局が創設されたわけである。

特許局は、果たして、分子生物学の試料に関する知的所有権を与えるその政策により、憲法が命じるように「科学と有益な技芸の進歩を促進する」のか。私たちは、特許を与える制度全体が科学の進歩を促進し、発明家の所有権を保護するのかどうかという大きな問題から議論をはじめたい。特許制度は、ある社会において技術的進歩を支える最も効率的な方法であるのか。あるいは、特許制度は、かつて英国政府によって採用されたときのように、基礎的な知識と生物・化学試料に関する独占を作り出し、最終的には革新的手法を阻むのではないか。

この問いは、確かにトーマス・ジェファソンや他の建国の父たちが憲法の第一条の第八項をいかに実施すべきかを考える際に自らに問うた質問だった。理由は明らかであるが、アメリカ国民は特許を高度に政治的な問題であると考えている。ジェファソンは特許局の初代長官を務めたが、彼は、独占に対しては慎重な態度をもって、また公共の利益を当然にも配慮しながら、すべての特許申請者たちに接した。彼は個人として発明の多くを自ら審査し、特許局を統括する最初の年には、三件の特許を与えただけだった。[1]また、ジェファソンは自らも多くの発明を行ったが、自身は一度も特許の申請をしなかった。[2]もう一人の入植者の発明家であるベンジャミン・フランクリンもまた特許の申請を一度も行わなかった。彼らが申請を行わなかった理由は単純だった。すなわち、彼らは、自身の技術的な発明はアイデアとして他の発明の才ある人たちに共有されるべきものであり、またこれらの人たちが自由に吟味し、改善を加えることができなければならないと信じたからである。[3]

今日では、特許制度を批判する人たちは、戦後の日本が技術的な進歩という成功を成し遂げた決定的な理由は、同国に特許の保護制度がないことだったと指摘している[1]。他方、特許制度を支持する人たちは、米国の歴史を参照しながら、この国が恐ろしいほどの技術的な強さを発揮したのは強力な特許制度のおかげであることを証明する。しかし、この主張は次の事実を指摘することで反駁できる。すなわち、米国の技術的飛躍は多くの場合には――航空宇宙産業と自動車産業で最も顕著だったが――、厳格な特許法が緩和された後ではじめて起きたという事実がある。実際のところ、特許制度はいくつかの例を挙げて非難された。その理由は特許制度が科学の進歩を妨げただけでなく、国の経済の発展を失速させたからでもある。

［1］日本の戦後の高度経済成長が可能だったのは、特許の保護が現在ほど認められておらず、そのために経済がグローバル化した二一世紀におけるバイオ特許に見られるような激しい競争が抑えられたという考え方は、多くの日本人は事実と異なると見るかもしれないが、あながち間違いではないとも思われる。というのは、日本の特許制度は、明治初期の富国強兵政策の下で国内の産業育成に貢献し、第二次世界大戦後の日本の経済復興と六〇年代の高度経済成長にも多大な貢献をした。しかし、この特許制度は欧米の特許制度をそのままの形で移入したかのように見えながら、運用に際しては次のような日本独自の解釈が加えられた。すなわち、それは、技術の進歩は国民全体で共有しながら、少数の人が富を独占することをできるだけ避けるという方法だった。これは、すべての分野に資本主義の原理が浸透している米国から見れば、社会主義的とも思われる思想である。このような旧通産省の官僚らの考え方は、最近まで貫かれていた。つまり、特許の権利の範囲を可能なかぎり限定し、特許を持たない人ないしは企業は、これらの特許権を共有しながら主張することができるようにして、競争相手との共存を可能にするということだった。つまり、投網のようなネットを投げて獲物を捕らえる蜘蛛のように他を排除して特許権利を広範囲に主張することは、わが国では実際には回避された。このように特許の運用を一部の範囲に制限した戦後の特許制度は、戦後日本の高度経済成長を可能にした「護送船団方式」の象徴の一つだった。（この訳注は以下の資料を参考にして作成された。中島隆「今の時代の特許戦略」：http://www.neotechnology.co.jp/column/senryaku.html）

また合衆国の航空産業は、ライト兄弟の最初の飛行機の特許の実施が訴訟に邪魔されることなく認められていたら、同産業が両大戦間に成し遂げた成功は経験しなかっただろうと思われる。実際には逆に、航空産業は、初期の数年間の自動車産業の場合のように、もともと特定の個人や企業が特許によって独占していたアップストリーム[2]の知識や技術を政府の強制的な力で分かち合うことができたために成功したのである(4)。一九三八年に、フランクリン・D・ルーズベルト大統領は連邦議会で、特許は「この国を捕えている経済の沈滞」の原因の一つであるとまで言った(5)。

学者、産業界の代表者および政策立案者たち〔具体的には、政府を構成する政治家たち―訳者〕は、特許制度は科学と有益な技芸（すなわち技術）の進歩を促進するための最良の手段であるかどうかという質問を引き続き提起している。ごく最近になって、この議論に加わったのが、弁護士、エコノミストおよび科学者たちからなる団体の「知的所有権委員会（ＣＩＰＲ）」である。英国政府は彼らに知的所有権が発展途上国でどのように機能しているかを見るように命じている。彼らの二〇〇二年九月の報告書によると、西洋式の特許制度は、文化的背景の違いによって、よく機能する場合と明らかに革新的手法と競争を止めてしまう場合があるという(6)。「知的所有権委員会」の文書に関する報告で『エコノミスト』誌は次のように述べている。「中心となるメッセージは、明白でもあるとともに論争を招くものでもある。すなわちそれは、貧しい国や地域の人々は、豊かな世界の特許保護制度が彼らの要求をかなえるものでなければ、そのような世界の特許制度に身を委ねるべきではない、ということである(7)。」

おそらく最良の言い方は、特許制度は、文化的背景の違いによって、科学と技術の進歩を促進することもしないこともあるということであろう。米国の全歴史を通して見れば、特許制度は、時には革新的手法を刺激したが、時には明らかにそれを妨げたために産業界が政治的な介入を強く望むこともあったのである。

生物特許に関しては、特許制度は明らかに科学の進歩を促進しない。生物物質に関する知的所有権がどのように科学者の間での情報共有を制限するかに関して広範な調査が行われたことがある。二〇〇二年の調査によると、大学の遺伝学者の四七パーセントが他の科学者の研究結果の利用を拒否されたという。[8]それ以前の調査では、遺伝学の研究者は、他のすべての生命科学の研究者よりも多くの者が研究結果の自由な交換を制限しているという。調査対象となったすべての生命科学の研究者の二〇パーセント近くが、自身の研究結果の発表を六カ月余り遅らせたと報告している。彼らが挙げた主な理由は、特許申請を待つ必要があることである。[9]分子生物学的物質に関して特許政策が敷かれた結果、研究結果の付帯調査が少なくなった。そしてその結果、研究結果の公開が不完全になり、研究による発見の隠匿（いんとく）が行われた。進歩は止められ、科学そのものが機能しなくなりつつあるといえる。

遺伝子特許に関してしばしば繰り返されている主張がある。すなわち、それは、遺伝子特許はバイオテクノロジーのプロジェクトに金融投資することにインセンティブ［行動を促す刺激ないしは動機］を与えるがために、科学の進歩を促進する、という主張である。ここは、そのような問題への詳細な解答をすべきところではないが、このような主張は、バイオテクノロジー産業と株式市場一般の最近の低迷に照らして再検討されなければならない。生命特許は、革新的手法と経済発展に拍車をかけるどころか、バイオテクノロジー産業の最近の経済的不振の原因の一つになっている。

[2]新型の飛行機などを研究・開発するに至るまでの過程。「アップストリームの知識や技術」とは開発段階に必要な知識と技術を指す。

バイオテクノロジー産業は、まだ現実の利益を出していないために苦境に陥っている。なぜなら、それが産業としてほとんど見るべき製品を産み出していないからである。投資会社のガレン・アソーシエイトのジョン・ウィルダーソンの言葉を借りれば、「バイテク企業は販売実績のない製薬会社である」[10]。

初期の航空宇宙産業の場合のように、私たちは遺伝学研究における新発見に驚き、興奮もしたが、この研究に由来する成功した製品を私たちはまだ一つも見ていない。「残念ながら、〈ゲノム学〉においてはデータが氾濫するほど多く存在したにもかかわらず、発見された新薬の数の急激な増加にいまだ拍車がかかっていない」。このように二〇〇一年に『エコノミスト』誌はコメントしている[11]。

バイオテクノロジー産業は、大部分は、アップストリーム〔開発段階〕の知識の発見――そしてそれに続くそれらの発見に関する生命特許――を公表することによって生き延びてきた。というのは、それらの発見や特許の公表により株価が押し上げられ、ベンチャーキャピタリストの関心を引いたからである。今までは、バイオテクノロジー産業は、ゲノムマップや遺伝的過程と構造の説明を提供する知識の産業だった。この産業はまた遺伝子検査と遺伝子データベースも開発した。しかし、これらの知識を中心とする製品は、病気に関するより詳細な研究という分野以外ではほとんど用途がない。バイオテクノロジー産業は、生命特許の使用によって人間の生物学的構造に関するこのような知識を購入し、取引してきた。さらにこの産業は、これらの特許を他の研究者にライセンス供与したり、販売したりしてまでして金を儲けてきた。そしてバイオテクノロジー企業が特許訴訟から利益を得る場合さえあった。しかし、インターネット関連産業が悪い例となっているように、産業というものは、実際の製品を生産し、実際の顧客を持ち、実際の利益を上げなければ、長く生き残ることはできない。

もしバイオテクノロジー企業が生き残りたいのならば、実際の利益を生む実際の製品を生産することによって、発明の時代から産業の時代へと飛躍を遂げなければならない。それらの製品はやがてはおそらく薬の形態をとるだろう。しかし、この薬の形態に至る途上に立ちはだかっているのが、実際の製品を生産するために分かち合う必要のある基本的知識を特定の企業が独占する生命特許という難関である。

発明と発見に対する発明家の独占権

「連邦議会は、一定期間に限って、著作者と発明者に彼らのそれぞれの著作と発見に対する独占的な権利を保障する」という憲法の命令の第二の必要事項を、生命特許を与える政策が履行しているかどうかは問題である。

私たちはここでいったん小休止して、生命形態と遺伝子が、たとえそれらが遺伝子組み換えされたものであっても、誰によっても発明されたものではなく、数千年にわたる進化の産物であるという主張を検討しよう。もし特許局が発見と発明をともに特許を与えるための許容できる基準とみなすならば、私たちは上述の主張はわきに置いて、別の仕方で質問することができる。すなわち、どの一人の科学者にもどの一つの企業にもこのような物質［生命形態と遺伝子］を発見または発明した功績が特許として与えられるかどうか——このような質問自体が一つの発見でさえあるが——という質問をすることができる。生命科学における発見の大部分は、多くの異なる研究グループと科学者たちの間での数年にわたる協力的な研究の上に築かれている。中には、実際の主要な研究作業をした特定の研究グループにさかのぼることのできるってによって彼らの研究に対する功績を認められるわけではない。逆に、特許は、発見に対して大した貢献もしていないのに、効率的で強力な法律文書作成チームのおかげで特許を与えられた企業に行くのである。

いわゆる乳がんの研究がこの問題に関する適例である。マリー・クレアーキングと世界中から来たその他の多くの科学者たちは、十五年間かけて乳がんに相関関係があると思われる遺伝的変異を突き止める研究を行った。ところが、ミリアド・ジェネティックス社（Myriad Genetics）が、その詳細な研究に基づいて、一九九四年にその遺伝的変異のマッピングに成功して、同社に特許が与えられた。「社会、宗教および技術プロジェクト」の会長のドナルド・ブルース博士が述べているように、「いくつかの研究グループが、数年にわたる臨床研究によって（乳がんの）第一遺伝子の場所を突き止める寸前まで行ったが、最後の最後になって、設立されたばかりの企業ががぜん頑張って、数少ない最後の研究ステップを成し遂げて、この乳がんの第一遺伝子の同定という功績全体を自身の私的所有権であると主張した[12]」。

他のケースでは、民間企業や大学が、彼らのほとんど知らない遺伝物質の特許を取った例がある。これは有名なケースだが、国立衛生研究所（NIH）の科学者たちがCCR5と呼ばれる細胞表面受容体とHIV／AIDSの関係を発見したほんの数ヵ月後に、ヒトゲノム・サイエンス社（Human Genome Science, HGS）がCCR5に関する特許を取得した[13]。ヒトゲノム・サイエンス社は、CCR5のHIV／AIDSとの関連を知らなかったけれども、同社の株価はその特許を取得した後に急騰した。そして同社は引き続きCCR5の所有権を持ち続けた。あるバイテク関係の弁護士が皮肉を込めて言うように、「科学的功績と特許法は別のものである[14]」。

他の生命特許、例えば、自然に発生する植物と食糧となる植物〔例えば、米、アンデス地方で栽培されるキノアおよびインドのニーム〕を対象とする特許などは、そのような植物の「効用」を長い期間にわたって証明してきた歴史を持つ文化のあからさまな略奪以外の何ものでもない。これらの植物が数千年の過程にわたって先住民族によって利用されてきたということは、大学や企業がこれらの植物に関して彼らが取得した特許の「発明性」に反論する証拠となっている。

米国特許局の後援を受けている米国の特許政策は、明らかに憲法に違反していると思われる。というのは、憲法は、その特許政策を策定する際に、「科学の進歩を促進し発明家を保護する」と、単純明快に特許政策の目的を述べているからである。「発明」が申請されるにはかなり広い背景が存在するが、米国特許局は、そのことを考慮に入れていない。そのような背景とは、一つには、発明に関する知的所有権が与えられると、実際に科学の進歩が妨げられるのではないかという問題である。または特許を申請する単独の科学者または複数の科学者が、彼らよりもずっと大きいグループ〔例えば、彼らが属する大学や企業―訳者〕や文化から利益を受けているのではないかというような問題である。このようなわけで、科学の進歩を促進するという目的においても、また発明家に彼らが当然受け取るべき特許料を支払うべきであるという点においても、特許局はそれに関する憲法の命令を履行していないというべきである。

私たちはいかにしてこの地点に到達したか

生命特許を与える現行の政策は、言わば「無投票当選」したようなものである。ある意味では、この政策は、決定がなされていないことにより策定されたのである。最初は、ダイアモンド対チャクラバティ裁判[3]によって、特許局は最高裁判所に指導されたが、それは法的な意味においてだけだった。裁判所は、特許局の要求する条件の下では遺伝子組み換え生物（ＧＭＯｓ）の特許を取得できると述べたが、しかし、裁判官はＧＭＯｓ——およびすべての生命形態——が特許取得可能である**べき**かどうかの決定については連邦議会に任せた。チャクラバティ裁判の裁判長を務めたベルガー判事は、彼の下した判決の中で、ある種の特許は認めるべきではないという趣旨に連邦政府がもっと目を向ける必要があることを示唆した。彼が考えたように、裁判所の仕事は、単にチャクラバティが特許の効用に関する必要条件を満たしていたかどうかを決定することにあったにすぎず、最終的に遺伝的に改変された生物形態が特許取得可能であるべきかどうかは、連邦議会が決定することではなかった。連邦議会は、「遺伝子工学により作成された生物を特許による保護から除外するように」特許の効用に関する第一〇一節を改正することができる、とベルガー判事は書いている。ベルガー判事は、連邦議会が核兵器の特許取得を認めないのと同一の法律［おそらく「独占禁止法」を指すものと思われる］の下で同節を改正することができることを理解していた。[15]

言い換えれば、最高裁判所の決定は、生命形態と遺伝子に関する特許が認められるべきか否かをめぐる決定では決してなかった。それはあたかも核兵器の特許を取得しようとするものに関する決定だったと言ったほうがいいだろう。そのようなことは今まで決して試みられたことは無かったけれども、最高裁判所の論法では、核兵器が特許取得可能であることはかなりありそうなことである。なぜなら、核兵器は、新奇で、革新的で、実際の世の中の効用を有しているという特許局の必要条件を満たしているからである。しかし、真の問題は、核兵器が特許局の必要条件を満たしているかどうかではない。つまり真の問題は、核兵器が特許化されるのを認める**べき**か否かである。そして、もちろん、連邦議会は、核兵器が、特許取得可能であるか否かにかかわりなく、特許化できないと述べる法律を可決した。連邦議会は、最高裁判所の提議があるにもかかわらず、生命形態と遺伝子に関する特許が認められるべきか否かという問題をまだ検討していない。

また、最高裁判所は、上述の決定がなされたために、特許化を阻む壁がその後に破られていくことになるとは予想もしていなかった。最高裁判所は、自身が微生物は特許取得可能であると言った結果、特許局が、私たちの身体、世界中に見出される植物および哺乳類の全世代の中に存在するＤＮＡの標本に関する特許をすぐに与えることになるとは予想だにしなかった。特許局はそれ以来、独自の判断で決定を行い、人間のクローンを対象とする特許をいま与えているが、そういう段階にまで知的所有権を拡大してしまったのである。二〇〇二年、ワシントンのシンクタンクの技術評価国際センターは、人間を含むすべての哺乳類のクローニングを明らかに対象とする特許を取得した。(16)

[3]遺伝子組み換え生物に特許を与えることができるかどうかを扱った一九八〇年の米国最高裁判所での裁判。チャクラバティは、ジェネラル・エレクトリック（ＧＭ）社で働く遺伝子工学者で、石油を分解する細菌を遺伝子工学の手法を用いて開発し、それを特許申請した。しかし、生物は特許取得できないという法律の規定に基づいて、彼の申請は却下された。この問題は、その後特許局により裁判に持ち込まれ、第一審は特許局の決定を支持したが、第二審はそれを覆した。そして米国特許商標庁の長官のシドニィ・ダイアモンドは最高裁判所に上告した。最高裁判所はチャクラバティに有利な判決を下し、特許取得を支持し、判決でおよそ次のように述べた。「人間の作成した生きた微生物は、合衆国法典三五章一〇一節の下で特許取得が可能な物質であり、被告の微生物は、この法律の範囲内では『製造物』または『物質の要素』を構成する」。これにより、遺伝子組み換え生物に対し特許を与えることが可能である、という判断が下され、バイオテクノロジーに関する技術の特許による保護範囲が広がった。

連邦議会の若干名の指導者たちは、生命特許を与える政策はもっと慎重に考えるべきであることを求めたが、この要請にはほとんど反応はなかった。そして特許局は、特許を与えるべきか否かを考えるときには、公衆を含むどの外部の党派からの意見提出も認めていない。特許局は、二十年以上にわたって生命特許を与えてきた際に、連邦議会と税金を払っている公衆からの指導を全く受け付けてこなかった。

言論の自由と価値の民主主義的な追求

現代のアメリカには多様なしばしば衝突する見方がある。そして生命特許をめぐる議論においては、それらの見方が前提とする価値観の間に絶えず衝突が存在する。ある人々にとっては、人間、動物、植物、微生物およびそれらのすべての部分は、一区画の土地のように売買可能な他の財産形態と同じようなものであるとみなされる。これは、米国特許商標庁の考え方である。すなわち、「遺伝子は基本的に化学物質である」と、前特許局長官のトッド・ディケンソンは連邦議会で述べている。他の人々にとっては、この物質［遺伝子］は、科学的研究のために科学者たちが共有すべき知識または情報であると評価される。米国病理学者協会は、遺伝子特許に反対するその方針説明書の中で、簡潔に次のように述べている。「人間のゲノムのマッピングから得られる情報は、自然に発生する基本的なレベルの知識であるので、このような知識は人によって発明されるものでもなく、また特許化されるべきものでもない(18)」。

多くの先住民族のグループにとっては、特許化されている植物と遺伝子は、発明されたものや発見されたものであるとは主張できない文化的な産物を表している。多くの場合、その文化的産物は、単に採取されている植物または一滴の血［先住民族に属する個人の血液を指す―訳者］である場合もある。またその文化的産物は、特許取得者によって「発明されたもの」であると主張されるもの［元々は先住民のグループが所有しているものが特許化された植物と遺伝子―訳者］の生物学的構成要素であるだけでなく、また文化の歴史と遺産の重要な象徴でもある。彼らにとって、食料、および個人の血液は神聖であるとみなされ、文化の宗教的な感性にとって中心的なものであるだろう。

「いく人かの先住民族の人々は、この植物を特許化することは、彼らのグループの中の誰かがキリスト教の十字架を特許化するのと同じことであると言っている」と語るのは、「アマゾン民族と彼らの環境との同盟」のデヴィッド・ロスチャイルドである。ロスチャイルドは、米国のある研究者に与えられたアヤフアスカと呼ばれるアマゾンの植物に関する特許に言及していたのである。

さらに他の人々にとっては、人間、動物、植物、微生物およびそれらのすべての部分は決して発明されたものとか財産であるとは評価できず、自然の諸要素であるとしてしか評価できないものである。彼らは、このようなものの特許化は自然過程に対する所有権または生命そのものの所有権を与えるものであると考えている。かくして、「米国科学アカデミービジョン委員会」の試験責任者であるキー・ディスミュークスは、チャクラバティの細菌に関する最初の「生命特許」について次のような結論を述べている。

ひとつはっきりさせておこう。アナンダ・チャクラバティは新しい生命形態を作り出したのではない。彼は単に、細菌の株が遺伝情報を交換する正常な過程に介入して、改変された代謝様式で新しい株を産出したに過ぎない。……その細菌がチャクラバティの作品であって自然の作品ではないという主張は、人間の力をひどく誇張しており、また私たちの惑星の生態系にこんなにも破壊的な影響を与えてきた生物学の傲慢さと無知を示している。[19]

分子生物学と生物に関する特許を与える政策を人がどのように判断するかは、人が生物物質をどのように評価するかによって決まるだろう。また、人が生物物質をどのように評価するかは、生物物質にどのような投資――経済的投資、精神的投資および関係的投資[4]――を行うかによって分かる場合が多い。もしある家族がその子供の細胞を遺伝子研究に提供したとする。そしてある会社がその細胞の遺伝物質に関する特許を取得して、その公表後にその会社の株価が上昇したとする。そうしたら、当然その家族は子供の細胞の遺伝物質に関しては、その会社とは異なった評価をするだろう。[20] このように幅広い価値観が、とりわけ米国の多様な人種的、宗教的および文化的水準において存在する。したがって、こうした事実を考慮するならば、生命特許に関する政策を決定するに際して、それをいったい何に基づいて行うことができるのかを想像することは難しいだろう。

しかし、生命特許を与える現行の政策は、上述の多様な価値を追求するための公的なフォーラムが実際全く開かれることなく決定された。すなわち、これらの相異なる見方について聞くこともなければ、また言論の自由と言論の自由に関する権利もなければ、つまりこうした利点がなければ、この政策は民主主義的には機能しない。

言論の自由に関する最近の議論には、さまざまなメディアと個人が関わっている。というのは、彼らの手法がある種の文化的規範と衝突するからである。しかし、言論の自由に関する権利の法的な歴史を一瞥すれば、もう一つの側面が明らかになる。それは、社会が多くの考え方にアクセスでき、異なる価値体系から意見を聞く権利である。政府の政策に強い影響力を及ぼす民主主義的な価値の発見に至るためには、社会の中のすべての価値を考量し、その価値についての意見を聞かなければならない。このような考えは、民主主義的社会は、多くの異なる考え方と異なる価値の体系について意見を聞くことから恩恵を得て、それによってまさに民主主義的な政策に到達するということである。したがって、この考えは、その論法を科学それ自体から得ている。例えば、オリヴァー・ウェンデル・ホームズ[5]は、彼の「アイデアの市場[6]」という理論で最初に科学的方法を用いてそれを全体としての正義と民主主義に応用した。すなわち、

あるものが真理であるかを最も良く検証するものは、真理を表すと思われる思想が市場の競争の中で受け入れられる力を持つかどうかである。それが試されれば、その真理は、人々の願いを実行できる唯一の根拠となるだろう。ともかくこれが私たちの憲法の理論である。それはすべての生命が実験であるように、実験なのである。(21)

[4] relational investment：従業員による投資など、会社の関係者による投資。

[5] Oliver Wendell Holmes（一八〇九～一八九四）：アメリカの内科医、作家、大学教授。主な著作に『朝食テーブルの独裁者』などがある。

[6]「アイデアの市場」とは、自由市場という経済的概念への類推に基づいた表現の自由の根拠付けの理論である。「アイデアの市場」の信念は、最良の政策は自由な民主主義の重要な部分である自由で透明な公的議論の中で繰り広げられる非常にさまざまな考えの競争から生じるということにある。この観念は、しばしば出版の自由とメディアの責任だけでなく特許法の議論にも適用されている。

重要なことは、すべての党派を喜ばせる一つの政策が成立するだろうということではなく、またすべての声と価値が等しく尊重される妥協が達成されるということでもない。むしろ、政策は、これらの声が、「アイデアの自由の市場」の中で耳を傾けられ、比較され、吟味され、分析された後で成立するだろうということである。民主主義国家においては、政策がこれらの声により直接決定されるとか、単にこれらの声に耳が傾けられるとかは必要ではない。

現状では、特許政策は、上述の議論を特許局と大学および企業の弁護士との間の討論に限定し、その内容も人間、動物、植物、微生物およびそれらのすべての部分を彼らがどのように評価するかに限定している。これは大学と企業が正当とみなす政府の対策であるが、決して民主主義的な政府の対策ではない。

より民主主義的なフォーラムは、「食品医薬品局」や「連邦航空局」のような規制的な組織の形態の中に設置することができるだろうと提案されている。というのは、このような規制的な組織は、まずそれらの発明物のそれぞれをその特定の分野の内部で判断して、生物学的「発明物」に関する政策を統制し創り出すからである。特に「連邦航空局」は、航空宇宙技術を進歩させるために、特許の保護をアップストリーム［開発段階］の知識の他企業への拡散とバランスをとる必要から設置されたので、ふさわしい典型的な例である。

このような組織が最終的にどのような形態を取るかに関わりなく、その組織は自由な言論の権利によって指導されること、そしてこのような「発明物」に与えられる究極的な価値にできるだけ民主主義的な仕方で到達することが重要である。もし独占的な所有権を、これらの生物学的な「発明物」のある種のもの

〔前述の先住民族の所有していた植物や遺伝子を特許化したもの―訳者〕に与えることがふさわしいように思われるならば、前述の規制的組織は、これらの両方の権利〔言論の自由の権利と独占的な所有権〕が科学を推進し、現実的な「発明家」に正当な功績を与えよという憲法の命令によってさらに指導されなければならない。最も重要なことは、このような規制的な組織が、単に科学者、大学および民間企業からの公的意見だけではなく、むしろすべての市民の公的意見に絶えず開かれていなければならないことである。というのは、すべての市民たちの価値観は民主主義的に適切な政策に到達するために考慮されなければならないからである。

注

(1) Sivo A. Bedini, *Thomas Jefferson: Statesman of Science* (New York: Macmillan, 1990), p.209 ; and William Eleroy Curtis, *The True Thomas Jefferson* (Philadelphia: J.B. Lippincott, 1901), p.374-82.

(2) "[A]s soon as I can speak of [the hemp-break's] effect with certainty," Jefferson wrote about one of his inventions, "I shall describe it anonymously in the public papers, in order to forestall the prevention of its use by some interloping patentee." Curtis, *The True Thomas Jefferson*, p.381.

(3) "[A]s we enjoy great advantages from the intervention of others," Franklin wrote, "we should be glad of an opportunity to serve others by any invention of ours; and this we should do freely and generously." Benjamin Franklin, *The Autobiography and Other Writings* (New York: Penguin Books, 1986), p.130.

(4) Bill Robie, *For the Greatest Achievement: A History of the Aero Club of America and the National Aeronautic Association* (Washington, D.C.: Smithsonian Institution Press, 1993), chapter 6, 8, and 11を参照。

(5) "Patent History," BountyQuest website, retrieved from www.bountyquest.com/patent/patenthistory.htm on February 8, 2002.

(6) U.K. Commission on Intellectual Property Rights, *Integrating Intellectual Property Rights and Developmental Policy: Report of the Commission on Intellectual Property Rights* (London, England: Commission on Intellectual Property Rights, September 2002).

(7) "Patently Problematic," *Economist*, September 14, 2002, p.75

(8) Eric G. Campbell et al., "Data Withholding in Academic Genetics," *Journal of the American Medical Association* p.282 (2002).

(9) David Blumenthal, "Withholding Research Results in Academic Life Science: Evidence from a National Survey of Faculty," *Journal of the American Medical Association* p.277 (1997).

(10) "Climbing the Helical Staircase," *Economist*, March 27, 2003.

(11) "Drugs Ex Machina, " *Economist*, September22, 2001. また Peter Tollman et al., *A Revolution in R & D: How Genomics and Genetics Are Transforming the Biopharmaceutical Industry* (Boston: Boston Consulting Group, November 2001) も参照。

(12) Deborah Smith, "Who Owns Your DNA?" *Sidney Morning Herald*, March 14, 2001. ブルース (Bruce) は、BRCA1の特許に反対したヨーロッパ教会コンソーシアムの1部だった。

(13) Eliot Marshal, "Patent on HIV Receptor Provokes an Outcry," *Science* 287 (February 25, 2000) : p.1375 を参照。

(14) Eliot Marshal, "HIV Expert vs. Sequencers in Patent Race," *Science* 275 (February 28, 1997).

(15) *Diamond v, Chakrabarty* 447 U.S. p. 318 (1980)

(16) "CBHD Denounces Patenting of Human Cloning," Center for Bioethics and Human Dignity Home Page, retrieved from www.cbhd.org/media/pr/pr2002-05-16.htm.

(17) *2000 Gene Patents and Other Genomic Inventions*, hearing before the Subcommittee on Courts and Intellectual Property of the Committee on the Judiciary House of Representatives, 106th Congress, 2nd session, July 13, 2000, serial no. 121, p.19.

(18) Hearing before the Subcommittee on Courts and Intellectual Property, serial no,. 121, appendix, p.157.

(19) ヴァンダナ・シヴァの "North-South Conflicts in Intellectual Property Rights, " *Peace Review* 12, no. 4 (2000) : p.504 に引用されている。

(20) これは、カナバン病（Canavan disease）に罹患した子供たちの家族が「マイアミ子供病院（Miami Children's Hospital)」に対して訴えた訴訟の背景である。すなわち、一九九三年にマイアミ子供病院は、カナバン病の遺伝子特許を取得して大きな利益を得たが、一方、カナバン病という遺伝病に罹っていると診断された子どもとその家族は、言うまでもなく、その後は不幸な人生を背負うことになったわけである。 Peter Gorner, "Parents Suing over Patenting of Genetic Test," *Chicago Tribune*, November 19, 2000; and Eliot Marshall, "Families Sue Hospital, Scientist for Control of Canavan Gene," *Science* 290（November 10, 2000）: p.1062.

(21) *Abrams v. United States*, p.630-31, quoted in Louis Menand, *The Metaphysical Club*（New York: Farrar, Straus and Giroux, 2001）, p.430.

第4章

新しい囲い込み運動――なぜ市民社会と政府は生命特許の先を見据えるべきか

ホープ・シャンド

生物が特許化できない世界に生きる権利は、最高に価値あるものである。しかし、新しい技術の所有と支配をめぐる議論は、新たに科学が出現する傾向と企業の力が集中していく流れに遅れずに行われなければならない。本章は、市民社会と政府が、「生命特許なき世界」の先を見据えて、権利と抵抗の主張のより幅広い定式化を採用して、多様性、民主主義および人権を徐々に破壊する恐れのあるポスト特許時代の独占企業から身を守らなければならないという主張を展開する。

過去二十年間にわたり、知的所有権は、企業の独占力を高め、市場シェアを保護するための強力な法的手段となってきたが、同時にそれは論争を巻き起こすものでもあった。知的所有権は、バイオテクノロジー産業を成長・強化させる大きな要因だった。一九八〇年代に、米国政府は、一連の対策を講じ、法律を再定義することによって生命を特許化する企業の願望を受け入れ、こうしてすべての生物学的産物と生物学的過程に対する排他的な独占企業の特許を可能にした。

一九八〇年代以来、ますます多くの市民社会の組織といくつかの政府は、生命の特許化を技術的に妥当でないこととして、また基本的に不平等であるとして非難してきた。市民社会の組織に属する批判家たちは、植物、動物および他の生命形態に対する独占企業の支配は、世界の食糧安全保障を危うくし、生物学的多様性の保存と利用を根底から掘り崩し、農耕コミュニティの経済的な不安定を増大する恐れがあると主張している。特許は、革新的手法を促進するどころか、研究を停止させ、競争を制限し、新しい発見を妨げている。

またいくつかの企業は、さまざまな理由ではあるが、知的所有権に魅力を感じなくなりつつある。特許の複雑さとコスト高が問題を含むものとなっているからである。また知的所有権法が政治的に予測が不可能になっていることもその一つの要因であろう。このような背景の下、産業界は、バイオテクノロジーと他の新興テクノロジーに対する企業支配を確保するために、「新しい囲い込み」[1]という知的所有権に代わる仕組みを追求している。二十年間にわたる企業の整理統合の後、五つの多国籍企業が農業バイオテクノロジーの分野を支配している。特許は、独占企業の他の手段［新しい囲い込みのこと―訳者］が潜在的に安

[1]周知のように、「囲い込み（enclosure）」は、一六世紀から一八世紀の英国で、共有地で耕作をしていた農民を強制的に追い出して、彼らを労働者に追いやった資本主義の勃興期の出来事である。「新しい囲い込み（new enclosure）」とは、現代の先住民族の農民たちを英国の当時の農民たちになぞらえて、先住民族の農民たちを種子企業と契約させるなどして、彼らを商業化されたバイオ産業の支配下に置こうとする種子企業の企みのことを指していると推測される。

価でより将来性があるときには、寡占市場では今日的意味を失っている。

本章では、新しい囲い込みを吟味し、どのようにして新しい囲い込みが、新しい技術に対する企業の支配を強化する手段として、知的所有権を補うかまたはそれに代わるものになるのか、またどのようにして新しい囲い込みが民主主義と批判的理論を脅かすのかを明らかにする。本章ではまた、新たに出現しつつあるナノテクノロジーの分野を吟味し、市民社会が「生命特許なき世界」の先を見据える宣伝キャンペーンを幅広く展開する必要性を検討する。

なぜ「新しい囲い込み」と呼ぶのか？

知的所有権はますますコストがかかるようになってきている。特許法を生物物質に適用した結果、戦略的な遺伝子、生物の形質および生物学的過程の所有権を競い合っている企業間での法的な争いが激しくなり、コストがかかるようになってきた。取引コストは次に示すように膨大である。

・一つの特許取得にかかる費用は、米国ではおよそ一万ドル［約八〇万円］であり、特許訴訟にかかる費用は、原告でも被告でも典型的なケースでは一五〇万ドル［約一億二〇〇〇万円］である。(1)

・二〇〇〇年には、米国に本社を置く企業が訴訟費用にかける費用は一社だけで四〇億ドル［約三二〇〇億円］に達する。

・新興企業は、特許訴訟には研究支出と同じだけの費用を予算に計上すると報道されている。

知的所有権は政治的に予測不可能である。産業界は、知的所有権に関連する事柄の不確実性とその高コストを勘案して、「生命の特許化」は政治的に問題を起こしやすいことに気づきつつある。生命の特許化を疑問視し、改革し、それに抵抗する著名な人々の努力に伴って、生命の特許化を憂慮する公衆の意識がますます高まっている。産業界は特許に対する政治的な反対が頂点に達した結果、その所有する知的所有権を危険にさらすような法律の修正が行われる可能性があることを懸念している。例えば、

・一九九九年の「人間開発報告書」は、「執拗に繰り返される知的所有権の取得は、停止し、問題として取り上げる必要がある」と述べている。[2]
・二〇〇〇年の八月に、「国連人権擁護小委員会」は、世界貿易機関（WTO）の「貿易関連の知的所有権協定」は貧しい人々の権利と彼らの種子と薬剤の利用権を侵害する可能性があることを認めた。[3]
・二〇〇二年六月に英国の「ナフィールド生命倫理審議会」は、DNA配列のほとんどの部分は、革新性を含んでいないので、特許化にふさわしくないと主張している。[4]
・英国の「知的所有権委員会」は、二〇〇二年九月に、知的所有権はほとんどの発展途上国に費用を課し、貧困を減少させる助けにならないと結論付けた。[5]同委員会は、生命特許が種子を蓄えている農民や研究者に種子の利用制限を課していることを考慮して、発展途上国は原則として植物と動物のための特許保護を企業に与えるべきではないと勧告している。[6]
・世界保健機関（WHO）は、二〇〇二年の報告書「ゲノム学と世界の保健」で、「DNAの特許化に関

する現在の状況は、科学的および経済的進歩を促進しているどころか遅らせている。それゆえ、新奇の化学物質である遺伝子に関する特許を与えられた独占企業は、公共の利益になっていない」と結論付けている。[7]

知的所有権が政治的、実際的に不確実な手段になってきている事態を、産業界はますます受け入れがたくなってきている。このため、産業界は「新しい囲い込み」という新支配戦略を求めるように駆り立てられている。「新しい囲い込み」は、三つの大きな部類に分類される（この場合には、そのすべては農業技術に関連している）が、それらは次のように特定される。

1　遺伝子資源に関する生物学的独占。
2　リモートセンシング〔遠隔探査〕や生物を検出し探索するためのその他の技術。
3　法的な契約。

生物学的独占

新しい囲い込みの仕組みの最も良く知られた例は、論争の多い「遺伝子利用制限技術」である。これはターミネーターとトレイター技術としてよく知られている。「遺伝子利用制限技術」は、遺伝子が外部の化学物質に誘発されて、植物の遺伝的形質をコントロールすることのできる遺伝子のスウィッチを利用することを言う。**ターミネーター**とは、種子の不稔性（ふねんせい）［植物が種子を生じない現象―訳者］の形質を作動または停止させるように遺伝子組み換えされた植物のことを言う。ターミネーター作物から収穫された種子は、次のシーズンに再び植えても発芽しない。この技術は農民が彼らの収穫物から種子を蓄えることができないようにすることを目的とし、その結果、彼らを毎年企業の販売する種子を買わざるを得ないようにする。(8) 特許は、農民が私有の種子を蓄え再び植えることができないようにするための法的な仕組みである。一方、ターミネーター種子は、それが商品化されれば、農民が種子を蓄えることを生物学的に不可能にするための仕組みである。巨大な遺伝子企業にとっては、不稔種子技術は、知的所有権よりも強力で将来にまで効力の及ぶ独占を可能にする。というのは、ターミネーター技術は、特許とは違って、時間的に限界がないからだろう。つまり、それによって、研究者免除[2]も強制実施許諾[3]の供与も弁護士の必要もなくなる。

遠隔探査と監視

国家の主権の限界を超えて作動する地球観測衛星は、人間活動と自然環境に関する映像と地理的空間の情報を収集するために、諸政府と市民社会と産業界によって既に利用されている。最初の衛星は、政府所有で、厳密に軍事目的用に利用された。一九九九年の九月に打ち上げられた世界で最初の商業用地球観測衛星は、一メートルの解像度[4]より良い映像を提供する。今日では、衛生画像、地理空間的な情報産物およ

[2]研究目的のみのために知的所有権を利用する人に対しては特許保有者は彼らの知的所有権を行使しないこと。
[3]法律により定められた特許料の支払いが行われた場合に、特許の所有者が彼らが特許を使用することを許諾すること。

び関連するサービスから利益を得ることを希望する民間企業によって、より小型で、安価で、より機動的な新しい衛星群が資金提供を受け、建造され、作動されている。

衛星画像と地理空間的な情報技術は、透明性を促進し[9]、農業の利益になるが、それらはまた、農民と農村コミュニティの権利を減少させる恐れがある。遠隔探査と生物探知器は、企業と政府によって、(1)企業の私有権と法規制の順守または〔農民と企業間の〕請負契約の監視を実施するために、(2)遺伝子資源、領土および労働を特定し、監視し、統制するために利用されている。

次に示す例は、市民の自由と農民の権利を脅かす恐れのある遠隔探査の利用の仕方のうち、実際に起こる可能性のあるものを説明したものである。

・フロリダ州の農務省は、ブラジルのサンパウロ州にあるシトリス〔柑橘類〕の最大の競争相手を偵察するために、衛星写真の利用を提案している。フロリダに本社がある事業者団体は、『ウォール・ストリート・ジャーナル』に次のように語っている。「ブラジルの寡占企業は世界のオレンジ・ジュース価格を支配し、……フロリダの産業に損害を与えている」[10]。ブラジルのシトリスの作物の衛星写真は、推定一〇〇万米ドル〔約八〇〇〇万円〕から一五〇万米ドル〔約一億二〇〇〇万円〕の費用がかかる。この金額は、農業生産者の大多数には手の届かない価格である。

・二〇〇〇年に、「アルゼンチンの国立種子研究所」は、不法な種子売買を止めさせるために、衛星監視を利用することを提案した。「アルゼンチンの国立種子研究所」の職員は次のように警告している。

「現行法では、生産者が自分自身の使用のために種子を蓄えることは許可されているが、生産者は決して種子を販売したり、種子を他の装置や機械類と交換したりすることは許可されていない。また生産者は、種子を他の生産者に譲ることもできない。なぜなら、そうした引渡し行為は禁じられており、最終的には起訴されることになる」[11]。

・二〇〇一年のはじめに、アルゼンチン政府は、脱税を止めさせるために、衛星画像を使用して農民の作物を監視することを公表した[12]。

法的契約

法的契約は、遺伝子資源と技術および研究を管理するための新しい囲い込みの仕組みとして利用されている。農民が収穫された作物を種子として蓄え、再利用し、あるいは販売することを禁ずる［種子企業と農民との間の］契約協定の下で、ますます種子産業は、企業の私有する種子を農民に提供するようになってきている。遺伝子組み換え種子の商業化とともに、「技術使用者［農民のこと—訳者］」協定またはライセンス契約という名で知られている契約条項は、ありきたりのものになっているが、論争を引き起こす性質のものでもある。契約協定が知的所有権の制限と結びついて使用されることもあれば、それらの契約が単独で使用される場合もある[13]。

[4]縦横それぞれ一メートルの物体が衛星写真で一つの点として表される解像度。

パイオニア社[5]（デュポン）やモンサントのような巨大種子企業は、遺伝子組み換え種子を販売するときには、日常的に技術使用者協定を使用している。これらの［種子企業と農民との間の］契約は、収穫された種子の利用を制限するだけでなく、知的所有権の域をはるかに超えて、種子と関連を有する装置を利用する条件を指定し、企業の責任限度と法的手段の限界を設定し、さらにはポスト・ハーベスト・マーケティング[6]のための条件さえ設定している。次に示す例を検討しよう。

・**責任制限**：モンサントの二〇〇一年の技術協定に署名した農民は、モンサントの遺伝子技術を含む製品の使用または取扱いから生じるすべての損失、負傷または損害に対するモンサントの責任を厳しく制限する同社の「独占的な制限付き保証」を受け入れなければならない(14)。

・**裁判地を選ぶ権利**：裁判地を選ぶ権利に関する条項により、種子企業は、技術協定から生じる契約違反をめぐる紛争をもっぱら同企業に一般的により有利な裁判管轄区域で決着をつけるようにでき、典型的には権利の侵害に対する防衛に要する費用は農民の側の方がより高くなる(15)。

・**栽培条件の指示**：ノースダコタ州立大学のエコノミストのドゥワイト・アーカーによると、ラウンドアップ・レディGM作物［遺伝子組み換えによる除草剤耐性作物］に関するモンサントの二〇〇一年の技術協定は、［同作物の］生産者はGM作物の花粉が飛散して隣の生産者の作物に不法侵入しないように作物の隔離を行う責任がある、と述べているという。アーカーの考えでは、GM作物の栽培者は、遺伝子技術協定に署名することによって、潜在的に巨大な財政的リスクに曝されているという(16)。

・**収穫後の責任**：パイオニア社のイールドガード［害虫抵抗性トウモロコシ］とリバティリンク［除草剤

耐性大豆」の双方の遺伝子技術の契約に署名した農民は、「これらのハイブリッド［交雑種］から収穫された穀物をヨーロッパの穀物輸出経路から遠ざけておくことに同意したことになる」[17]。ラウンドアップ・レディGM作物に関するモンサントの二〇〇一年の技術協定にも同様の条項がある。ドゥワイト・アーカーは農民に次のように警告している。「もし船荷の穀物がこれらの輸出市場の一つに到着し、検査されて、未承認の遺伝物質を含んでいることが発見され、その原因をあなた方農民にさかのぼることができると分かれば、あなた方の責任は相当のものになるだろう」[18]。

北米では、モンサントは、民間の調査会社の手を借りて、種子を蓄える農民を積極的に監視および告訴し、ワシントンン・ポスト紙に「遺伝子警察」というニックネームをつけられた[19]。同社は、これまで特許の侵害と技術使用者協定の違反を理由に農民に対して四七五件以上の訴訟を起こした[20]（正確な数は分からない）。モンサントの遺伝子組み換え種子技術が、二〇〇一年にGM種子が植えられた全世界の区域の九〇以上で利用されていることを考えると、契約協定の潜在的影響は、北米を越えてはるか遠くまで及んでいる[21]。

生命特許化を超えて――ナノテクノロジーは決して小さな問題ではない

「ナノテクノロジーは新しく、このテクノロジーは、これから起こり得る多くの特許保護が非常に幅広

[5] Pioneer（DuPont）：米国大手種子メーカー・パイオニア社は、デュポンの子会社である。
[6] Post-harvest marketing：農産物の収穫後の市場調査、価格設定などのマーケティング。

くなる可能性があることを意味している」。このように語るのは、知的所有権を専門とする弁護士のマイケル・ホステトラーである。ホステトラーによると、「現代は大きなチャンスの得られる時代である。つまり、今、ナノテクノロジーは誰にも大きく開かれた分野である。それは、開拓時代の米国西部での土地の争奪戦のようなものである」[22]。ナノ・スケール〔一メートルの一億分の一の長さを単位とする尺度―訳者〕での強力な新しい技術の出現とともに、「遺伝子権利章典」と生命の特許化に反対するその他の市民社会のキャンペーンは、新しい技術と新しい支配戦略と対決すべく、より幅広く展開しなければならない。

今日では、物質を操作する科学者の能力は、**下方に向けて**――遺伝子から原子へ――巨大な一歩を歩んでいる[23]。**ナノテクノロジー**とは、新しい産物を創り出すための原子と分子の操作のことをいう。ナノスケールでは、物体は一メートルの一億分の一の長さで測られるため、生物と非生物との間の区別ははっきりしない。ナノテクノロジーにとって原料となるものは、周期律表の化学元素であり、それらは、建築用語を使えば、すべての物質――生物と非生物の双方――を組み立てるブロックである。ナノテク企業は、量子物理学を利用して、自然界で一度も特定されていない全く新しい性質を持っているかもしれない新奇の物質を既に工学的に作出している。世界的規模では、米国政府と産業界は二〇〇四年には、ナノスケールの科学と技術で推定八六億ドル〔約六八八〇億円〕を費やすだろう。フォーチュン五〇〇社のほとんどすべては、ナノテク研究と開発に投資している[24]。

原子レベルの製造業の登場により、生命物質と非生命物質の双方に対する独占的な支配が一掃される新たなチャンスが到来している[25]。製造業の新たな経済になることを目指す一握りの巨大企業が、そのための原料となる産物と過程に対する排他的な独占を特許化の要求によって達成することができた。しかし、それに対してバイオテクノロジーはそのような特許化の要求を一掃しようとする情熱をもって登場した。そして今度はそれに代わってナノテクノロジーが登場するのだろうか。ナノスケールの技術の出現とともに、私たちは化学元素に対する特許化の要求を一掃するのを見るのだろうか。新しい元素の特許化は可能だろうか。本質的には、ナノスケールでの特許化は、生命を可能にする基本的な諸元素の独占を意味する可能性がある。

結論

知的所有権は、企業が市場の独占と新しい技術に対する長期的な支配を達成するために用いている唯一の仕組みではない。「新しい囲い込み」は、農民と労働者の権利を奪い、国家の主権を弱体化させ、企業の整理統合を促進する。ポスト特許時代の独占から身を守るためには、「遺伝子権利章典」の第二条を超えた、権利と抵抗の主張のより幅広い定式化が必要である。知的所有権に抵抗し、それを改革しようとする努力は、生命の特許化に反対するキャンペーンに限定されてはならない。原子と分子のレベルで物質を操作する科学であるナノテクノロジーの出現により、世界の最大級の企業は、全自然界を組み立てるブロック［諸元素のこと—訳者］に関する特許の要求を追求することが可能になっている。

人権と民主主義的な異論を主張する権利を守るためには、「新しい囲い込み」を注意深く監視し、分析し、独自に規制しなければならない。活動は、地方のコミュニティと国の政府から政府間の組織に至るまで、すべてのレベルで必要である。多国籍企業や技術は、一国の境界を超えて作動するため、改革は、国連レベルでの議論、監督および監視が必要だろう。一九七四年に、国連は「多国籍企業センター」を設立したが、その計画は実を結ばないまま、同センターは一九九三年に閉鎖した。知的所有権の独占に抵抗し、それを改革することは、依然として決定的に重要であるが、他方で、国際社会は、多国籍企業の活動を監視し規制する能力を取り戻さなければならない。企業統治を超えて、国際社会はまた、「新技術評価国際条約」を通じて、新しい技術とその産物を評価し受容または拒絶する命令権を有する新しい組織を創らなければならない。ナノスケールの産物と過程を含む特許申請が殺到しているが、それに応えて、米国特許商標庁は二〇〇四年十月に、ナノテクノロジーの発明を受け付ける新しい登録部門を設立した。

注

(1) John Barton, "Reforming the Patent System," *Science* 287 (March 17, 2000) : p.1933-4.

(2) United Nations Development Program, *Human Development Report 1999* (New York: Oxford University Press, July 1999).

(3) United Nations, Sub-Commission on Intellectual Property Rights and Human Rights, Commission on Human Rights, "Resolution on Intellectual Property Rights and Human Rights," E/CN.4/Sub.2/2000/7 (August 17, 2000).

(4) Emmma Dorey, "Nuffield Slams DNA Patents," *Nature Biotechnology* 20 (September 2002) : p.864.

(5) Commission on Intellectual Property Rights,"Independent Commission Finds Intellectual Property Rights Impose Costs on Most Developing Countries and Do Not Help to Reduce Poverty," press release, September 12, 2002, www.iprcommission.org.

(6) Commission on Intellectual Property Rights, *Executive Summary: Integrating Intellectual Property Rights and Development Policy* (London: CIPR, September 2002), p.17.

(7) Advisory Committee on Health Research, *Genomics and World Health* (Geneva: WHO, 2002), p.19.

(8) さらに詳しい情報に関しては、ETCグループのウェブサイト（www.etcgroup.org.）を参照。

(9) John C. Baker, Kevin M. O'Connell, and Ray A. Williamson, eds., *Commercial Observation Satellites: At the Leading Edge of Global Transparency* (Santa Monica, CA: RAND and the American Society of Photogrammetry and Remote Sensing, 2001).

(10) B. Mckay and M.Jordan,"Orange Juice Rivalry Spurs Florida Plan to Spy on Brazil," *Wall Street Journal*, January 28, 2002.

(11) "Tecnología satelital para detectar comercio illegal," *Revista Chacra* (2000), www.revistachacra.com.ar/notas/cne200006n06.htm.

(12) "Satellite Photos to Aid Efforts Against Tax Evasion in Argentina," *Financial Times Global News Wire*, January 9, 2001.

(13) Neal D. Hamilton,"Possible Effects of Recent Development in Plant Related Intellectual Property Rights in the U.S." これは、コロンビアのサンタフェ・デ・ボゴタで一九九五年三月七日・八日に開催された「発展途上国の農業に対する知的所有権の影響に関する国際セミナー」のプレゼンテーションとして準備されたものである。例えば、ドレイク大学農業法センター所長のニール・ハミルトンによると、スタイン種子会社（Stine Seed Company）（米国に本社を置く大豆の種子会社）は、その大豆の種子の所有権を主張する根拠として、知的所有権よりもむしろ契約条項に頼っているという。もし農民や栽培者が、収穫された作物を種子を蓄えることや生育させる目的で利用または販売して、購入協定に違反した場合には、同社は地方裁判所で契約請求権の侵害を理由に提訴する権限を有する。しかし、種子は「標準植物多様性保護法」の下で保護されている場合には、農民や栽培者は種子を蓄える権利を通常保有するので、同社による契約条項の利用は、この権利を制限するものである。

(14) Eva Ann Dorris,"Monsanto Contract: To Sign or Not to Sign," *Mississippi Farmer*, December 1, 2000.

(15) Brief *Amici Curiae* of American Corn Growers Association and National Farmer Union in Support of the Petitioners, *J.E.M.AG Supply, Inc. v. Pioneer Hi-Bred International, Inc.* (submitted by Joseph Mendelson III and Andrew C. Kimbrell, International Center for Technology Assessment, no.99-1996, 2001).

(16) North Dakota State University Agriculture Communication, news release, "GMOs Bring Increased Liability Risk for Producers," March 22, 2001.

(17) Pioneer Hi-Bred, *YieldGard Product Use Guide*（2001）.

(18) North Dakota State University Agriculture Communication, news release, March 22, 2001.

(19) Rick Weiss,"Monsanto's Gene Police Raise Alarm on Farmers' Rights, Rural Tradition," *Washington Post*, February 3, 1991, p.1.

(20) この統計は、ジョウジフ・メンデルソンとアンドルー・C・キムブレルが作成した*Amici Curiae*の報告書の中で引用されている。

(21) C. James,"Global Review of Commercialized Transgenic Crops: 2001," *ISAAA* Briefs 24（2001）. ＩＳＡＡＡによると、地球全体で遺伝子改変・遺伝子組み換え（ＧＭ）作物の栽培に利用されている面積は、一九九六年の一七〇万ヘクタールから二〇〇一年の五二六〇万ヘクタールへと、三倍以上に増加した。モンサントのウェブサイトによると、同社のＧＭ種子技術は、二〇〇一年には四八〇〇万ヘクタール（一億一八〇〇万エーカー）で利用されているという。

(22) Sandra Helsel,"Shootout at the IP Corral," *Nano Circuit*, October 4, 2002. www.nanoelectronicsplanet.com/nanochannels/circuit/article/0,4028,10501_147 6651, 00.html. で入手可能。

(23) ETC Group, *The Big Down: Atomtech—Technologies Converging at the Nano-scale*（January 2003）. www.etcgroup.org で入手可能。

(24) ETC Group,"Oligopoly, Inc.," ETC *Communiqué*, November/December 2003. www. etcgroup.org/article.asp?newsid=420 で入手可能。

(25) ETC Group,"Patenting Elements of Nature," *Genotype*, March 25, 2002.www.etcgroup.org/ariticle. asp?newsid=308 で入手可能。

第5章 生命特許は技術と科学的アイデアの自由な交換を妨げる

ジョナサン・キング、ドリーン・スタビンスキー

分子生物学、生化学および細胞生物学の飛躍的進歩は、バイオテクノロジー革命をもたらしたが、これらの進歩は二一世紀を特徴付ける決定的な側面である。その結果、生物学の理解が深まり、それにより病気を予防・治療し、生物の相互作用とその環境との相互作用をより一層深く理解し、また全く新しい製造技術を生み出すための極めて新しい可能性が開かれる。バイオテクノロジーの発展と結びついていたのは、その急速な商業化であり、当初は製薬と農業部門であった。

この商業化の予期しない深く困惑させる側面は、数億年にわたる進化の産物である生物学的存在を私有財産に変えることである。これは、遺伝子配列と部分配列、細胞株および動植物を含む遺伝子組み換え生物を対象とするに至った特許法の範囲の急激な拡張によって起きている。これらの根本的な変化は、米国特許商標庁（ＰＴＯ）の行政手続きにより行われているのであるが、それには公的な討論も連邦政府の監

視もなされていない。

ミリアド・ジェネティクス社（Myriad Genetics）は、二つの突然変異遺伝子（BRCA1とBRCA2）に関する特許を所有している。インサイト・ゲノミックス社（Incyte Genomics）とセレラ社（Celera）は、多くは生物学的機能の知られていないヒト遺伝子の断片に関する一万件を上まわる特許申請を行った。ヒトゲノム・サイエンス社（Human Genome Sciences）は、パブリックヘルス［公衆衛生または公衆の保健］を悪化させる重要な細菌病原体のゲノム全体を特許化した。モンサント社（Monsanto）は、すべての商業的に利用可能な遺伝子組み換え作物の品種の九〇％以上に対する特許権を所有している。ライス・テック・コーポレーション社（Rice-Tec Corporation）は、インドで数千年間栽培されているバスマテイ米の特許を取得した。

このような生命特許は、人間社会の文化的な伝統からの急激な離反を表している。農民は自分が栽培した作物は常に所有してきたが、他人の栽培する作物に対する権利は持っていなかったし、また他人がそれらの作物を栽培することを制限する法的な能力もなかった。しかし、モンサント社の持つ遺伝子を改変した木綿、大豆、キャノーラ、トウモロコシに関する特許は、これらの植物のすべての種子にまで及び、それによってモンサント社は、農民が栽培した作物の種子を蓄えたり、次のシーズンに栽培することを禁じることができる。ドリー［歴史上初めてクローニングで誕生した動物（羊）の名前—訳者］のクローニングの成功は、ロスリン研究所（Roslin Insitutute）が単にクローン化された羊だけでなく、クローニングにより世界のどこにでも産み出されたすべての動物に対する特許を申請するまでは公表されなかった。このような基本的な生物資源の私的所有が可能になったのは、基本的な生物学的知識と人間社会と自然世界との間の関係へのアクセスに質的な変化が起きたことを反映している。

特許を持つことにより、その所有者は、他人が特許を受けた発明、［化学的・生物学的］過程または物の組み立てを利用すること、またはそれらから利益を得ることを禁じることができる。米国特許法では、特許所有者に二十年間独占権を与えることにより、企業［特許を与えられた企業］は、他の企業が医療目的でも人間の福祉のためであっても当該企業の「発明」を産み出したり利用しようとする努力を禁じることができる。これが原因となって企業間の争いが生じ、それは、特許権侵害訴訟、製品の販売差し止め命令や他の法的介入の形態を取る。企業は新興市場の支配のために策略を弄するので、これらの訴訟が数億ドル［数百億円］をかけて争われることが定期的にある。

米国の特許法はもともとトーマス・ジェファソンによって起草された。ジェファソンは積極的な植物栽培家であり、ヨーロッパの一流の栽培家とも手紙のやり取りをしていた。にもかかわらず、ジェファソンが起草した法律は動物と植物をその対象から除外していた。ジェファソンは、特許は独占の一形態であると確信していた。彼の信念では、特許の役割は私有財産の一般的な保護にあるのではなく、独創的で発明の才ある個人たちが、彼らの仕事で生計を立てて、社会に貢献し続けることができることを保証するという限られた特定の目的にあるのである。この独占が公的利益に反するときにはいつでも、公的利益が優先すると彼は書いている。

一九二〇年代に植物栽培と種子生産が商業化されるとともに、植物栽培家は、観賞植物と他の交配種を特許法の対象に含めることにより、競争を制限しようとした。消費者グループと農民の抵抗によりこれは不可能となったが、植物栽培家は、二つの別個の法律の一節により連邦議会によってある程度「保護」された。その法律とは、一九三〇年の植物特許法と一九七〇年の植物品種保護法である。その結果、生物一般とそれらの遺伝子、タンパク質または細胞株成分は、一般的な特許の独占からは依然として除外されている。

この二百年間も続いた遺産は、遺伝子組み換え細菌に特許を与えることを支持したダイアモンド対チャクラバティ裁判に関する最高裁判所の決定により一九八〇年に破棄された[1]。遺伝子組み換え微生物に関するこの決定は、かろうじて五対四の採決で確定した。その後の数年間は、製薬、バイテクおよびアグロバイテクの利害関係者のロビー活動を受けて、米国特許商標庁は、遺伝子、ヒト細胞株および植物株に関する特許を認可しはじめた。他のいくつかの国の特許庁も同様の措置を講じ、欧州司法裁判所による二〇〇一年の決定は、加盟諸国に植物、動物およびそれらの構成部分の特許化を許可するよう命じた[2]。米国企業の利害関係者たちは、世界貿易機関（WTO）とその「知的所有権の貿易関連の側面に関する協定（通称TRIPS協定）」という媒体を利用して、生命特許の保護の全世界的な実施に向けて積極的に圧力をかけた。

特許授与の伝統的な基準は、新奇性、効用および革新性である。チャクラバティ裁判に関する決定が下される以前は、特許は機械の真の発明、新奇の［化学的・生物学的］過程、合成物質および関連する「物の組み立て」に限られていた。かくして鉱物は、発明されたのではなく、見出され、発見されたものだから、それには特許は与えられない。このような「自然の産物」は、歴史的には特許の保護から除外されてきた。生物学者として、私たちは、遺伝子のヌクレオチドの配列の決定は新奇の発明を表すという主張には愕然とする。しかし、根本的な問題は社会政策の問題であり、法的な解釈ではない。特許法は、米国を統治する他の法律と同様に、米国議会により可決され、修正され、いずれは廃止されるのである。憲法は単に、連邦議会は「科学と有益な技芸の進歩を促進するために」特許を与える権限を有するべし、と述べているだけである。

生命特許は、分子遺伝学、生化学、細胞生物学およびバイオテクノロジー革命の他の科学的・技術的進歩の恩恵にあずかる私たちの能力を様々な仕方で脅かすが、私たちは以下にわたってその概略を述べる。

研究と学問

米国で起きたバイオテクノロジー革命は、全国の単科大学、総合大学および医科大学を中心に行われた幅広い生物医学的研究と教育事業の産物だった。これらの努力に必要不可欠だったのは、自由なコミュニケーションと試料やアイデアの自由な交換、そして公衆の利益になる研究の組織化である。タンパク質の鎖を作り上げるアミノ酸配列の決定のような大きな科学的進歩は、広範囲に伝達され、公衆に知られるところとなった。この時期の莫大な数の発明は特許なしに行われた。

特許法は、特許の技術主題［テーマ］がまだ「以前の技芸」によって社会に公開されていないことを要求している。口頭の報告、要約書、計画書および公表された論文のすべてが以前の技芸に含まれる。こういうわけで、特許を申請しようとする個人とグループは、特許請求の申請以前に特許内容を公開することは避けなければならない。特許弁護士は、計画している特許の出願を危うくしないように、同僚との討論を制限し、研究成果の報告を控えるよう定期的に研究者たちに助言している。実際、大学の科学者たちは、

データ非公表と研究による発見の非公表の第一の目的は、独占的所有権を保護しようとするためであるとしている。(3)

一九八〇年以来、大学が申請した特許数は急激に伸びたが、それは主として法律により、大学の科学者が連邦政府から助成された発明に対する所有権を保持することができるようになったからである。(4) 企業家精神と商業化はますます伝統的な科学の規範と競い合っている。その結果、開かれたコミュニケーションと意見交換という学術的な文化が根底から覆されたことは、生命特許の最も破壊的な作用の一つである。

健康と医療

医療の分野では、特許は研究レベルの進歩を遅らせるだけでなく、医療を施す妨げにもなる。特許の重要な商業的価値は、それによって競争相手が特許に関連する（またはそれより優れた）処理法を施したり製品を開発することを妨げることができるということにある。これは他の会社だけでなく公的機関や非営利機関にも当てはまる。

かくしてバイオサイト・コーポレーション社（Biocyte Corporation）が（へその緒から得られた）血液細胞の様々な治療状況のための使用に関する特許を取得したとき、医療の専門家たちは次のように反応した。「私たちは……この特許がバイオサイト・コーポレーションに与えられたことに……共同で抗議する。私たちはまた、この特許が、非営利の臍帯(さいたい)[1]血バンク、臨床医、患者、親および彼らを支援するボランティアたちの活動を妨げ、脅かすことになるのではないかと憂慮している」。(5)

実際、特許が重要な生物医学的な技術とサービスを人々が受けることの妨げとなっていることは、経験的なデータが実証している。臨床的な遺伝子検査を提供している研究所に関する米国の最近のアンケート調査では、回答者の二五％が、既存の特許やライセンスがあるために、一つまたはそれ以上の検査の提供を止めたと報告したという。他方、回答者の五三％は、同じ理由で新しい遺伝子検査を開発しないことに決めたと報告したという。(6) これらの検査には、乳がん、嚢胞性線維症、ヘモクロマトーシス［血色素症］およびその他の多くの病気に関連した遺伝子の検査が含まれている。注目すべきこととしては、インド、ブラジルやその他の国では、特許法により薬剤や他の医療製品には、これらに特許を認めると公共福祉が危うくなるからという理由で特許が与えられないことになっている。

食品と農業

種子の知的所有権によって、農民は不可欠な公共財たる作物種子の自由な取得権を奪われている。農民は数千年間にわたり翌年再び植えるために彼らの収穫物の種子を蓄えてきた。彼らは米国の工業化された農業システムの下でも同じことを続けている。種子特許は農民が毎年種子を買うのを確実にするための法的な手段である。最近数年間にモンサント社は、数百人の農民を裁判所に連れて行ったが、その目的は彼ら農民の様々な遺伝子組み換え作物から得られた種子を彼らに植えさせるためだった。(7)

[1] cord blood：胎児と母体を繋ぐ胎児側の組織であるへその緒（臍帯）の中に含まれる血液。

種子に関する知的所有権の保護の問題は、種子業界で現在起きている経済統合によって大きな問題となった。現在モンサント社とデュポン社の二社だけで米国の大豆とトウモロコシの種子市場の半分を支配している。国際的なレベルでも所有権の状況は同様である。ブラジルでは両社で市場の三〇％を支配している。寡占市場での独占支配は、種子価格をより高くするための確実な処方箋である。

商業活動

企業の広報担当者は、特許の保護がなければ重要な技術は開発されないだろうと主張する。しかし、実際には、特許保護により確実となるのは、技術開発ではなく競合者を抑えることである。特許は新しい技術を利用するために使用されているが、それと同じ頻度で新しい技術の開発を妨げるためにも使用されている。特許が技術開発を妨げる障壁となっていることについては、マイケル・ヘラーとレベッカ・アイゼンバーグによってさらに詳細に研究されてきた(8)。製薬およびバイオテクノロジー産業では、特許の役割は技術開発よりもむしろ独占価格化のメカニズムとしての役割にある。

問題を民主主義的な過程に持ち込むこと

私たちはこれらすべての議論から、特許法の拡大による生命形態の商業化（privatization）は破滅的な社会政策であることを示していると結論する。きわめて重要な決定が、統制の利かない米国特許商標庁によって下されており、同庁はその憲法で規定された命令権をはるかに逸脱して行使している。ヨーロッパ、アフリカ、東南アジアおよび南アメリカでは、影響力のある社会運動が生命特許に反対している。インドでは、W・R・グレース社がニームの木の特許を取得したことに対して大規模な民衆デモが起きた。そしてこれに続いて、GATTの知的所有権条項に抗議するために、インドの議会の上院で活発な議論が繰り広げられた。最近では、WTO加盟国のアフリカ諸国のグループが、すべての生命形態に関する特許を禁止するようにグローバルな知的所有権の基準を修正することを要求した。このアフリカ諸国の連盟は、植物、動物および微生物に関する特許は「特許法が基づいている基本的な原則に反している。また自然界に存在する物質と過程は発見であり、発明ではないので特許化できない[9]」と主張している。

米国と世界の他の国々は、国家の主権と企業の所有権の外にある海洋、大気や月などのような共通の資源を維持する必要を認めてきた。地球の生命形態にも同じ考慮を与える必要がある。最初の一歩は、これらの問題に関して、特許裁判所ではなく、単科大学と総合大学で、専門家社会で、そして米国議会で広く開かれた討論を行うことである。

注

(1) *Diamond v. Chakrabarty*, 447 U.S. 303 (1980)

(2) European Court of Justice Directive 98/33/EE.

(3) Eric G. Campbell et al., "Data Withholding in Academic Genetics: Results from a Nationwide Survey," *Journal of the American Medical Association* 287, no. 15 (2002) : 1939-40.

(4) Lita Nelsen, "The Rise of Intellectual Property Protection in the American University," *Science 279* (March 6,

1998) : 1460-1.

(5) Declan Butler, "U.S. Company Comes Under Fire over Patent on Umbilical Cord Cells, " *Nature 382* (July 11, 1996) : 99.

(6) Mildred K. Cho et al., "Effects of Ptents and Licenses on the Provision of Clinical Genetic Testing Service," *Journal of Molecular Diagnostics* 5, no.1 (2003) : 3-7.

(7) 例えば、*Monsanto Canada Inc. v. Schmeister*, 2004 SCC 34 (Supreme Court of Canada, 2004) を参照。

(8) Michael A. Heller and Rebecca S. Eisenberg, "Can Patents Deter Innovation? The Anti-Commons in Biomedical Research," *Science 280* (May 1, 1998) :698-701.

(9) GRAIN, "Africa Group Position on TRIPS," www.grain.org/bio-ipr/?id=27.

第3部　遺伝子組み換え食品

「すべての人は、遺伝子組み換えされていない食料に対する権利を有する」

「遺伝子権利章典」第三条

第6章

遺伝子操作されていない食品——それは人々にとり権利以上のもの

マーサ・R・ハーバート

二つの衝突する権利の主張が全体としてまたは部分的に相互に排除しあう場合には、私たちはどうすべきであろうか。「食品を遺伝子組み換えする権利」（主に遺伝子組み換え食品の生産者と生産者を支持する政策立案者が主張する権利）は「遺伝子組み換えされていない食品に対する権利」と共存することはありうるだろうか。本章は、新しい遺伝子工学の技術は伝統的な食品に取って代わるべきではないという主張を展開する。もし遺伝子組み換え（GE）食品が遺伝子組み換えされていない食品の栽培に取って代わり、それを無くしてしまうことが可能であるとしたら、遺伝子組み換えされていない食品を手に入れることを主張することは、同時にGE食品を制限する、また必要ならばGE食品を大幅に削減するか全く市場から排除することを求める要求でもある。[1] 遺伝子組み換えされていない食品に対する権利の主張については断じて妥協できない。

食品の遺伝子工学に対する私たちの反対は根本的なものである。遺伝子組み換え食品なるものの前提が極めて疑わしいことを考慮すると、遺伝子工学技術がそのような疑わしい前提に基づいて遂行されてこなかったことは驚くことではない[2]。私たちはこの問題を別の観点から見る必要がある。私がこれから様々なレベルで詳しく説明する理由により、私たちは、遺伝子組み換えされていない食品は単に一つの選択肢として残しておくべきだなどという主張に固執することはできない。そうではなく、遺伝子工学技術の固有の予測不可能性と多くのリスクおよびその技術としての水準の低さ、そしてこの技術が排除する価値あるもののすべてを考慮すると、私たちは、アグリビジネス［種苗企業や穀物商社］は食品の遺伝子工学的加工を実施する権利を持つべきではないと主張していく必要がある。

栽培 vs 生産

非GE食品のみを手に入れることにこだわることは私たちにとって良い出発点であるが、食料を遺伝子組み換えすることがもたらす広範な悪影響を論じるためにはそれだけでは十分ではない。ここでは問題は、健康への影響と新しい食品［GE食品］の検査と表示の問題をはるかに越え、またスーパーマーケットの通路で食料品を選ぶなどという問題をさらにはるかに越えている。問題は、私たちは技術をどう評価すべきかという根本的な問題に達しているのである。ある技術が「うまく機能する」ように見えることを証明しても、その技術の作用の長期的な結果や波及的な影響が無視されれば、そのような証明は近視眼的であると言わざるを得ない。問題はまた、私たちが農業をどのように組織化すべきかとか人間自身と仲間の生物の生命をどのように保っていくのかに関する問題にも及ぶ。GE食品が唯一の最近の成果となっている工業的農業によって、食料の**栽培**から食料の**生産**への移行が強制された[3]。**生産**が強調されれば、食料に関連したエコロジーや文化への考慮は排除される[4]。GE食品の支持者は、遺伝子工学は食料生産性を向上させると約束する。しかし、彼らは多くの他の関連する分野を無視している。それらには、エコロジーや健康の関心事だけでなく、コミュニティや農耕の文化、料理の文化的な深い味わい、そして歴史に付随して発生するそれ自身問題のある都市と農村の分裂などが含まれる。

遺伝子工学は、それ自身の狭い生産性主義者の言葉で言っても、生産性を向上させるのではなく、その反対、つまり不作や凶作、また作物の病気を生じさせる可能性がある。この病気は、例えば、広範なモノカルチャー[1]として栽培された遺伝子操作株の予測できない脆弱性による胴枯れ病などである。さらに、深刻な世界の飢餓の原因の分析が示すところによると、多くの（十分な食料備蓄の不均衡な配分を含む）社会的・経済的理由で生産性を向上させることはもはや問題になってはいないという[5]。基本的には、食料は遺伝子組み換えされるべきではないという主張が決定的に重要な問題である。なぜなら、今は経済的・文化的な持続可能性の維持が危うくされているからである。科学は今では、「優しい思考集約的な技術[6]」を発展させ、モノカルチャー――それは積極的でエネルギーに満ちてきわめて集約的と特徴付けられる工業的で工学的な（その意味で遺伝子配列の挿入という手法も含む）栽培法である――を越えて、その先に進むことができる。私たちが肉体的な生存のためだけでなく、また生きるに値する未来のためにも必要とするのは、科学的に複雑ではあるが、状況対応能力のある文化的に豊かな栽培を再興することである。食料の遺伝子工学とそれに関するバランスの取れた討論を妨げている工業的農業が持っている既得権は、栽培の再興という深刻に求められている進歩にとっての障害である。

広範で十分で率直な議論を尽くす

遺伝子組み換えされていない食料を確保することは、単に権利としてではなく必要なこととして保証されるべきである。この権利と必要性は多くの根拠に基づいて守ることができる。それらの根拠には、分子遺伝学、細胞生物学、植物および動物生理学、生態学、経済学、保健、文化、さらには美学までもが含まれている。GE食品の支持者たちはしばしば、「健全な科学」と彼らが呼ぶものによって、この技術をめぐる論争の調停を要求している。彼らのいう「健全な科学」とは、現在のところこの技術の性急に行われた短期の研究から成りたっている。このような「研究」は、科学的な論争問題に応えることを重要だと認めるわけがないし、他の多くの分野での関心事にはなおさら応えようとはしない。彼らはときどき、健康問題に議論を限定しようとし、それから今までの研究はGE食品が健康へのリスクがあることを示したことはないという理由で、討論を排除しようとする。しかし、このような策略は、人間の健康を越えた他の多くの関心事を無視し、実際には否定するものである。論争を人間の健康問題に限定し、多くの道理のある科学的な問題や他の種類の関心事を無視しようとする試みは、この技術そのものと同様に不愉快なことである。この技術もそれをめぐる論争もともに、非常に新しくまた非常に多くの側面を持つので、特にこ

[1] monoculture：「単一栽培」、すなわち、一帯の畑で単一の作物、例えばトウモロコシだけを栽培すること。

の種の操作［遺伝子操作］をされていない食品を手に入れることを保証することなくGE食品の性急な承認を求めるいかなる要求も、頑固なイデオロギー的意志と金銭的な利害・関心だけから生じることができる。

食品の遺伝子工学は、その支持者にとっては、生物について嘆かわしいほど認識が乏しく、生態学に明るくなく、経済的な動機付けをされ、世界の飢餓の真の原因には盲目な（少なくとも一部は意図的に無知を装って）、概して限定された偏狭な想定[7]に基づいている技術である。にもかかわらず、遺伝子組み換えされた作物や動物が十分な科学的な評価も公的な討論もされずに急激に大規模生産されてきた。なぜなのか。その理由には、信念の体系と経済という二種類のものがある。

食品の遺伝子工学の支持者たちは、敵対する見方に相対して、それに一貫して抵抗してきた。政府や州の規制官たちは、（遺伝子工学にとって）好ましい評価は、たとえそれ［新規のGE食品］が質の悪いものであっても、快く受け入れ、批判的な評価には、たとえそれが厳しい基準を満たしていて高く評価されても、厳しい態度を取る。[8]さらに、遺伝子工学研究には豊富な資金があったのに対して、状況に応じる柔軟な能力のあるアグロエコロジー［農業生態学］的な手法にはほとんど資金が回ってこない。[9]その一つの理由は、遺伝子工学は容易に特許化可能な製品を産み出し、利潤を約束するが、それに対し、アグロエコロジーは、たとえ持続可能性を志向していても、一般的にはそのような経済的な利益を約束はしない。こうした偏見が国の政策に具現されている。例えば、国際貿易法には農業バイオテクノロジーを推進するための資金が含まれていても、農業バイオテクノロジーを厳しく評価するための資金も、アグロエコロジー的、非工学的手法を開発するための資金もそれには含まれていない。こういうわけで、公衆は、私たちが研究資金の割り当てで「均等な配分」がされることも見ていないし、「偏見のない科学」が評価されることも見ていないことを理解することが重要である。利害の深刻な衝突は、政府や業界の支援を受けた審議にも反映したが、結局は審議委員会は業界とつながりのあるメンバーが多数を占め、財政的支援もGE食品の長所を考慮するのに役立っただけである。[11]

GE食品の支持者たちは、オープンで率直な討論を行うことに気が進まないらしい。私たちは、これを一部は彼らの既得権のせいにすることができるが、それではこの問題は十分に説明されたことにはならない。多くのGE食品の支持者たちは、GE食品の批判者が関心を寄せる様々な点に答えることができないだけでなく、批判そのものさえも理解できないようである。彼らは自分たちは比類なく「科学的」であり、批判者たちは単に「感情的」になっているに過ぎないと主張する。時には彼らのこの言葉による攻撃戦略は、誠実さに欠ける宣伝のための策略である。しかし、それはまた彼らの本物の純朴さをも反映している。GE食品が有機的、エコロジー的および文化的な複雑さと多様性に脅威を与えているという議論は、多くのGE食品の支持者たちには全く理解できないのかもしれない。彼らは分子遺伝学を生命の決定的で普遍的なコード〔遺伝情報〕とみなし、このコードの包括的な真理はすべての以前の生命の枠組みに優先しなければならないと言う。DNAコードは種全体にわたって基本的に同じ仕方でアミノ酸に翻訳されるため、種の違いの特殊性がどこにあるかは偶然的であるようだ。このようにGE〔Genetic Engineering：遺伝子工学〕は、生物の特殊性や下位の種の小さな特徴などは、それらから抽出される一般的な抽象的本質に比べれば重要ではないと考えるいわゆる普遍主義に基づいている。GEは、生物の有機的な過程と生きた経験およびその他を含むあらゆるレベルのすべての類似の生物学的過程は、微妙な差異を失うことなく（遺伝子コードのような）コードにデジタル化されているという信念を持っている。だが、それは、その信奉者［遺伝子工学者］がそれが事実であると思っているとしてもそれは単に信念にすぎない。

人はまたGEのなかに、意気盛んな勝ち誇った態度、すなわち分子遺伝学によって示された「真理」とみなされるものに基づいて世界を改善するという使命感をも見てとることができる。人間と他の生物のすべての欠点は、遺伝子工学、すなわち［遺伝子組み換えによる遺伝子配列の］再コード化によって改善されるとみなされる。このことを疑う人々は、再コード化が直接には不可能なところで様々な問題が生じることを考慮せよと要求する。このような要求に対し、そうした要求は素朴でいらだたせる気まぐれ、遺伝子組み換えの「信じられないほど大きな潜在能力」を故意に妨げるものにすぎない、と遺伝子工学者は言う。にもかかわらず、皮肉にも遺伝的コードの「普遍主義」にこのように肩入れすることは、遺伝の科学そのものによってさえ妨げられた。なぜなら、ますます多くの研究により、遺伝子としてコード化していないDNAも非DNAタンパク質も遺伝子発現を調節し、さらに種によって異なる仕方で遺伝子発現を調節するという生物種に特有な仕方が特定されたからである。しかし、それにもかかわらず、これらの発見は遺伝子普遍主義と遺伝子支配[2]というイデオロギー的な枠組みの中にうまい具合に取り込むことができない。

技術的メシア信仰のような遺伝子工学

技術的メシア［救世主］信仰は、遺伝子組み換えを推進する経済的な力と見事に適合する。特別な特徴を持った遺伝子配列をある生物に挿入することは、その生物の特許化を十分に正当化するものとみなされてきた。[12] このような特許化された種子は、特許を保有する所有者に多くの利益をもたらす。それは新しい種類の生物所有権である。契約的な関係が適用されて、遺伝子組み換えされていない農業用の生物種には利用できない新しい経済的な仕組みによって収入の流れが保証される。このような特許化と生物の知的財産への転化は、利潤の蓄積が目標である市場システムで発生する。より多くの貨幣を獲得する豊かな手段と「貨幣」そのものを手に入れることは、生産・販売される商品の特定の質とはかかわりのない一つの抽象物である。人はコーンフレークや神経ガスを売ることで金持ちになることができる。しかし、何を売って金持ちになるかは「最終的な収益」にはたいした問題ではない。こういう状況では、資本蓄積のより効果的な手段を行使しようとする衝動が、他のすべての考慮を圧倒することになる。かくして、「遺伝子普遍主義」に従って世界を改造することにより世界を改善するという使命は、「普遍的な貨幣という抽象物」に従って市場と世界を支配しようとする経済的な衝動を補って、貨幣獲得衝動を完成させる。貨幣抽象も遺伝子抽象もいかなる常識的な現実の判断基準からも乖離（かいり）している。なぜなら、両者は、場所であれ、生物種であれ、人であれ、文化であれ、何であれ、特殊な状況に特に執着することから免れているからである。「貨幣抽象」や「遺伝子抽象」を追求する人は、彼らの活動の「論理」の点からして、彼らの価値判断の枠組みの外部にある特殊な分野に由来する議論には影響されない。このような特定の関心事はこのような抽象的な枠組みの内部に留まっている人の心には現れない。

こういうわけで、GE食品の支持者の技術的メシア主義は、他の信仰体系とはうまく共存しない。確か

---

[2] gene dominance：遺伝子が生物の機能や働き方をすべて支配し、決定すると考える見方。

に、このように他の価値判断の枠組みと共存できないということが多くの種類のメシア主義の特徴である。問題は、食品の遺伝子工学が信仰体系以上のものであるということである。すなわち、それは技術である。そしてさらに言えば、生物をその基質として利用し、生物を今までにない仕方で変形する技術である。GE食品は、単にある信仰体系を表しているのではない。GE食品はその信仰体系を具現している。GE食品は、農業の従来の栽培技術を越える方法で、それらの食品をその組織の中に、肉体の中に、遺伝子の中に、思い描く信仰体系を具体化する。かくして、GE食品は、このようにそれ自身を単にイデオロギーや教義であるとしてでなく、さらには**物質的な力、そして生命体の力である**と主張する。そして物質として、メシア的な使命を負わされた生きた力として、GE食品は、イデオロギー的に非組み換え食品に反対するだけでなく、さらに物質的に、そして再生産的に非組み換え生物に取って代わる。生物はいったん遺伝子組み換えされれば、元に戻ることはできない。そして遺伝子組み換え生物が環境内に入れば、野生の非組み換え生物種が組み換え遺伝子を共有することを止めることはできない[13]。

GE食品がこのような攻撃的で侵襲的な性質を持つのは、単にこの技術とそれが引き起こすエコロジー的なリスクのせいだけではない。それはまた、明確な市場戦略であるように見える。ある産業の広報担当者は次のように語っている。「この産業の希望は、やがて市場が文句のつけようがないほど［GE食品で］満たされることである。まあ希望に身を任せるとするか[14]」。ある米国の政府高官は、苦もなく次のように語った。「四年後には、花粉がアフリカ大陸全体を汚染してしまうほど南アフリカでGE食品が栽培されていることだろう[15]」。この点からすると、バイテク産業は、メキシコのオアハカ地区のトウモロコシの原産地で遺伝子改変DNAが発生したことにより、トウモロコシの遺伝子汚染が生じたことを内心ではひそかに歓迎すべき事実と思っているかもしれない[16]［次の第七章を参照］。

このようなわけで、遺伝子工学者が、GE食品の安全を証明するために、健康に対するハザード［危険または危険を引き起こす要因（物質や生物）―訳者］をまったく見つけることのない科学的研究に頼ったとしても、それは、食品の遺伝子工学を自己増殖する侵襲的な生物学的植民地主義であるとみなすことに対しては、何ら反証にならない。というのは、ハザードは、問題ではあるが、唯一の問題ではないからである。しかし[1]、議論を狭く留めておこうとする主要な試み[2]、多くの他のレベルの関心事の無視、そして[3]全世界的な農業を再構築しその支配権を獲得しようとする野心的な試み、それらすべては、GE食品の支持者たちが新しいレベルの植民地主義の犯罪者であるとの認識を強めるだけである。こうして遺伝子組み換えされていない食品に対する権利も、また実際、この問題のある技術を追求する権利に対する強い反対も、鈍感で貪欲に駆り立てられている一枚岩の勢力に飲み込まれ食われてしまうことを防ぐための決定的に重要な防波堤である。

遺伝子組み換え食品に対する多くのレベルの反対論

遺伝子組み換え食品の批判者たちは、あの熱狂者たち［GE食品の支持者たちを指す―訳者］の霊的な目覚めの経験を分かち持ったことはない。彼らは、批判者たちが遺伝子コードを包括的な普遍主義とみなすことができない理由は、あるいはもっと正確に言えば、普遍主義とみなすことを**拒否する**理由は、批判者たちの無知のためであると主張する。しかし、GE食品を拒絶する理由にはかなり多くのレベルがあり、分子遺伝学からエコロジーと文化にいたる複数のレベルにまで及んでいる。遺伝子組み換えされていない食品に対する権利と要求を主張することは、これらのすべてのレベルに根拠を有している。これらの主張のすべてにGE食品の支持者たちが反論することができたとはとても言えない。このような訳で、これらの反対論のレベルの大部分は、政府やバイオ業界に影響された議論では採用されていないことがしばしばある。

遺伝学のレベルでは、遺伝子コードが唯一決定的でないことを証明する証拠は豊富にある。[17] 人の手を加えられていない生のDNAから生物を創造した者はいまだかつて誰もいない。たとえこの創造が成功したとしても（この成功は非常に「単純な」生物では考えられるけれども、多細胞生物ではより一層困難である）、細胞の他の部分が繁殖と成長に関与し、DNAに支配されないようにDNAの役割をかなりの程度抑制している。[18]

遺伝子が孤立して活動するのではなく、システムとなって活動するということを示す証拠もまた豊富にある。[19] 細胞を「小さなエコシステム」と考えることは不合理なことではない。外来の生物の遺伝子配列を挿入することは単に新しい機能を追加することではなく、またそれは細胞をそれによって全く影響を受けないままにしておくということでもない。そうではなく、この遺伝子組み換え［外来の遺伝子配列の挿入］は、遺伝子の発現パターンに広範囲の変化を引き起こす潜在能力を有している。[20] 遺伝子コードの知識を単に持っているだけでは、科学者はこの種のシステム変化を予測する能力をも持っていることにはならない。[21] それゆえ、遺伝子組み換えが、細胞の代謝を私たちが理解も予測も制御もできないように変化させる潜在能力を有していることは事実である。[22] このように細胞の代謝が予測できなくなるのは、ただ単にゲノム内部の複雑な相互結合のためだけではない。それはまた、遺伝物質が導入される本質的に乱雑な仕方のためでもある。この視点から見ると、遺伝子工学は技術であるというよりもむしろギャンブルである。そしてラスベガスにいる時と同様に、大部分の賭けは失敗する。生物を遺伝子組み換えして、その結果その生物を生存させておくことのできる試みはほとんどない。生存するわずかな生物でもその生物の存命中または繁殖後に重大な問題が発生する。

特殊な形質を出現させるよう「コード化」すると考えられている外来遺伝子の挿入は、遺伝子と遺伝子の産物が単に個々の種に特有な仕方で組み換えされる［つまり種が違えば組み換えの仕方も異なるということ─訳者］だけでなく、種内部の特定の組織に特有な仕方でも組み換えされるという事実を説明できない[23]。遺伝子は新奇の生物内に移入されると、その遺伝子を取ってきた元の生物種でそれが演じている役割とは異なる役割を演じる場合がある。このように、生物種や生物の組織に特殊性があることにより、遺伝的普遍主義はその有効性を疑われ、その妥当性を失う。このようなわけで私たちは、遺伝子コードの知識は、生物を遺伝子操作する新しい仕方を提供するけれども、生物がこの遺伝子操作によってどのような影響を受けるかを私たちが理解するには大して役立たない。

このように遺伝子工学には分子と細胞のレベルでの知識や理解や制御が欠けているために、この技術が農業用作物に応用されると悪影響が出ることになる。生物にある期待する形質──例えば、除草剤耐性や霜耐性や塩耐性など──を出現させるために、ある遺伝子を挿入することは、期待した形質とは異なる形質を結果として生じさせることもある。その理由は、第一に、挿入された遺伝子が意図したとおりに働かないこと、第二に、挿入遺伝子が狭い環境条件の範囲内でしか最適に機能しないことが考えられる[24]。この他に、その生物が予想もしなかった様々な代謝の変調を起こし、そのいくつかは食品アレルギーや食中毒のような健康リスク、あるいは他の生物への有害な影響を発生させるかもしれない。このような可能性は、食品医薬品局（ＦＤＡ）が数年間にわたり、遺伝子組み換え食品は非組み換え食品と「実質的に同等」[3][26]であると主張した後に、同局によって最終的に承認されてさえいる。[25] 遺伝子操作にこのような複雑さが存在する可能性が高いことが、生存能力のある遺伝子組み換え作物種を開発するためのコストが莫大になっている大きな要因である。このように膨大なコストがかかることは、食品の遺伝子工学は世界の飢餓の実際的、経済的および人間本位の解決策であるとの業界の宣伝する主張に反している。

伝統的手法で育成された生物と［遺伝子組み換え生物と］のもう一つの違いは遺伝子抑制と関係がある。すなわち、挿入された遺伝子は、生物によって修正ないしはその働きが抑制されるが、この挿入遺伝子の修正・抑制は、植物の異なる部分で、また異なる植物で様々な仕方で発生し、生育期全体を通じてさらに進行する可能性がある。[27] このような異常な遺伝子の発現は、伝統的な手法で育成された生物と在来種の遺伝子とは著しく異なっている。このことは、遺伝子組み換え生物には固有の重大な潜在的不安定性が存在することを示している。遺伝子組み換え生物にこのような不安定性があることにより、将来、複雑で厄介な潜在的問題が発生することが予想される。特に私たちの食料がこれらの遺伝子組み換え作物に依存するようになることを許してしまう場合にはそうである。

こうした可能性が起こるかもしれないことを証明した研究はいくつかあるが、独立した研究者がこの種の研究を行うための助成を受けていることは一般的にはない。私たちの食品はよく規制されていると人々が楽観的に信じている（とにかく米国ではそうである）。しかし、それに反して、遺伝子組み換え生物は一般的にはそれらを生産している企業によって検査されているだけであり、またこの検査も［州または連邦の」政府の規制官によってかなり無批判的に行われている。私たちは、バイオ産業から資金援助を受けているかまたはバイオ産業に影響されている科学者にも、このような問題の証拠の発見を託すことができるかどうか尋ねなければならない。まして彼らがそのような［遺伝子組み換え生物には固有の重大な不安定性があるために将来、複雑で厄介な問題が発生するという］証拠を見つけたら、それを公表することを託すことができるかどうかも尋ねなければならない。(28) そのような証拠が発見されたという結果が出たとしたら、それは企業の総収益には悪い知らせになるだろう。そういうわけで、会社の雇われ科学者は従順でおどおどしていて、また公的研究に対する企業の影響がますます大きくなるという状況下では、そのような証拠の発見の結果（もし発見されたらの話だが）が日の目を見る可能性は極めて低い。

農業問題の解決を食用作物の遺伝子組み換えに頼ることは、単なる「特効薬」で複雑な問題を解決しようとするさらに別の試みにすぎない。農業そのものは、野生での生育の仕方を特殊な方法で修正したものである。農業の現在支配的な「工業的」形態では、農業はモノカルチャー［単一栽培］の方向か、または少なくとも減少している共存生物[4]の方向へ向かう傾向にある。(29) 多くの伝統的な農業システムも、同様にまた現代の有機農法やアグロエコロジー的な農法も個々の種の新しい特徴の開発に取り組んでいるだけでな

[3] substantially equivalent：「実質的に同等である」とは、遺伝子組み換え食品の安全性を評価する際に、遺伝子組み換え食品とこれまで人が食べてきた非組み換え食品とを比べて、組み換えた成分以外が同じなら、両者は実質的に同じ食品であるとする考え方で、ＯＥＣＤが一九九三年に遺伝子組み換え食品の安全性の評価に適用するために唱えた原則。
[4] coexisting organisms：「共生生物」ともいう。相互に作用しながら同じ場所に生息する複数の生物。

く、害虫や雑草のような農業問題に対する間作の効果に取り組んでいる。[30] 工業的農業は、殺虫剤の散布と（GE食品の場合には）殺虫毒素を発現する遺伝子の挿入によって、害虫の蔓延とたたかおうとしているかもしれないが、効果はせいぜい控えめの程度か短期間しか効かない。また毒性と耐性の出現のような副作用が蔓延している。とにかく、遺伝子組み換えという特効薬を克服し、それに適応し打ち勝つ点での生命体の資源の豊かさは立派に確立している。[31] 一方、間作やその他の生物種間の相互作用を利用する総合的な害虫管理に対するアグロエコロジー的な手法は、より安全で効果的で安定している。[32] 遺伝子組み換えをより大きなアグロエコロジー的な装備一式を備えた一つの道具とみなす農学者がいるが、遺伝子工学技術それ自体は生物種間の関係にある有益な相乗作用を利用することができない。これは、遺伝子組み換えという遺伝子コードの知識に基づく生物への介入は、それ自体では自由自在の農業実践のための包括的な基礎とはなりえないことを示すもう一つ別の点である。こういうわけで、発展途上国の世界の遺伝子工学の支持者たちの中には、遺伝子工学を指向していない農業研究所の廃止を支持している人もいるというが、この事実はなおさら憂慮すべきでことある。[33]

問題をさらに広げてエコロジーの観点から見ると、作物となる生物に対する遺伝子改変に基づく手法は、さらに限界のある近視眼的なものに思われる。遺伝子工学は、野生関連種への花粉の飛散、生物侵入、そして直接的・間接的な経路を通じた他の生物への危害などのようなエコロジー的な問題を引き起こす傾向がかなりある。[34] しかし、遺伝子工学はこれらの問題を解決することも防ぐこともできない。生物多様性に関しては、遺伝子組み換えされた新しい生物を栽培する様式は、地域に特有な生物やエコロジー的変異種を考慮するどころか無視する傾向がある。バイオテクノロジー研究者は一般に、特有なエコロジー的ないしは文化的背景と生物との相互作用を考慮するような科学的な思考をしない。彼らは、生物の特徴を特殊な人々とともに特殊な場所で生育ないしは生息している特定の植物や動物との関連で見るよりも、むしろより一般的にエコロジー的背景から独立した仕方で見る傾向がある。さらに、GE食品用生物を生産することは莫大な費用がかかる。その一つの理由としては、生存能力のある遺伝子組み換え生物株の作成に到達する前には数千回もの実験室での失敗が必要とされることが挙げられる。このように、実験室でやっとのことで作成に成功した種子や動物を、多くの異なる様々なエコロジー的、文化的な背景を持つ地域で市場に出す多くの責務が彼らにはある。こうして、地域に適応した生物株に代わって、エコロジー的には良くない農業実践で開発されたGE生物株がはびこることになる。

問題をさらに広げ、地域の文化の認識豊かな多様性を考慮すれば、私たちは、遺伝子工学と工業的農業はそれらの文化の完全さと価値に対して盲目であることに気づく[35]。工業的農業にとっては、生産の命令が支配し、生物と環境の関係やコミュニティおよび伝統の安定化作用と育成効果を考慮することは何ら意味を持たない。これらの人間的、文化的構造は、彼らの言う進歩にとっては第一の障害物に見える。つまり、彼らにとって進歩とは、遺伝子工学によって技術的に促進された豊かな収穫であると定義されるからである。しかし、生産高の向上という遺伝子工学の約束がしばしば果たされないことがあるという事実を別としても[36]、さらに次のような破局的な影響がある。すなわち、農村のコミュニティが（特にこれらの技術を利用する余裕のない小さな農場の破産によって）崩壊したり、農耕に関する地域の細かい伝統的な知識の蓄積が失われるのである[37]。豊かな収穫も遺伝子操作も破壊されるものの代わりとなることはできない。後に残るのは、同質化され荒廃した山腹、文化的・物質的な貧困化、一つの世代から次の世代に続く心理的な荒廃、そして多国籍企業への惨めな依存である。

他の可能性もある

バイオテクノロジー、工業的農業および食品の遺伝子工学は、唯一の科学的選択肢として推進されているというが、これは実際には全く真実ではない。[38] これらの工業的な手法の根底にある科学は、現実には初歩的で、時代遅れで既に今では乗り越えられている。[39] 遺伝子工学は、遺伝子コードの普遍性の利用には何ら資格も要らないし、またこのような事情も重要ではないと主張する。しかし、このような普遍主義の抽象物を超えて、一般的に知られている事柄を地域に根拠を持つ栽培の手法に組み入れることができる一種の科学が存在している。[40] このようなわけで、食品の遺伝子操作に反対することは、反科学ではない。それどころか、むしろ遺伝子組み換えを行おうとする執拗な圧力が企業からかかって、遺伝子組み換えは批判者たちの攻撃から守られ、それによって真の科学的進歩が遅れるのだ。この遺伝子組み換えを行おうとする執拗な圧力は、例えて言えば、最初に行うべきではなかった投資の資金を取り戻すために失敗した投資にさらに金をつぎ込み、最後にはこんなに大きくなってしまった失敗を認めることができないという気持ちを生じさせる。

遺伝子組み換えされていない食品に対する権利は、このようにまた遺伝子組み換えが代表している生産主義的精神と機能主義的還元主義とは異なる価値判断の枠組みに忠実な精神を維持する権利でもある。このような権利の主張は、ＧＥ作物の膨大な広がりの真っ只中で有機農業の小さな領域や保護区を控えめに求める要求以上のものである。またそのような権利の主張は、食品とスパーマーケットのＧＥフリー食品［非組み換え食品］の通路にはＧＥフリーの表示を付けることを求める些細なお願い以上のものである。確かに、有機農業の保護と食品表示の要求は戦術的な重要性を持っている。しかし、それだけでは十分ではない（とにかく、遺伝子組み換え生物の花粉が広範囲に飛散すると、遺伝子組み換え株の栽培地に近接した場所にある有機農作物とＧＥフリー作物を維持することは不可能になってしまうようだ）。この技術とそのイデオロギーはともに未成熟で間違っているので、ＧＥフリー食品に対する権利は重要である。この権利のために、私たちが世界の食料を、下手に考え出された技術的衝動に引き渡さないことが重要になる。この権利には、生物と文化と生態系が勢ぞろいした特定の独自な質にこそ深遠な価値があるとの主張が含まれている。そして、その権利には、これらの質が容赦もなく破壊的な競争相手から保護される必要があるとの主張も含まれている。それはまた、私たちはこの破壊的な競争者と侵入者を食い止めなければならないと主張する必要があることを意味している。

しかし、少なくとも当分の間は、遺伝子組み換えされていない食品に対する権利か、あるいはこの問題のある技術を追求する権利に対する反対のどちらかが、政府または国連のような国際的な組織によって積極的に保護されることにはならないと思われる。これらの組織は、バイオテクノロジー企業と手を組んでいるか、またはＧＥ食品は世界の飢えた人々に食料を与えるための最良の方法であるとのバイオテクノロジーの主張を素朴に受け入れているかのどちらかである。(1)草の根の圧力をかけ続けること、(2)アグロエコロジーのほうが遺伝子工学と工業的農業よりも複雑で科学的知識を与えられた合理的な手法であるとの認識が高まること、そして(3)遺伝子工学の隠された意図を暴くことは、これらの組織の考えを変えさせることに手助けとなるかもしれない。GE作物の失敗や他の災害が万一起こってそれが新聞記事になれば、これもこのような心変わりが起こることに寄与するかもしれない。一方、遺伝子組み換えされていない食品に対する権利を保護することは、依然として大部分は、凝り固まった、冷酷で理解しようともしないこれらの機関に対する持続的で苦しい闘いである。

最終的には、食品用作物の遺伝子組み換えは、真にエコロジーと文化に友好的な農業戦略の中にささやかな役割を見出すだろうかどうか、という問題が残る。私は、現在の［遺伝子組み換え］技術がこのような仕方で成熟することは本質的に不可能であると主張したい。理想主義的な科学的農学者たちは、遺伝子工学を持続可能な農業に統合したいと思うかもしれないが、彼らが遺伝子工学に対するあらゆる種類の反対論の準備に取り組んだ可能性はないし、またこの遺伝子工学という手法へのバイオ産業の深い関与を推進する経済的な命令――バイオテクノロジーの積極的な応用を見る人々の善意を乗っ取ろうとする命令――についてはあまり疑わない素朴な考えを持っているだろう。それゆえ、農業バイオテクノロジーが、よりつつましく、状況対応能力のある、優しい技術に変化する可能性がないと考えるならば、この時に行うべき賢明なことは、私たちの反対の立場を強化し、私たちが大いに必要としている知識基盤と生物的・文化的多様性を保存するために闘うことである。

遺伝子組み換えされていない食品に対する権利の主張は、人間の多様性、生物体の多様性、文化の多様性、エコロジーの多様性を求める願いでもあり闘いでもある。この主張は、農業バイオテクノロジーは、エコロジーと持続可能性の高い評価に基づいているのではなく、それよりもむしろ利潤と生産の最大化を目指して策定されているという理解に基づいている。何者にも拘束されない現代の農業バイオテクノロジーは、その発展途上であらゆるものを貪り食っている。さらに悪いことに、それはモノカルチャー［単一栽培］用に栽培されている潜在的に不安定なGE生物から生じる脆弱性のために、大きな不作を発生させるかもしれない。こうして食品の遺伝子工学は、それが破壊しているまさに生物と文化の生命線が緊急に必要とされる事態を引き起こすかもしれない。遺伝子組み換えされていない食品を手に入れる私たちの権利は、これらの生命線の一部を保存するだろうし、また私たちはおそらくそれらを必要とするだろう。

注

私は、本章の様々な原稿に思慮に富む批判的なコメントを与えてくれたことに対して、次の方々に謝意を表したい。Colin Gracey, George Scialabba, Chloe Silverman, Ruth Hubbard, Sheldon Krimsky, Peter Shorett, Abby Rockefeller, and Diana Cobbold.

(1) Ivan Illich, *Tools for Conviviality* (Ney York: Harper, 1980).

(2) Margaret Mallon, “The Wages for Hype: Agricultural Biotechnology After 25 Years,” Arther Miller Lecture presented at MIT (Octobor 3, 2003) ; Marc Lappé and Britt Bailey, *Against the Grain* (Monroe, ME: Common CouragePress, 1998) ; Mae-Won Ho, *Genetic Engineering: Dream or Nightmare* (Bath, UK: Gateway Books, 1998). ［邦訳『遺伝子を操作する—ばら色の約束が悪夢に変わるとき』メイワン・ホー、小沢元彦（翻訳）、三交社 2000年］

(3) Andrew Kimbell, ed., *Fatal Harvest: The Tragedy of Industrial Agriculture* (Covelo, CA: Island Press, 2002).

(4) M. S. Prakashu and Gustavo Esteva, *Grassroots Post-modernism: Remaking the Soil of Culture* (London: Zed Books, 1998) ; Gustavo Esteva, “Re-embedding Food in *Agriculture,*” *Culture & Agriculture*, Winter 1994, 2-12.

(5) Frances Moore Lappe, Joseph Collins, and Peter Rosset, with Luis Esparza, *World Hunger. 12 Myths* (London: Earthscan, 1998) ; Miguel A. Altieri and Peter Rosset, “Ten Reasons Why Biotechnology Will Not Ensure Food Security, Protect and Environment and Reduce Poverty in the Developing World,” *AgBioForum* 2 (1999) : 155-62,

www.agroeco.org/doc/10reasonsbiotech1.pdf.

(6) Richard Levins,"When Science Fails Us," www-trees.slu.se/newsl/32/32levin.htm.

(7) Barry Commoner,"Unraveling the DNA Myth: The Spurious Foundation of Genetic Engineering," *Harper's*, February 2002, 39-47.

(8) Les Levidow and Susan Carr,"Unsound Science? Trans-Atlantic Regulatory Disputes over GM Crops," *International Journal of Biotechnology* 2（2000）: 257-73; B. Vogel and B. Tappeser, Der Einfluss der Sicherheitsforschung und Risikoabschätzung bei der Genehmigung von Inverkehrbringung und Sortenzulassung transgener Pflanzen, Öko-Institut e. V., study commissioned by the German Technology Assessment Bureau Auftrag, Berlin, 2000, available as a PDF file under www.oeko.de（only German）. また Jane Anne Morris,"Sheep in Wolf's Clothing," *By What Authority*, Fall 1998, www.poclad.org/bwa/fall98.htm. をも参照。

(9) Miguel Altieri,"Agroecology: The Science of Natural Resource Management for Poor Farmers in Marginal Environments," *Agriculture, Ecosystem and Environment* 93（December 2002）: 1-24, www.agroeco.org/doc/NRMfinal.pdf.

(10) 例えば、USAID bilateral assistance programs を参照。 Alan P. Larson,"The Future of Agricultural Biotechnology in World Trade," は、the Agricultural Outlook Forum 2002, www.state.gov/e/rls/rm/2002/8447.htm でコメントを述べている。

(11) Ian Sample,"Naïve, Narrow, and Biased," *Guardian*, Op-Ed, July 24, 2003; Sujatha Byravan,"Genetically Engineered Plants: Worth the Risks?" plenary lecture at Viterbo University, February 3, 2004 を参照。

(12) 例えば、米国特許商標庁の「オンコマウス［実験用遺伝子改変ネズミ］」決定（米国特許番号 4,736,866, 一九八八年）を参照。

(13) L. LaReesa Wolfenbarger and Paul R. Phifer,"The Ecological Risks and Benefits of Genetically Engineered Plants," *Science* 290（2000）: 2088-93.

(14) Don Westfall, food industry marketing strategies consultants formerly with Promar International, quoted in Stuart Lailaw,"Starlink Fallout Could Cost Billions," *Toronto Star*, January 9, 2001.

(15) Emmy Simmons, assistant administrator, USAID, quoted in Philip Bereau, "Engineered Food Claims Are Hard to Swallow," *Seattle Times*, November 19, 2001.

(16) 例えば、www.agroeco.org/doc/alt.maize-contain.pdf を参照。

(17) Evelyn Fox Keller, *The Century of the Gene* (Cambrige, MA: Harvard University Press, 2000).

(18) Richard Lewontin, *Triple Helix: Gene, Organism, and Environment* (Cambridge, MA: Harvard University Press, 2000)；Richard Lewontin, *It Ain't Necessarily So* (New York: New York Review of Books, 2000).

(19) Commoner,"Unraveling the DNA Myth"；Ruth Hubbard and Elijah Wald, *Exploding the Gene Myth* (Boston: Beacon Press, 1993).［邦訳『遺伝子万能神話をぶっとばせ』ルース・ハッバード、イライジャ・ウォールド、佐藤雅彦（翻訳）、東京書籍、二〇〇〇年］

(20) 以下を参照。Michael Hansen," Genetic Engineering Is Not an Extension of ConventionalBreeding," Consumers Union Discussion Paper (2000), www.consumerunion.org/food/widecpi200.htm. David Schubert,"A Different Perspective on GM Food," *Nature Biotechnology* 20 (Octobor 2002) :969.

(21) Richard C. Strohman,"Organization Becomes Cause in the Matter," *Nature Biotechnology* 18 (June 2000) :575-6; Richard Strohman,"Five Stages of the HUman Genome Project," *Nature Biotechnology* 17 (February 1999) :112.

(22) Sui Huang,"The Practical Problems of Post-genome Biology," *Nature Biotechnology* 18 (May 2000) : 471-2.

(23) G. Riddihough and E. Pennisi,"The Evolution of Epigenetics," *Science* 293 (2001) :1063 を参照。

(24) 例えば、以下を参照。P. Meyer, E. Linn, I. Heidman, H. Niedenhof, and H. Saedler, "Endogenous and Environmental Factors Influence 35S Promoter Methylation of a Maize A1 Gene Construct in Transgenic Petunia and its Colour Phenotype," *Molecular Genes and Genetics* 231 (1992) :345-52.

(25) Sheldon Krimsky,"Biotechnology at the Dinner Table: FDA Oversight of Transgenic Food," *Annals of the American Academy of Political and Social Science* 584 (November 2002) : 80-96.

(26) Erik Millsone, Eric Brunner and Sue Mayer,"Beyond Substantial Equivalence," *Nature* 401 (Octobor 7, 1999) :525-6.

(27) Hansen,"Genetic Engineering Is Not an Extension of Conventional Breeding." また以下も参照。Meyer et al.,"Endogenous and Environmental Factors Influence 35S Promoter Methylation"；and A.N.E. Birsh, I. E. Geobghegan, D. W. Griffiths, and J. W. McNicol,"The Effect of Genetic Transformations for Pest Resistance on Foliar Solandine-Based Glycoalkaloids of Potato (*Solanum tuberosum*)," *Annals Applied Biology* 140 (2002) :134-49.

(28) Sheldon Krimsky, *Science in the Private Interest* (Lanham, MD: Rowman & Little field, 2003)：邦訳『産学連携と科学の堕落』宮田由起夫訳、海鳴社、二〇〇六年。
(29) Kimbrell, *Fatal Harvest*; Wes Jackson and Wendell Berry, *New Roots for Agriculture* (Lincoln: University of Nebraska Press, 1985).
(30) Miguel A. Altieri, *Agroecology: The Science of Sustainable Agriculture* (Boulder, CO: Westview Press, 1995).
(31) Pesticide Action Network North America、www.panna.org を参照。
(32) Altieri, *Agroecology*.
(33) Fred Pearce,"Cashing in on Hunger: Biotechnology's Bid to Feed the World Is Leaving Less Profitable Techniques Starved for Funds," *New Scientist*, Octobor 10, 1998.
(34) Jane Rissler and Margaret Mellon, *The Ecological Risks of Genetically Engineered Crops* (Cambridge, MA:MIT Press, 1996)［邦訳『遺伝子組み換え作物と環境への危機』ジェーン・リスラー、マーガレット・メロン、阿部利徳、保木本利行、小笠原宣好（翻訳）、合同出版 一九九九年］。
(35) Wendell Berry, *The Unsettling of America: Culture and Agriculture* (San Fancisco: Sierra Club Books, 1977).
(36) Mellon,"The Wages of Hype."
(37) Stephan B. Bruch and Doreen Stabinsky, eds., *Valuing Local Knowledge* (Covelo, CA: Island Press, 1996)；Vandana Shiva, *Biopiracy* (Boston: South End Press, 1996)［邦訳『バイオパイラシー―グローバル化による生命と文化の略奪』バンダナ・シヴァ、松本丈二（翻訳）緑風出版 二〇〇二年］。
(38) Amory B. Lovins and L. Hunter Lovins,"A Tale of Two Botanies," *St. Louis Dispatch*, August 1, 1999, www.globalvison.org/misc/twobotanies.htm.
(39) Lovins and Lovins,"A Tale of Two Botanies,"；Commoner,"Unraveling the DNA Myth"；Martha Herbaert,"Genetic Finding Its Place in Larger Living Schemes," *Critical Public Health* 12 (2002)：221-36.
(40) Levins,"When Science Fails Us"；Steve Lerner, *Eco-Pioneers: Practional Visionaries Solving Today、s Environmental Problems* (Cambridge, MA:MIT Press, 1997)；Kenny Ausubel, *The Bioneers: Declarations of Independence* (South Burkington, VT:Chelsea Green, 2001)；Alan Weisman, *Gaviotas: A Village to Reinvent the World* (South Burkington, VT: Chelsea Green, 1995).

第7章

非遺伝子組み換え食品に対する権利――トウモロコシの汚染例

ドリーン・スタビンスキー

GEフリー食品に対する権利[1]を擁護する試みとして、本章ではやや間接的な仕方で議論をはじめよう。すなわち、私たちの最も重要な食品作物であるコーンあるいは米国以外の世界の国々ではメイズと呼ばれている作物［どちらもトウモロコシのこと―訳者］についての話からはじめよう[2]。しかし、本章は、終わりの部分で、トウモロコシを栽培するメキシコの農民たちにとって、この権利［非遺伝子組み換え食品に対する権利］は、彼らが食料品店に入ってGEフリーのトウモロコシを選ぶことができるかどうかという問題ではないということを証明するだろう。またこの権利は、毎年五〇〇トンの米国のGEトウモロコシが大量にメキシコ人の食品と種子としてメキシコに入り込んでくるときに、GEフリーのトウモロコシを栽培し続けることができるかどうかという問題であることも証明するだろう。この場合、「GEフリー食品に対する権利」とは、農業従事者が彼らの伝統的な生物種を保護し、彼らの“comida”[3]［メキシコで「食品」を意味する言葉—訳者」を遺伝子組み換え汚染から守る集団的な権利を意味する。本章を読むときには、結論部分で提示される基本的な質問を心に留めておいていただきたい。その質問とは、GE作物とGEフリー作物には共存の可能性が全くないのに、すなわち食料の遺伝子工学的な加工を受け入れることはそれだけでGEフリー作物の存在にとっては弔いの鐘を意味するのに、GEフリー食品に対する権利とは実際には何を意味するのかという質問である。

トウモロコシの汚染

二〇〇一年の秋にメキシコ政府は、オアハカ地区の山の多い州の奥地で生育しているトウモロコシの伝統的な株が、改変された遺伝子配列で汚染されているのが見つかったことを公表した。この発見は『ネイチャー』誌に掲載された記事の中で発表され(4)、議論を巻き起こした。それに続いてその発見は、メキシコ政府の科学者によって証明された。

これは単純な発見ではない。というのは、数年間科学者たちは、価値のある伝統的なトウモロコシ株の改変遺伝子配列による汚染の潜在的可能性について警告してきたからである。メキシコは、トウモロコシ株の世界で最も重要な多様性の中心地である。伝統的な株は、この多様性の重要な部分を構成している。遺伝子工学の発展の初期の頃、遺伝子工学が解決する問題のトップテンのリストに世界の飢餓の解決が載る以前は、バイテク企業は、潜在的な汚染が結果として起きるのを避けるために、この技術は多様性の中心地には導入しないと約束した。

なぜこの汚染は国際社会にとってこのような大きな衝撃だったのだろうか。なぜ私たちはメキシコの最も貧しい、最も田舎の孤立したコミュニティのいくつかの中で農民の種子株の遺伝子汚染について心配すべきなのか。一つの重要な理由は、先住農民が栽培する伝統的な作物株に含まれている遺伝情報が世界にとって価値あるものだからである。

多様性の価値

ケアリー・ファウラーとパット・ムーニィは、先進国の「改善された」種子が発展途上国の農業地帯に導入されることによって起きる作物の多様性の減少の危険を食い止めようとした業績で、一九八五年にライト・ライブリフッド賞[1]を受賞した。[5]これらの「改善された」種子は通常は、多くの国の小農民が農作業をしている周縁環境のために開発されたわけではない。それはさておき、農業省や開発庁、多国籍種子企業や化学企業によるこの種子の開発の推進は、地域の作物株の存在を脅かしている。これらの地域の株は、これらの株を育成し栽培を続ける農民にとってだけでなく、この地球上で食品を食べるすべての人にとっても有益な遺伝情報を含んでいる。先進国の植物栽培企業は引き続き伝統的な株に目をやり、絶えず進化する雑草や昆虫や植物の病気とたたかう手助けを買って出ようとしている。

[1] Right Livelihood Award：毎年スウェーデン議会で与えられる賞で、「もう一つのノーベル賞」と言われている。同賞は一九八〇年に今日の人類が直面する最も緊急な課題に実践的で模範的な解決策を考え出した人々を讃えて支援する目的で設立された。

ファウラーとムーニィが指摘するように、これらの伝統的な株は私たちの未来である。それらが失われれば、私たちも最終的には同じ運命となる。一九七〇年代と一九八〇年代に、彼らは先進国の農業の（遺伝子浸食との異名をとる）ＧＥ作物への均一化の圧力に対して、これらの株の消失する可能性に目を向けさせようとした。今は彼らは、改変遺伝子の伝統的な株への侵入がもたらす脅威に注意を向けさせている。

まだ知られていない汚染の影響

現在私たちは、このような改変遺伝子汚染の影響があるかどうかを決定するデータを何ひとつ持ち合わせていない。米国農業省や全米科学財団のような米国の科学に助成する伝統的な機関は、遺伝子工学に研究資金を与える優先権を授与したことはなかった。どちらの機関もメキシコの作物株に移入した遺伝子を含む農業製品を生産するモンサント社やシンジェンタ社（Syngenta）やバイエル社（Bayer）のようなバイテク企業を傘下に擁していない。

私たちが実際知っていることは、ＧＥ作物のＧＥフリー作物への影響の科学的評価について尋ねるべき類いの質問である。すなわち、私たちは、発生するかもしれない一連の期待も望みもしない影響に関する知識は持っている。*Bt*トウモロコシ[2]と除草剤耐性トウモロコシという遺伝子改変トウモロコシの二つの主要な種類のうちのいくつかが環境に与える影響に関して科学的研究が行われ、これらの研究によって少なくとも三つの分野で心配の種があることが証明されている。それらは、遺伝子改変の標的とされていない生物への影響、土壌の肥沃度への影響、そして人間の健康への影響である。

『サイエンス』誌で発表された今では有名な論文の中で、コーネル大学のジョン・ロゼイ（John Losey）は、*Bt*トウモロコシに導入された殺虫毒素はトウモロコシの中にオオカバマダラという北米の蝶を殺す濃度を有していることを証明した。[7] その後の野外調査により懸念はいく分か軽減した。つまり、現在の商業的な作物株に存在する野外レベルの殺虫毒素の濃度については、長期的な影響に関して意見を出すようなデータは全く存在しないが、短期間のオオカバマダラに対する毒性を有しているようにも見えない。[8] しかし、市場から排除した*Bt*176という株の野外レベルの濃度は、オオカバマダラに対する毒性を持っていた。[9] メキシコの遺伝子改変された伝統的なトウモロコシ株に存在する毒素の濃度はどのくらいか。オアハカ地区の山の多い生態系に生育し殺虫剤に曝されている非標的生物［遺伝子改変の標的とされていない生物］は何か。それらの非標的生物に対する殺虫剤の長期的影響はどの程度か。これらの質問に対する答は現在は分からない。

私たちは、同様の質問を土壌中に生息している生物についても尋ねることができる。*Bt*殺虫剤はトウモロコシの根からにじみ出て、一年近く幾種類かの土壌の中に残留できることが研究により明らかとなった。[10] 私たちは、オアハカ地区の土壌の中に生息している土壌生物への殺虫剤の影響については何の知識もない。私たちが知っているのは、小農民は彼らの土壌の肥沃さに絶対的に依存していること、ひいてはその肥沃さを作り出す土壌中の生きた生物に依存しているということである。

[2] *Bt* corn：*Bacillus thuringiensis* という細菌の毒素を産生する遺伝子を導入されているトウモロコシのこと。*Bt* はその頭文字を取ったもので、イタリック体で表現されているのは、細菌名が通常イタリック体で表現されるためである。

おそらく、トウモロコシの改変遺伝子汚染についてまだ答えられていない最も厄介な問題は、人間の健康への影響に関係があるものである。*Bt*は、土壌細菌によって産み出される殺虫毒素であり、長い間有機農業で殺虫剤として利用されてきた。この形態では*Bt*は、農民や消費者や環境には全く安全であることが明らかとなった。しかし、遺伝子工学はこの殺虫毒素の原因遺伝子を取り出し、それを変化させ、それを外来環境で発現させる。遺伝子組み換えされた生物に存在するタンパク質［殺虫毒素］の形態は、土壌細菌内に存在するものとは同じではない。にもかかわらず、新しい［遺伝子組み換えされた］植物［*Bt*トウモロコシ］内に存在するタンパク質［これも同じく「殺虫毒素」である―訳者］に関しては一度も毒性検査は行われていない。オアハカ地区の山の多いメキシコのコミュニティでは、人間は新奇の［殺虫毒素を含んでいるかもしれない］タンパク質をただ単に消費しているどころか、おそらく以前に消費した量をはるかに超える新奇のタンパク質を消費しているだろう。

メキシコでの小農民の食事について考えて見よう。すなわち、彼らが食べるものはトルティーヤ[3]や大量のトウモロコシである。彼らは、ほんのわずかにそれを調理して彼らの食事の多くを占めるその他のトウモロコシでできた食べ物を作る。米国による毒性研究は、私たちアメリカ人がタコ・シェルやコーンフレークのようなかなり加工された製品で遺伝子組み換えトウモロコシを消費する仕方を調査した。しかし、大量のトウモロコシを消費し、すでに栄養不良や寄生虫のために健康障害を引き起こしているメキシコ人またはアフリカ人の農民の食事に基づいて、*Bt*トウモロコシの消費の安全性が評価されたことはない。

しかし、*Bt*は遺伝子工学者が遺伝子改変植物に与える多くのタンパク質の一つに過ぎない。現在では米国の商業生産には、多くの種類の人間や動物用の薬と工業用薬品を産み出すトウモロコシ植物が存在する。

カリフォルニア大学リヴァーサイド校のノーマン・エルストランドによれば、これらのトウモロコシ植物はトウモロコシの多様性と人間にリスクをもたらすという。エルストランド教授が描いた仮説的なシナリオでは、トウモロコシの伝統的な株は人間に慢性的に有毒な影響を与える遺伝子改変タンパク質で汚染されるようになるが、それが発見されるのは、その遺伝子が世界中のトウモロコシ全体に広がったずっと後であるという。起こりそうもないがもっともらしい彼のシナリオでは、トウモロコシのゲノムは元に戻すことができないほど汚染されるので、私たちは人間という種としてトウモロコシを消費することを止めるという[11]。

不幸にも、生物と生態系についての人間の無知はかなりの程度大きい。以上に述べたことは、次の数世代にわたって起こるかもしれない影響の小さな典型的な例である。私たちは、最も重大な結果の小さな部分しか予想することはできないだろう。

トウモロコシの文化的な役割

私たちアメリカ人は、トウモロコシの遺伝的多様性が人類の未来にとって重要であることを、自分たちの利益の点から考えて理解することはできる。しかし、それを消費する多数の国民にとってのトウモロコシの重要性の大きさを理解するためには、［農業バイテク産業が行う］遺伝子資源の商業目的利用という実

---

[3] tortilla：小麦粉やコーンの生地を薄く焼いたもの。いろいろな具を巻いて、あるいはひき肉やチーズをトッピングして食べる。

用的な展望の枠組みを乗り越えて、それを拒絶することが必要である。というのは、遺伝子汚染の意味は、おそらく第一にそして真っ先に、想像できないほど大きな文化的な侮辱であり、バイオテクノロジー的な類いのものの新しい植民地主義的な押し付けだからである。

トウモロコシはメキシコ国民の文化的な象徴である。トウモロコシは、自らに関するメキシコ国民の昔の物語の中でも、また実際、数千年間トウモロコシを栽培しているラテンアメリカの多くの国民の物語の中でも主人公になっている。グァテマラのマヤ民族のポポル・ブフ［グァテマラ南部キチェ族の神話―訳者］の中で語られる特に美しい創造神話は、神々が男と女をどのように作ったかに関する物語を述べている。

ボンフィル[4]によると、トウモロコシは単に人間によって栽培化されているだけではない。トウモロコシ植物は人間の努力によって作られたものである。それどころか、トウモロコシ植物は、メキシコ諸民族の文化が発展（evolved）するにしたがって、彼らの主食とともに進化（evolved）したのである。「彼らがトウモロコシを栽培している（cultivating）と同時に、彼らも自らの文化を発展させていた（cultivating）のである。過去の、そして今日の数百万のメキシコ人の偉大な文明は、豊富なトウモロコシを彼らのルーツと土台として持っている。……本当にトウモロコシはメキシコの民衆文化の土台である[13]」。

NAFTA環境協力委員会に対する最近の宣言書の中で、署名者たち――大部分は汚染が最初に見つかったオアハカ州から来た人である――は、トウモロコシとそれを栽培し食べる人々の間に存在する関係を伝えようとした。

私たちは、言わばトウモロコシ民族です。この穀物は私たちの兄弟であり、私たちの文化の土台であり、私たちの現在の現実であります。トウモロコシは私たちの日々の生活の中心です。それは私たちの食事の中に常にある一部ですし、私たちが店で買う品物の四分の一を占めているでしょう。それは田舎の生活の中心であり、都会の生活には欠かせない栄養素です……。トウモロコシは穀物以上の存在です。それは私たちの過去を要約し、現在を定義し、そしてまさに未来のための土台です。私たちはそれを食べますが、しかし、それは単に食べ物に過ぎないのではありません。それは、私たちが祭りを祝う理由であり、交換し合い、共に生き、互いに助け合う理由なのです。それは、私たちの命です。

宣言書への署名者たちは、遺伝子改変トウモロコシを拒絶し、その植民地主義的な起源、彼らの環境にそれが与える脅威、彼らの文化遺産に対するその侮辱を拒絶する。「私たちの領土には遺伝子改変生物は全く存在させない」というのがその宣言の結論である。

GEフリー食品に対する権利は存在すべきであるか？

私は、これは一見して見えるよりも重要で意味の深い質問であると申し上げたい。私たちがこの質問を米国の肘掛け椅子に座った快適な生活の場から尋ねると、それはかなり単刀直入な質問に見える。例えば

[4] Bonfil：メキシコの社会学者で人類学者のボンフィル・バターヤ（Bonfil Batalla）。

こうである。消費者は近くのスーパーマーケットに置いてあるGEフリー食品を購入する権利、彼らの購入する食品に表示を付けさせる権利、そして食品を選ぶ権利を持つべきであるか？　しかし、オアハカ地区の山地の見晴らしの利く地点からこの質問をするときには、私たちは表示の問題を越える大きな問題について尋ねているのである。私たちは、マクドナルドの文化から見て、「トウモロコシは私の兄弟です」と言うことはどのような意味なのか、またこの言葉を言う人にとって改変遺伝子汚染はどういう意味だろうかを理解するよう迫られているのである。

私たちは、自らの文化の起源に関係なく、トウモロコシの人々とマクドナルドの人々にとってトウモロコシの改変遺伝子汚染に固有な問題を浮き立たせるいくつかの質問をすることができる。

・「遺伝子汚染から逃れる」ことが絶対にできないときには、このことは私たちのすべてにとってどういう意味をもつのか。GE作物の花粉と種子は、いつ自由に飛散するのか、またトウモロコシのゲノムを改変遺伝子に汚染されないようにしておくことができるチャンスは非常に少ないということが科学者に明らかになるのはいつなのか。

・この汚染が、私たちの知らないうちに、私たちの同意なしに、そしてトウモロコシの多様性のまさに管理人たち――すなわち毎年伝統的なトウモロコシ株を栽培し再生産するメキシコの小農民たち――の願いに反して発生した場合には、これはどういう意味をもつのか。

・改変遺伝子に汚染された種子の蓄えを持つメキシコのいくつかのコミュニティが、もう種子は自分たちの間で分け合うことはしないと決めるかもしれない場合には、このことは種子を蓄え、種子を分け合う文化にとって何を意味するのか。このことは、メキシコの伝統的なトウモロコシ株の間で多様性が広がり持続的に拡大することにとってどういう意味を持つのか。

・自らをトウモロコシの息子や娘と考えている若者にとって、トーテムフードの原料となる作物が突然、現代生物学の流行の最新の遺伝子に汚染されて取り返しがつかないことになってしまうことは、どういう意味を持つのか。

・生死の境をさまよっている貧しい人々をまたもや、安全の証明されていない、リスクの多い、実験中の技術のためのモルモットにすることがどうしてできるのか?

私は読者がこのような質問をさらに多く行うのを待っている。この質問リストにあなたの質問を自由に追加してください。

遺伝子工学では安全な食品は手に入らない

GE農業とGEフリー農業の共存がうまくいくことを示すものは、今までの経験の中にはない。花粉は移動する。植物は生きていて、また繁殖する生物である。私たちは、メキシコで遺伝子汚染を捜そうと考える前に、すでに二つの導入遺伝子がオアハカの山々に広がっていた。ちょうど今年〔二〇〇四年〕、デイヴィスにあるカリフォルニア大学のトマトの遺伝子保存センターは、トマトの株のひとつが七年前に遺伝子汚染されていたことを発見し、その株の種子を世界中の一四カ国の三四人の研究者に配布したことを確認した。バイオテクノロジー企業と植物栽培企業(あいにく両者は同じ事業体である)は、種子系列を純粋に保とうと絶えず悪戦苦闘している。というのは、毎年種子の新たな種類の遺伝子汚染の話が語られているからで、(14)種子系列を同一に保つことによって、彼らは何とかして新たな遺伝子汚染を食い止めようとしているのである。そのために、封じ込め技術の提案が最初の「ターミネーター技術」[5]に絶えず新たに付け加えられている。「ターミネーター」技術とは、翌年の新しい穀物が発芽することができないようにして、農民が種子を蓄えることができないようにする技術である。残念なことに、花粉を畑の中に封じ込めることはできても、蓄えられた種子は偶然汚染され、環境と人間の健康へのリスクは残るだろう。

こうした状況には明らかに予防原則を適用できると言う人たちがいるだろう。予防原則は、科学的な不確実性の状況下で意思決定を行うための包括的な原則である。すなわち、環境や人間の健康に対して重大もしくは回復不可能な脅威が存在する場合には、それらの脅威の性質、程度および激しさが完全に理解されていなくても、意思決定者には、起きるかもしれない危害を防ぐために行動を起こす義務がある。遺伝子組み換え作物が繁殖し環境内に拡散するためにそれらの作物が引き起こす被害は、取り返しの付かないものとなるだろう。さらに、遺伝子組み換え生物の広がりに伴う被害の拡大は、未知の規模の生態系の大きな破壊を引き起こすだろう。

たとえ私たちが、GE食品が「正当」であるか否かを単に議論する時間が欲しいだけだとしても、遺伝子組み換え実験は直ちに止める必要がある。米国から五〇〇万トンのトウモロコシが毎年メキシコに入ってきている。まさにこれこそ伝統的なトウモロコシ株の汚染源である。そのトウモロコシの少なくとも三〇%が遺伝子組み換えされている。米国の当局者は誇らしげに、今では非常に多くのGEトウモロコシが南アフリカで栽培されていて、アフリカ大陸中に輸送されているので、数年後にはGEフリー地域について心配する必要はなくなるだろう、つまり、ＧＥフリー地域は全く存在しなくなるだろうと言っている。米国は、その食糧援助計画でＧＥトウモロコシのアフリカ大陸全体への分配を支援している。モンサント社と米国政府は、ＧＥトウモロコシの商業栽培をアジアに広げる足がかりとしてフィリピンを無理やり開国させたのである。

私たちはこの状況を次のように呼ばなければならない。すなわち、それは、利益の略奪の状況、または私たちの食料を故意に汚染し、自らが栽培する作物に全面的に頼って生きている民族の食料を汚染し、未来の世代が頼る遺伝子資源を汚染する企業の状況であると。このような汚染がどのような結果を引き起こすかはほとんど分かっていない。私たちが確信するのは、とにかくそのような汚染は取り返しのつかないものであるということである。私たちがこの問題を文化的な遺産を守る権利という観点から、それともスーパーマーケットで非ＧＭ食品を買う権利という観点から定式化するのかどうかに関係なく、答は明らかである。すなわち、遺伝子実験を止めよ、である。

[5]種子を交雑させずに同じ祖先の種子を作り続けること。
[6] containment technology：植物の改変遺伝子が流出して他の類縁植物に遺伝子が感染することを防ぐ技術。
[7] terminator technology：農民が自家採取した種子を翌年に蒔いても発芽しないように種子を遺伝子操作する技術。

注

(1) 私はここでは、問題となっている権利の概念について議論しないが、政治的・文化的に競う能力を持つ普遍的な「権利」の概念、つまり文化的・政治的空間を植民地化するためのもう一つの方法であると見られる西洋の哲学的な構成を有する概念を私は承認しなければならない。グスタヴォ・エステヴァ（Gustavo Esteva）とマデュー・プラカシュ（Madhu Prakash）の優れた議論（*Grassroots Postmodernism*（London, UK: Zed Books, 1998））を参照されたい。

(2) 私は本章全体で corn と maize の言葉を交互に用いる。

(3) *Comida* は、食べ物を表すスペイン語である。しかし、その言外の意味は英語の場合よりもずっと広く、その意味はまた食事の間に生じる食べ物とコミュニティの分かち合いを含む。

(4) David Quist and Ignacio Chapela,"Transgenic DNA Introgressed into Traditional Maize Landraces in Oaxaca, Mexico," *Nature* 414（2001）: 541-3.

(5) Cary Fowler and Pat Mooney, *Shattering: Food, Politics and the Loss of Genetic Diversity*（Tucson: University of Arizona Press, 1990）を参照。

(6) ETC Group," Fear-Reviewed Science: Contaminated Corn and Tainted Tortillas ―Genetic Pollution in Mexico's Centre of Maize Diversity," January 23, 2002, accessed May 31, 2004, www.etcgroup.org.

(7) J. E. Losey et al., "Transgenic Pollen Harms Monarch Larvae," *Nature* 399（1999）: 214.

(8) この話題に関する六つの独立した論文が *Proceeding of the National Academy of Sciences 98*（2001）: 11908-942 に発表された。

(9) A. R. Zangerl et al.,"Effects of Exposure to Event 176 *Bacillus thuringiensis* Corn Pollen on Monarch and Black Swallowtail Caterpillar Under Field Conditions," *Proceedings of the National Academy of Sciences* 98（2001）: 11908-912.

(10) D. Saxena and G. Stotzky,"Insecticidal Toxin from *Bacillus thuringiensis* Is Released from Roots of Transgenic *Bt* Corn *in vitro* and *in situ*," *FEMS Microbiology and Ecology* 33（2000）: 35-9.

(11) Norman Ellstrand,"After Centuries of Introgression from Cultivated Plants to Wild Relatives, What's Next?" keynote presentation at the conference "Introgression from Genetically Modified Plants（GMP）into Wild Relatives and Its Consequences," sponsored by the European Science Foundation AIGM Program, January 21-24, 2003, Amsterdam, Netherland. エルストランド（Ellstrand）は、彼の発表の中で、このシナリオを「とても起こりそうにはないが、不可能ではない」と表現している。

(12) G. Esteva,"Introducción," in G. Esteva and C. Marielle, eds., *Sin maíz no hay país*（Mexico City: Culturas Populares

de Mexico),11 に引用されている。

⒀ G. Esteva,"Introducción." で引用されている。著者により原文から翻訳されている。

⒁ 二〇〇〇年に「地球の友インターナショナル」は未承認のGEトウモロコシ株――スターリンク（StarLink）――が米国の一連の食品を汚染していることを発見した。それから四年後、合衆国政府の検査プログラムによりスターリンクの形跡が種子と食品に発見されている。二〇〇一年の四月に、ドイツのシュレスヴィヒ・ホルスタイン州の環境省による検査により、モンサント社に貯蔵されているトウモロコシ株の中にGE汚染が発見された。また二〇〇一年にも、グリンピース・オーストリアに委託された検査により、パイオニア社のトウモロコシの種子の中にGE汚染が発見された。綿花、トウモロコシ、キャノーラの種子の中に見出されるGE汚染に関するその他の多くのスキャンダルが世界中で報道された。

第8章 安全な食品に対する公衆の権利を確保すること

リチャード・カプラン

最も優れた定義の辞書によると、権利とは「人がそれに対して正当な請求権を持っているもの」である。遺伝子組み換え作物の支持者たちは次のように言うだろう。もし遺伝子組み換え作物が従来の作物と同じくらい安全であるなら――たとえ私たちが、遺伝子組み換え作物の環境と人間の健康へのリスクが無視しえないほどのものであることを既に知っているとしても――、私たちが遺伝子組み換えされた物質を含まない食品に対する権利を持っていると言うことは正当ではないだろう、と。彼らの主張が正しい状況の下では、食品に遺伝子組み換えされているとの表示をすることと売り場で食品を分離配置することは不必要であろう。というのは、環境と人間の健康への影響の点で区別できない品物を分離するために余分な費用がかかることは正当化できない、と思われるからである。本章では、遺伝子組み換え技術の支持者と批判者の主張を吟味することによって、遺伝子組み換えされた物質を含まない食品に対する権利を私たちが持っているかどうかを検討する。
実際のところは、従来の作物と遺伝子組み換え作物との間に重要な相違があるので、遺伝子組み換えされた物質を含まないと保証できる食品が評価に値するのである。しかし、この技術によるリスクの証明がはっきりと特定されなかったとしても、遺伝子組み換えされた物質を含まない食品に対する権利はまだ存在する。遺伝子汚染は取り返しの付かないものであり、また人間の健康と環境への安全性を無視して、遺伝子組み換え作物の生産を推進している企業の芳しくない業績を考慮すると、安全性が将来において取るべき選択肢であることを市民が知る権利があるのは当然である。

遺伝子組み換え作物の支持者たちが、遺伝子組み換えされた物質を含まない食品に対する権利に反対する主張の最大の点は、次のとおりである。すなわち、遺伝子組み換え作物は十分な検査を受けており、人間の健康にとって安全であることが証明されている、ということである。調査によって安全であるか否かの事実を確定するために一般に認められている基準は、研究を行ってそれらの食品を厳しい専門家の評価に委ねることである。バイオテクノロジー企業はこの基準を満たすことに甚だしく失敗したが、米国食品医薬品局（FDA）の政策により、バイオテクノロジー企業は基準を満たしていることが認められた。FDAは遺伝子組み換え作物に対していかなる義務的な安全性検査をも要求しないだけでなく、同局は遺伝子組み換え作物を商業化しようとする企業による義務的な届出さえ要求しない。[1]義務的な届出は要求するが、義務的な安全性検査は要求しない生ぬるい提案が「連邦広報」に公表されても、[2]その提案は最終的には撤回され、[3]届出と安全性検査の制度は、未だに義務的ではなく全く任意のままである。

企業は一般的に、彼らが行った研究の完全な報告書を規制当局に送付せず、ただ要約書だけを送る。また彼らは研究を主流な雑誌に公表もしない。『サイエンス』誌が最近、遺伝子組み換え食品の安全性を評価した査読済みのすべての論文を探した文献調査の結果を発表したが、一握りの数の論文しか見つからなかった。[4] その論文の数は、事実ではなく単なる主張に基づいて遺伝子工学の安全性を宣言する論文がその数から除かれたために、少なくなってしまった。遺伝子組み換え作物の安全性に関する科学的な文献に経験的な証拠が欠けているならば、いかなる安全性の主張も時期尚早である。

遺伝子工学技術を支持するもう一つの主張は、それがエコロジー的に持続可能な農業の時代を先導して、有毒な農薬を減少または除去し、表土の浸食を減少させ、少ない土地に多くの食べ物を生産する、というものである。これらの約束は高尚なものに見えるが、大部分は空約束である。最も広範囲に栽培されている遺伝子組み換え作物の特徴は、除草剤耐性である。除草剤耐性とは、作物を遺伝子組み換えして、その植物以外のすべての植物相を枯らすように仕組まれた除草剤に枯れない耐性をその作物が持つようにすることである。この技術は、結果として除草剤の使用を減少させるどころか増加させた。[5] そして遺伝子工学の支持者たちは、*Bt*綿花から短期的な農薬成分が減少すると主張し、また化学肥料と農薬の使用を減らすことのできる未来の作物製品を必ず実現させる可能性があると主張する。しかし、このように主張する遺伝子工学の支持者たちと議論をたたかわす時でさえ、現実は、遺伝子工学は真のエコロジー的な農業に対極的な農業の枠組みを永続化させていることである。遺伝子工学の強調する点は、除草剤への依存かまたは「一つの害虫には一つの殺虫剤」という失敗した方法の代わりに、新たに「一つの害虫には一つの遺伝子」の方法を導入する大規模なモノカルチャー農業の導入に置かれている。一世代前には、殺虫剤は当初は、農民や政府やもちろん化学企業からも支持された。すべての人や機関や企業は、初期の絶頂感から後退するほかなかった。私たちに最初の有毒な農薬をもたらしたのと同じ企業が、バイオテクノロジー企業として再生した今では、私たちが環境への責務を謳うその最新の主張を疑いの目で見るのは当然である。

バイオテクノロジー産業は、その金をかけた宣伝キャンペーンを、この技術が世界に食糧を供給する基本的な役割を担っているという疑わしい主張に焦点を定めている。実験室に発するすばやい遺伝子組み換えが世界の飢餓問題を解決できるだろうという主張は、何年も前に偽りであることが証明された。例えば、リチャード・ドーキンス[1]は、彼の『利己的な遺伝子』[2]という本の中で、次のように書いている。「食糧生産の増加によってこの問題は一時的に緩和されるかもしれないが、しかし、それは長期的な解決策にはなりえない。実際、この危機を促進した医学の進歩と同様に、食糧生産の増加は、人口増加率の上昇に拍車を掛けることによって、この問題をおそらくさらに悪化させるだろう。」「食糧第一（Food First）[3]」のピーター・ロセットは、私たちは毎日一人に四・三ポンド〔約二キログラム〕の食糧を供給できる食糧生産高を既に達成しており、問題は貧困と不平等であると指摘した。エチオピアのアジスアベバにある「持続可能な発展の研究所」のテオルデ・ベルハン・ゲブレ・エグジアブヘル博士[4]は、この問題について誰よりも

[1] Richard Dawkins（一九四一〜）：イギリスの動物行動学者であり進化生物学者。

[2] リチャード・ドーキンスの主著で、原著は一九七六年に“The Selfish Gene”という題で発行。邦訳は二〇〇六年に『利己的な遺伝子』（日高敏隆他訳、紀伊國屋書店）という題で発行。

[3] 正式名は、「食糧と開発のための政策研究所（Food First / Institute for Food and Development Policy）」。『食糧第一』『世界飢餓の構造』などを執筆したフランシス・ムア・ラッペとジョセフ・コリンズにより一九七五年に設立された。

巧みに述べた。「エチオピアにはまだ飢えた人々がいるが、しかし、彼らが飢えているのはお金がないためであり、買う食べ物がないためではもはやない。私たちは、私たちの貧困がヨーロッパ人の公衆に対して遺伝子組み換えの開発が正当であるとの口実として利用されていることを非常に腹立たしく思う」[6]。従来の育種法も遺伝子工学もともに、生産高を増やすことはできるが、どちらの手法も飢餓の基本的、根本的な原因を解消することとは必ずしも関係がないだろう。農業の剰余生産物があるにもかかわらず、米国だけでもまだ飢えに苦しんでいる人はあまりにも多い。このようなわけで、単に食糧生産を増やすだけで必ず飢えは緩和されるという主張は単純素朴である。

遺伝子組み換えの正当性を宣伝している人々はとうとう、購入に気の進まない公衆に彼らの製品を押し付けて、食品を意図的に遺伝子組み換えされた物質で汚染する[5]というより悪辣な戦略を公然と取りはじめた。例えば、「カナダ種子育成者協会」のデーブ・アドルフィーは、『ウェスタン・プロデューサー』誌の二〇〇二年の四月号で次のように述べている。「私たちが勝利する方法は消費者に選択権を与えないことだと言えば、それはとんでもないことだが、しかしそういうこともあるかもしれない」[6]。こうした議論は、消費者が選択することは技術的にも経済的にも実行不可能であるという主張と結びついている。この技術の支持者たちは、意図的な汚染[5]のキャンペーンによって消費者の選択を不可能にしようと必死になって努めながら、事実を挙げずに消費者が選択することは不可能だと主張している。このような戦略は、全く非難に値するものである。

ここまで本章では、遺伝子組み換え作物の支持者たちの主張を検討して、彼らの主張には説得力がないことを暴露してきた。この技術に対する主要な批判を吟味すれば、遺伝子組み換えされた物質を含んでいない食品に対する権利の必要性はさらに明らかになるだろう。また、遺伝子組み換え作物には長期検査の行われないことと、十分な規制管理がないという不満足な現状があるが、そのような現状は、遺伝子組み換え作物の分析をすることにより充分に補うことができる。また、それによって企業が行う農業のシステムに消費者が取り込まれない権利が獲得される助けとなるだろう。

科学的な文献が明らかにしたところによると、遺伝子組み換え作物は、その人間の健康と環境への影響を調べるための十分な検査がされておらず、また長期的という言葉で表されるいかなる方法でもまだ検査がされていないという。上述のように、人間の健康に関する研究文献の調査をしても、遺伝子工学を合法とする結論を可能にするような参考となる研究結果はほとんど見つからなかった。加工処理された大豆やトウモロコシの形態では、通常、アメリカのスーパーマーケットに置いてある多くの加工処理された食品のうちに既に遺伝子組み換えされた物質が含まれていることを考えると、文献調査のこのような結果は重大な問題である。というのは、この技術が引き起こすリスク——それらにはアレルギー誘発性、毒性、栄養変化および抗生物質耐性の増加が含まれる——が顕著だからである。[7] これらの問題が解決されていない間は、ラベル表示された遺伝子組み換え食品を食べることは時期尚早である。それどころか、これらの製

---

[4] Tewolde Berhan Gebre Egziabher：エチオピア環境保護公社書記長でもあり、地球上の生物を救うため、炭素排出を削減する運動に参加するよう先進国と途上国に訴えている。

[5] 筆者は「汚染」と言っているが、実際には遺伝子工学の支持者たちは「汚染」という言葉は使用していないことはもちろんである。

[6] これは識別のためのラベル表示をしないという前提での話である。

品は市場に出されるべきではない。『サイエンス』誌に掲載された遺伝子組み換え食品の環境への影響の研究に関する調査では、それに関する研究が数多くあることが分かったが、遺伝子組み換え作物の支持者たちが売り込む利点は全く確認されないこと、また上述のリスクがどれ一つもないことも証明されなかったことが判明した。遺伝子組み換え食品の環境へのリスクのいくつかは研究され解決できるけれども、この技術にはある程度の固有の予測不可能性というものがある。その結果、この国の最も尊敬されている科学者たちはこの技術の現在の知的な基礎を「偽り」と呼んでいる。[8]

遺伝子組み換え作物にこれらのリスクがあるので、公衆は人間の健康と環境を守る事前の政府の対応と規制体制の構築を求めるべきである。米国における遺伝子組み換え作物の監視体制は、そのような体制では全くない。遺伝子組み換え作物を管理・担当する規制に関しては、食品医薬品局（FDA）が一九九二年に発表した曖昧な声明に従って行っている。FDAによる規制は、この技術が利用可能になる以前によく練られ書かれた規則が施行されてから行われるようになった。例えば、FDAは、同局が「（遺伝子組み換え食品の）開発者によって作り出されたデータの包括的な科学的検討は行わない」ことをも認めている。[9] 環境保護庁は、その規則が作成される以前に、数百万エーカー〔琵琶湖の広さに相当〕に及ぶ*Bt*作物の商業栽培を許可してしまった。また農務省（USDA）は最近、米国科学アカデミーからその監督行為を批判された。というのは、米国科学アカデミーによると、USDAによるGM作物の管理は時として「科学的に適切でなく」、また「表面的」であり、同省の調査は「科学的厳密さとバランスと透明性」[10]に欠けることが判明したという。米国における遺伝子組み換え作物の監督はいくつかの点できわめて不十分で、なおかつ他の点でも全くと言っていいほど欠陥がある。

商業化された遺伝子組み換え作物は、大規模なモノカルチャーと集約的な化学肥料と農薬の投入という失敗した農業方式が言わば一部永続化したようなものである。遺伝子組み換え作物の圧倒的な部分は、殺虫剤の噴霧に耐えるような特性を工学的に加えられていて、そうした特性がある結果、殺虫剤の使用が増えてしまった。短い期間は化学肥料と農薬の使用が多くなるという影響があるが、遺伝子組み換え技術は明らかに、主要な作物（トウモロコシ、大豆、綿花など）のそれぞれの数少ない優秀な株の作成に向けて、商業的農業をさらに推し進めていく方向に用いられている。この方向は、遺伝的多様性を浸食し、作物を自然的および人為的攻撃に弱くするような変化を引き起こす（自然的攻撃とは例えば、一九七〇年に起きたごま葉枯病の流行を、人為的な攻撃とは例えば、悪意のある生物攻撃[8]を指す）。多くの消費者は、自分たちが、例えば、地元の食料政策協議会、農民自身の運営する市場、コミュニティが支援する農業システムおよび有機農業のような様々な食料供給システムを望んでいることをますますはっきりさせている。

将来にも遺伝子組み換え作物が存在するかもしれず、そのときには、この種の作物は人間の健康や環境に対する訳の分からないリスクを引き起こすことはないという十分な証拠が蓄積されているだろう。しかし、それは現在商業化されている作物には当てはまらない。人間の健康と環境に対する安全性の閾値（しきいち）［基準値のこと―訳者］を実際に満たしているすべての作物に消費者が関心を抱き、またそれらを要求してい

[7] Genetically modified crops の簡略した表現。Genetically engineered crop とほとんど同義。日本では、この表現のほうが一般的である。
[8] biological attack：細菌やウイルスや有害物質を使用して特定の生物を繁殖不能にしたり、食べ物を食べられないようにする行為。

るということは、食品の選択のシステムが必要であることをはっきりと示している。そのようなシステムは、私たちの能力の及ぶかぎり、人々に次のことを知らせることができる。すなわち、彼らの食べる食品がどこで栽培されたか、誰がそれを栽培したか、何が栽培されたか、それがいつ栽培されたか、それがなぜ栽培されたか、そしてそれがどのように栽培されたかを。他方、遺伝子組み換え作物のために、この技術を支える不確かな科学は、これらの質問に対する答を受け取る権利を消費者に持たせるべきであると主張している。消費者は、彼らのGM食品の購入の決定を通じて、また何度も意見投票することで、彼らがこの権利を持つことを望んでいることをはっきりとさせた。この権利は認めることができるし、また認めるべきである。

注

(1) Richard Caplan,"Failure to Do Anything : Regulation of Genetically Engineered Food at FDA" (Octobor 2000). pirg.org/ge/GE.asp?id2=4781&id3=ge& でも入手可能。

(2) U. S. Department of Health and Human Services and Food and Drug Administration,"Premarket Notice Concerning Bioengineered Foods," *Federal Register* 66:12 (January 18, 2001).

(3) U. S. Department of Health and Human Services,"Semiannual Regulatory Agenda," *Federal Register* 68:101 (May 27, 2003).

(4) Jose L. Domingo,"Health Risks of GM Foods: Many Opinions but Few Data," *Science*, June 9, 2000.

(5) Charles Benbrook,"Troubled Times amid Commercial Success for Roundup Ready Soybeans," AgBio Tech InfoNet Technical Paper (May 3, 2001). biotech-info.net/troubledtimes.html でも入手可能。

(6) Totnes Genetics Group fact sheet. www.togg.org.uk/resources/feedthe world.hyml でも入手可能。

(7) 例えば、以下を参照。Michael Hansen,"Science-Based Approaches to Assessing Allergenicity of New Proteins in Genetically Engineered Foods," to FDA Food Biotechnology Subcommittee, Food Advisory Committee (August 14, 2002). Consumer Union's comments on Docket No. 00N-1396,"Premarket Notice Concerning Bioengineered Foods"(May 1, 2001). www.consumerunion.org/food/biocpi501.htm でも入手可能。

(8) Barry Commoner,"Unraveling the DNA Myth: The Spurious Foundation of Genetic Engineering," *Harper's* , February 2002.

(9) U. S. Food and Drug Administration, *Guidance on Consultation Procedure: Foods Derived from New Plant Varieties* (Washington, DC: Center for Food Safety and Applied Nutrition, October 1997). vm.cfsan.fda.gov/~1st/consulpr.html でも入手可能。

(10) National Rsearch Council, *Environmental Effects of Transgenic Plants: The Scope and Adequacy of Regulation* (Washington, DC: National Research Council, 2002).

第4部　先住民族

「すべての先住民族は、彼ら自身の生物資源を管理し、彼らの伝統的知識を保存し、科学上の利害関心、企業の利害関心および政府の利害関心による没収と略奪行為からこれらを保護する権利を有する」
「遺伝子権利章典」第四条

第9章

自己決定と自己防衛の行動——生物植民地主義に対する先住民族の対応

デブラ・ハリー

私たちが生物多様性の豊かな土地を管理・占領しているために、先住民族は遺伝子ビジネスに対する世界の人々のますます大きくなる関心から著しい影響を受けている[1]。それに加えて、私たちは、私たちの領土の中に生息している植物相と動物相の有益な利用に関する伝統的な知識を持っており、潜在的に利益を生む遺伝子資源を捜している遺伝子ハンターに特にこの知識を役立てようとしている。

また、私たち人間の遺伝子プールが独自性を有していると認められたために、先住民族は数々の人間遺伝子研究プロジェクトの対象者となっている。過去十年間にわたって、私たちは、遺伝子サンプルを採取する前にインフォームド・コンセントを取るのを怠った研究者や、私たちの遺伝子サンプルの未認可の広範な利用や商業目的利用を行ったことを認めた研究者によって大規模な人権侵害を受けた。例えば、二〇〇四年の三月に、アリゾナ州のハヴァスパイ族（Havasupai Tribe）は、アリゾナ州立大学、アリゾナ州立大学理事会および同大学の三人の教授をココニノ州高等裁判所に五〇〇〇万ドル［約五億円］の損害賠償を求めて提訴した。[2] 訴状では、一九九〇年から一九九四年の間に、彼らの種族の構成員らからおそらく糖尿病の研究のために四〇〇人以上の血液サンプルが採取されたと主張されている。それどころか、これらのサンプルは、近親交配、統合失調症、そして古代に起きた人間の北アメリカへの移動についての理論に関する調査に利用された。また二〇〇二年に、ブリティッシュ・コロンビア州のヌーチャーヌルス族（Nuu-Chah-Nulth Tribal）の構成員たちは、二十年以上前に関節炎の研究のために採取された血液サンプルが、彼らの同意なしにいまだに英国で人口研究（human population research）のために利用されていることを知って憤慨したという。[3] 先住民族たちが経験した健康障害の大部分は、社会的・環境的な要因で起きたのであって、決して遺伝的な要因によるものではないことを認識することが重要である。

西洋の知的所有権法（特許と著作権に関する法）の適用により、企業は遺伝子、製品、および遺伝子資源から取られたデータの所有権を要求している。遺伝子の商業目的利用は、先住民族の諸価値と私たちの伝統的文化の管理システムの集団的な性質と衝突する。次に掲げる一九九五年に開かれた西半球の先住民族グループの会議で出された宣言の中で表現されているように、先住民族は生命形態に関する特許を絶対に認めない私たちの要求に同意した。

西洋の科学と技術は、すべての生命形態を分離し、それを微小な部分に還元することによって、生命形態の複雑さを否定するために、貴重で独自の生命形態としてのそのアイデンティティを損ない、自然の秩序に対する生命形態の関係を変化させている。すべての生命形態の基本的な中核部分とアイデンティティを操作し変化させる遺伝子技術は、これらの原則の絶対的な侵害であり、予測できない、それゆえに危険な結果を引き起こす潜在的な可能性を生じさせる。私たちはすべての自然の遺伝物質の特許化に反対する。私たちは、生命はその最も小さい形態においてさえ、買うことも、所有することも、売ることも、発見することも、特許化することもできないと考える。[4]

遺伝子と遺伝子資源に対する独占企業の支配は、私たちの食糧安全性を脅かし、伝統的な農業作物から得て蓄えた種子から将来の収穫を得ようとする数百万の人々の生計手段と自己充足の生活を根底から掘り崩している。農業資源を特許化することは、種子を高価すぎて農民の手の届かないものにする可能性を有し、遺伝子組み換え種子は、地域の作物や環境の遺伝子汚染の可能性に関する懸念を生じさせている。

本章では、私たちの自己決定の権利を主張し、国際的な人権の枠組みの中で、私たちの権利の認識と保護を求めようとする先住民族の努力にとって土台となる事柄を検討する。自己決定の権利を行使することの中でこそ、先住民族は私たちの領土の中で遺伝子資源を含む自然資源を所有・管理し保護する権利を持つことができるようになる。最後に本章では、遺伝子資源と伝統的な知識に対する知的所有権の適用に関して先住民族が憂慮する事柄について議論する。

自己決定の権利に対する遺伝子研究の関係

国連総会で採択された「市民的及び政治的権利に関する国際規約[5]」と「経済的、社会的及び文化的権利に関する国際規約[6]」の第一条第一項は、ともに次のように述べている。「すべての民族は自己決定の権利を有している。その権利に基づいて、彼らは彼らの政治的な地位を自由に決定し、彼らの経済的、社会的および文化的な発展を自由に追求する」。同時に、諸国家は自己決定の権利を行使する先住民族の能力をしばしば否定し縮小させていることは、広く認識されている。諸国家は、私たちの領土に対する先住民族の伝来の至高の権利に脅えている。というのは、この権利はあの同じ領土と資源に対して諸国家が後に抱く関心と衝突するからである。

「自然資源に対する先住民族の至高の主権」と題した報告の中で、特別報告者のイレーネ・A・デイズは次のように述べている。「統治能力は様々な点で限られているかもしれないが、法的原則では、自己の統治能力の及ぶ範囲で活動する先住民族に関連して主権という言葉を使用することに全く反対はない[7]」。

この報告はさらに次のように続く。

> 自然資源に対する先住民族の永久的な主権は、国際的な法的文書では明確に認識されてこなかったけれども、今ではこの権利は存在すると言うことができるであろう。すなわち、特別報告者［私：イレーネ・A・デイズ氏―訳者］は次のように結論する。先住民族の保有する広範囲の人権を積極的に認めるがゆえに、この権利、とりわけ財産を所有する権利、彼らが歴史的にまたは伝統的に利用し占領している土地の所有権、自己決定と自治の権利、発展する権利、差別を受けない権利そしてその他の多くの権利は国際法のうちに存在している[8]。

自己決定の権利は、先住民族が伝統的な知識と生物資源に対する固有で譲り渡すことのできない所有権を主張することの基本的な前提となるものである。私たちは集団的利益のために生物学的に多様な生態系を維持し保護し続ける。

「先住民族の権利に関する国際連合宣言」[9]、「国際労働機関（ＩＬＯ）の独立国における原住民及び種族民に関する条約（第一六九号）」[10]および「米州機構の先住民族権利宣言に関する米州宣言」[11]を含むいくつもの人権に関する国際的な法律文書は、先住民族の自己決定の権利の集団的な性質を認めている。「先住民族の権利に関する国際連合宣言」は、その中でも先住民族の思想を表現し、その参加を認めている代表的な国際的法律文書であり[12]、「世界の先住民族の生存、尊厳及び幸福のための最小限の基準」を制定している。

同宣言は次のように述べている。「先住民族は、彼らが伝統的に所有し、または占領・使用してきた……土地と領土を所有し、発展させ、支配し、使用する権利を有する」[13]。宣言はさらに次のように述べている。

先住民族は彼らの文化的・知的財産の完全な所有と支配および保護を認められる資格がある。彼らは、科学、技術、そして人間や他の生物の遺伝子資源、種子、薬、植物相と動物相の固有な性質に関する知識、伝説、文学、デザイン、視覚芸術品および芸能を含む文化的な財産を管理し、発展させ、保護するための特殊な手段を持つ権利を有する。[14]

遺伝子資源の保護を求める先住民族の要求

国際的なレベルで、先住民族は文化的資源と自然資源を保護する私たちの固有の権利を引き続き主張してきた。一九九〇年代に、遺伝子資源の経済的な潜在能力が理解されはじめたので、遺伝子は、一九九二年六月にリオデジャネイロで開催され一般に「地球サミット」の名称で呼ばれる「国連環境会議」で討論された重要なテーマだった。「地球サミット」は、生物多様性条約（CBD）を制定し、そして「生物多様性とそれを構成する要素の持続的な使用およびその利用から生じる利益の公平で平等な共有」を保証するための諸国家の国際的な協力を始動させた[15]。

また先住民族は、「地球サミット」で「カリ・オカ宣言」という名で知られる先住民族の地球憲章を発表した。それには次のように書かれている。

私たち先住民族は、自己決定をする固有の権利を保持している。私たちはこれまで常に、私たち自身の統治形態を決定し、自らの法律を使用し、子供を教育し、自己の文化的なアイデンティティを邪魔されずに保持する権利を有してきた。……私たちは、自分たちの土地と領土、私たちのすべての（地上と地下の）資源、私たちの海と湖と河川に対する譲り渡すことのできない権利を保持している。私たちは、これらの権利を将来の世代に伝えていく責任を継続して持つことを主張する[16]。

先住民族は、「生物多様性条約」やその他の一連の国連の会議に参加し、民族としての権利の尊重と保護を求める基本的な要求を一貫して表明してきた。遺伝子資源の利用と利益分配の提案が、締約国の最高の目的となったことが明らかになったけれども、先住民族がこのように多くの会議へ参加したことは、締約国を同条約や国連の会議の設立原則に責任を持たせることに役立っている。特に、国際的なレベルで討論されている遺伝子資源の利用の利益分配に関する国際的な体制を仕上げようと現在行われている努力は、遺伝子資源の利用を促進させる仕組みを構築することにつながる。

「科学研究及び産業研究のための南アフリカ協議会（CSIR）」とサン族〔1〕のコミュニティの間で最近締結された利益分配の協定は、フーディア植物〔2〕の商業目的利用で、サン族の知識の利用の代償として数百万ランド〔南アフリカ共和国の通貨単位（数千万円）〕を彼らに与える画期的な協定として広く賞賛されている。CSIRは、「P56」と呼ばれる食欲を抑えるフーディア植物の効能のある成分を開発する権利をフィトファーマ社（Phytopharm）に販売して、今度は同社がファイザー社（Pfizer）に薬を開発する権利のライセンスを供与した。

南アフリカのバイオウォッチ（Biowatch）〔「生物監視」という意味の市民団体の名前―訳者〕のレイチェル・ワインバーグは、この協定が問題なしとは言えないとして、次のように述べている。「サン族は純売上高のほんのわずかな割合（〇・〇〇三％足らず）しか受け取らないだろう」。フィトファーマ社とファイザー社が受け取る利益は変わらないままなのに、サン族が受け取る金はCSIRの分け前から出るだろう」。さらに彼女は述べる。「この協定は明らかに、サン族がフーディアの知識を他の企業のどの商品にも使わせないようにしている」[17]。この協定が締結されたのは、CSIRとフィトファーマ社が、サン族の同意を得るのに失敗したことで批判され、またフーディアの民族植物学的な特質を同定する際に、サン族が重要な役割を果たしているのを認めようとしなかったことで、広く批判された後のことである。道徳的なジレンマが先住民族にとって存在する、という見方を提起している。「サン族のようなコミュニティでは、彼らの中での知識の共有は文化であり、彼らの生活様式の土台である。CSIRによるフーディアの効能のある成分の特許化はこの考えに反する。しかし、それによって特許化されていないハーブの薬よりも大きな金銭的報酬を――それとともにより大きなリスクも――もたらす」。サン族の経験は、利益分配の協定を結ぶことにより、先住民族のコミュニティは遺伝子資源の特許化に参加せざるを得なくなり、その結果、伝統的な価値と衝突する仕方で伝統的な知識を他の便益のために利用できなくなってしまったことを示している。

こういうわけで、多くの先住民族は次のことを不安に思っている。それは、今では持続的な発展と貧困の緩和に関する全世界的な議論が行われるのではなく、その代わりに遺伝子資源の卑劣な利用のための新しいルールと仕組みに関する議論がすべて持続的発展の名の下に行われていること、である。私たちは、伝統的な知識こそが集団的な遺産と民族の歴史的遺産を構成するものであることを認識し、これらの物の利用に経済的な価値を置くことを拒否している。

北京で開催された「女性に関する国連の第四回世界大会」で発表された先住民族の女性の北京宣言は、

[1]南アフリカの南カラハリ砂漠に住む先住民族。
[2]ダイエット食品として注目を浴びている植物。

次のような要求を主張している。

私たちは、知的、文化的遺産に対する私たちの譲渡できない権利が認められ尊重されることを要求する。私たちは、地方の経済の土台となっている生物多様性が浸食されないようにしながら、地方の必要を満たしている生物多様性を引き続き自由に利用する。私たちは、生物的、文化的な遺産を再生し活性化し、私たちの知識と生物多様性の守護者および保護者であり続ける。[18]

リオデジャネイロで「地球サミット」が開かれた十年後の二〇〇二年に、ヨハネスブルグで開催された「持続的発展に関する世界サミット」で、先住民族は「キンバーリー（Kimberly）宣言」を出した。それは次のように述べている。

私たちは民族として、自己決定の権利、祖先の土地と領土、海と湖と河川やその他の資源を所有し、支配し、管理する権利を有していることを再確認する。私たちの土地と領土は、私たちの存在の中核にある――私たちは土地であり、また土地は私たちである。すなわち、私たちは私たちの土地と領土と明確な精神的、物質的な関係を有しており、それらは私たちの生存に、私たちの知識体系と文化の保存と更なる発展に、生物多様性と生態系の管理に密接に結びついている。

先住民族は、民族の構成員全体を対象とした遺伝子研究プロジェクトを断固として拒否した。一九九〇年代の初期に、ヒトゲノム・プロジェクトの提案のような戦略は、具体的には先住民族を血液サンプルの収集の標的にした。先住民族は、パナマとソロモン諸島の先住民族の人間の遺伝子物質を特許化しようとする米国の省庁による試みに激怒した。一九九四年に、米国保健省がパプアニューギニアのハガハイ族の一人の男性の細胞株に対する特許を実際に認可したときには[19]、激しい国際的な批判が巻き起こった。一九九五年の「西半球の先住民族の宣言」の中で先住民族は、「すべての科学的プロジェクト、保健機関、政府、個々の省庁および個人の研究者が先住民族の個人やコミュニティから遺伝物質を採取したり、それを特許化することを直ちに停止すること」を要求し、「既に採取された遺伝物質の返還を求めているすべての人々への連帯」を表明した[20]。

二〇〇三年には、ハワイのアーチペラゴの先住民族のカナカ・マオリ族が出した「パラパラ・クリケ・アカアハポノ・パオアカラニ宣言」は次のように述べている。「カナ・マオリ族の人間にとって遺伝物質は神聖であり、譲り渡すことはできない。したがって、私たちは私たちの人間の遺伝物質の特許化、ライセンス化、販売および移譲の停止を要求する[21]」。

これらの宣言は、世界中の先住民族の国家の指導者により起草されたもので、先住民族の自己決定の権利の切望と擁護と表明を示している。

遺伝子資源の権利に対する知的所有権の押し付け

知的所有権が短期間しか有効でないこと、および個人に与えられるという性質を持つことは、先住民族の集団的な権利、長期的な保護および慣習的な管理システムと衝突する。ある著者はこの衝突を簡潔に次のように表現している。

特に、個々人よりもコミュニティに属する農業的な実践、細胞株、種子の原形質および伝説のようなものを議論する際には、「所有」というカテゴリー、すなわち、西洋で発生した所有という歴史的に偶発的な個人主義的な観念が適切であるかどうかという非常に重大な問題がある。私たちが、知的所有権法の中では、異なる生活世界が存在することを、および自然の世界に対する人間の関係を心に描く異なった仕方が存在することを承認できないのであれば、残念ながら、それは生物多様性の時代と真の多文化世界を希望する時代である現代では時代遅れだろう。(22)

一九九三年の六月に開かれた「先住民族の文化的・知的所有権に関する国際会議」で出された「マタートゥア宣言」は、先住民族の知識と資源の国際的な保護基準を策定する必要性を明確に認めている。同宣言は、諸国家に先住民族と協力して、次に掲げる諸原則を反映した新しい保護の仕組みを発展させるよう求めている。すなわち、それは「財産の（個人的ならびに）集団的な所有と起源、現代的ならびに歴史的な作品に過去に遡(さかのぼ)って保険を適用すること、重要な文化財の品質低下に対する保護、競争よりも協力を重視する枠組み、知識の伝統的な保護者の直接の子孫が最初の受益者であるべきこと、および多世代にわたって保険を補償する期間を設定すること」である。そして同宣言は、「先住民族の文化的、知的所有権を損なう政策と活動を持続的に行っている国家を監視し、そのような国家に対して措置を講じる」ことを国連

に求めている。(23)

生物多様性条約の中には先住民族にとって問題のある条項があり、それは第一条の第一項に含まれている。それは「自らの資源を利用する諸国家の主権を認め、遺伝子資源の利用を決定する権限は政府にある」とするものである。(24)しかしながら、第八条の(j)は、締約国に「先住民族と地域のコミュニティが持つ生物多様性の保全、持続的使用に関連した知識および彼らによる革新的手法と実践を尊重、保護および維持すること、そして先住民族と地域のコミュニティの持つ知識、彼らによる革新的手法および実践から生じる利益の公平で平等な分配を励行すること」を要求している。(25)第八条の(j)は、先住民族が生物多様性条約の履行に関するその後の討議に積極的に参加することを可能にしている。

先住民族はまた、遺伝子資源の全世界的な探索と国際的な貿易協定との間のつながりに注目している。「先住民族の女性の北京宣言」は次のように述べている。

私たちは、ＧＡＴＴ[4]のＴＲＩＰＳ協定[5]により定義されたような知的所有権の西洋的な概念と実践

[3]ニュージーランドのマオリ族のカヌーの名前。

[4]General Agreement on Tariffs and Trade：「関税および貿易に関する一般協定」と訳される。一九四四年に締結された自由貿易の促進を目的とした国際協定で、一九九五年にＷＴＯの設立により、その付属文書「一九九四年のＧＡＴＴ」に解消された。

[5]Agreement on Trade-Related Aspects of Intellectual Property Rights：「知的所有権の貿易関連の側面に関する協定」と訳される。ＧＡＴＴウルグアイ・ラウンドにおいて行われた交渉の結果、一九九四年に成立した知的所有権の保護に関する協定。

が先住民のコミュニティと領土に適用されないことを要求する。私たちはまた、世界貿易機関（WTO）が私たちの知的、文化的権利を認め、私的な知的権利と企業の専売特許の領域がこれらの権利を侵害することを認めないことを要求する。

一九九五年に出された「西半球の先住民族の宣言」は次のように述べている。「私たちは、先進国の政府と軍事力に支援されて、強力な企業に儲けさせるために人々と自然資源を搾取し続けるNAFTA[6]、GATTおよび世界貿易機関のような経済的組織のすべての機関を非難する」(27)。「世界知的所有権機関」(28)（WIPO）[7]の「遺伝子資源、伝統的知識およびフォークロア〔民間伝承〕に関する政府間委員会」は、知的所有権の現在の形態または修正された形態は、伝統的知識を保護するために使用することができると提案している。しかし、多くの先住民族は、私たちの集団的な資源と知識に対する知的所有権制度の押し付けに批判的態度をずっと取り続けている。

「生物多様性、伝統的知識および先住民族の権利に関するワークショップ」に関する報告は、知的所有権を先住民族の視点から批判的に分析している。この報告は、知的所有権は私たちの知識を守り保護するための先住民族の慣習的なシステムを承認することができない、と述べて、「知的所有権は伝統的知識を十分に保護することができないし、そうする可能性もない(29)」と結論している。

ある提案された戦略では、先住民族に対して、彼らの知識が先行技術[8]であるとの証拠を確立するために彼らの知識を登録台帳やデータベースに文書として記録することが勧められている。先住民族の領土では、生物多様性に関連する伝統的な知識の保護と伝達の主要な手段は、引き続き慣習法、伝統的な実践および口述歴史である。伝統的な知識は、静的ではなく動的であるので、知的所有権法の必要条件を満たすために簡単に文書化して「目に見える形態に固定する」ことができない。先住民族が彼らの知識を文書化するためにデータベースを利用するときには、文化的な保存戦略としてそうするのであって、先行技術を確立するためではない。

次のように主張している者もいる。

公表されているデータ、または同意を得ても得なくても先住民族のコミュニティから以前に取られたデータは、公的なものとして、それゆえ誰でも自由に利用できるものとして考えるべきである。先住民族は、「既に文書化されたかまたは登録台帳やデータベースに記録されている伝統的な知識に関しては、この知識は公的なものとみなすべきではない」と主張している。「それゆえ先住民族はこの知識を所有し利用するすべての権利を保持している。同様に、以前の同意と説明を受けた同意なしに獲得されたどの伝統的な知識も公的ではなく、すべての権利は依然としてこのような「同意を得ないという」被害を受けた先住民族にある(30)」。

[6] North American Free Trade Agreement :「北米自由貿易協定」と訳される。米国、カナダ、メキシコ三国間の自由貿易協定。
[7] World Intellectual Property Organization : スイスのジュネーブに本部を置く国連の専門機関で、一九六七年の「世界知的所有権機関を設立する条約」(WIPO設立条約)の施行により一九七〇年に設立された。
[8] 特許用語で、すでに権利、すなわち特許権として発生している技術のこと。

先住民族をその他の民族的、文化的集団から区別する最も重要な相違点は、おそらく彼らが領土権を持っている事実であろう。先住民族は彼らの領土内に存在する資源の「所有者」である。この資源は西洋の所有権法の目から見ても「真の」財産であるが、より重要なことは、それが先住民族自身の持つ国民的な財産と権利として認められていることである。先住民族は、領土がなければ、彼らの文化的、政治的および精神的な存在と生活が脅かされることを知っている。

これらの信念は、世界の遺伝子資源は人類の共有地に所属すべきだというういくつかの進歩的なＮＧＯの主張と衝突する。多くの先住民族は、遺伝子資源に対する特許は存在すべきではないことに同意するが、一方でまた、人類の共有地は私たちの領土と政府システムを越えて拡張すべきであるとの考えも拒絶された。その結果、これらのＮＧＯの構想は、先住民族による広範な支持を受けることはできなかった。人類の共有地と知的所有権という観念は、互いを排除するアンチテーゼであるにもかかわらず、ともに西洋の所有権法の考えに根拠を持っている。遺伝子資源に対して人類の共有地を主張することは、有益な目標ではあるが、しかし、人類の共有地を先住民族の領土を越えて拡張しようとすることは、先住民族を植民地化する新たな行為となるだろう。にもかかわらず、それは遺伝子資源に関する特許を制限することを諸国家に勧める価値ある努力である。

結論

国際法は、「**すべての民族**の自己決定」の権利を認めており、先住民族をそれから排除することを明記した注記を含んではいない。国際法は国際関係の基礎としての自己決定の権利に対する深い尊敬の念に基づいて策定されている。自己決定の原則は、力の弱いかまたは新たに出現する国家の権利を、より力の強い国家による彼らの資源の不公正な利用から保護してくれる。[32]

先住民族は私たちの持つ自己決定の権利を一度も捨てたことはない。私たちは、領土に対する譲り渡すことのできない結びつきに基づいた、私たち自身の集団的な歴史、言語、文化および社会システムを有する民族である。民族として、私たちは国際社会の他の民族に与えられるのと同じ認知と尊敬を受ける資格がある。先住民族は、平等と正義と私たちの集団的な権利の尊重を保証する国際的な基準と仕組みを求めている。このような基準が設定されるまで、先住民族は、地方や国民レベルでの彼らの知識や資源を何としても守るために自己決定の権利を行使しつづけなければならない。先住民族の中には、自身の領土が生命形態の特許化の禁止地帯であることを宣言したものもあれば、[33] 研究を規制する地域または国家レベルの法律を施行させたものもある。[34] ほかにも、自身の領土内にあるすべての資源に対する所有権を主張する声明を出した先住民族がある。[35] 国際的な論争がどのように決着するかに関わりなく、また搾取的な利用を禁止する規制がない現状を考慮すれば、先住民族は、私たちの知識と資源の防衛のための戦略を策定することによって自己決定の権利を行使しつづけなければならない。

注

(1) 本章で先住民族の権利、地位または信念を議論する際には、私はネバダ州のピラミッド湖のクユイディカッタ（北パイユート州）人としての私のアイデンティティを反映した最初の人として書いている。

(2) "Havasupai Tribe Files a $50M Suit Aganst ASU," *Arizona Daily Sun*, March 16, 2004.
(3) "Blood Promise," *CBC News Online*, September 27, 2000, vancouver.cbc. ca/cgi-bin /templates/view.cgi?/news/2000/09/27/bc_bood000927.
(4) Declaration of Indigenous Peoples of the Western Hemisphere Regarding the Human Genome Diversity Project, Phoenix, Arizona, 1995, www.ipcb.org/ resolutions /htmls/dec_phx.html.
(5) United Nations, *International Covenant on Civil and Political Rights* (adopted December 19, 1966, entered into force March 23, 1976, 999 U. N. T.S. 171).
(6) United Nations, *International Covenant on Economic, Social and Cultural Rights* (adopted December 19, 1966, entered into force January 3, 1976, 999 U.N.T.S. 3).
(7) Erica Irene A. Daes, Final Report of the Special Rapporteur,"Indigenous Peoples' Permanent Sovereignty over Natural Resorces," UN Economic and Social Council, E/CN.4/Sub.2/2004/30,8.
(8) Daes, Preliminary Report, 17.
(9) United Nations, *Draft Declaration on the Right of Indigenous Peoples* (E/CN.4 /Sub.2/1944/2/Add.1 of April 20, 1994, Article 42). 人権に関する国連委員会で、先住民族たちは「先住民族の権利に関する宣言案」の承認を求めてロビー活動を展開した。というのは、この宣言案は、主として米国、カナダ、オーストラリアおよびニュージーランドのような先進国による反対のためにまだ採択されていないからである。
(10) International Labour Organization, *Convention No. 169 Concerning Indigenous and Tribal Peoples in Independent Countries* (adopted June 27, 1989, coming into force September 5, 1991).
(11) Inter-American Commission on Human Rights, *Proposed American Declaration on the Rights of Indigenous Peoples* (approved on February 26, 1997, at its 1,333rd session, 95th regular session), AG/RES. 1479 (XXVII-O/97).
(12) Sharon Hellen Venne, *Our Elders Understand Our Rights: Evolving International Law Regarding Indigenous Rights* (Penticton, B,C., Canada: Theytus Books, 1998), 137.
(13) United Nations, *Draft Declaration on the Right of Indigenous Peoples*, Articles 26.
(14) United Nations, *Draft Declaration on the Right of Indigenous Peoples*, Articles 29.
(15) United Nations Environmental Program, Convention on Biodiversity (entered into force on December 29, 1993

and has 187 Parties as of January 31, 2003). ＣＢＤのウェブサイト（www.biodiv.org）には、生物多様性条約の条項、その後に行われたＣＯＰ（締約国の会議）の決定およびその他の関連情報へのリンクが含まれている。

(16) The World Conference of Indigenous Peoples on Territory, Environment and Development, *Kari-Oca Declaration and Indigenous Peoples' Earth Charter* (May 25-30, 1992).

(17) Wynberg, Rachel, "Sharing the Crumbs with the San," Biowatch SA, www.biowatch. org.za/csir-san.htm

(18) United Nations, *Beiijing Declaration of Indigenous Women* (issued at the UN Fourth World Conference on Women, Haairou, Beijing, People's Republic of China, 1995, 38 and 43).

(19) United Stats, Patent No.5,397,696.

(20) Declaration of Indigenous Peoples of the Western Hemisphere Regarding the Human Genome Diversity Project.

(21) Palapala, Kulike OKa \`Aha Pono Paoakalani Declaration, issued in Waikiki, Oahu, Hawaii, October 3-5, 2003. www.ilio.org.

(22) Keith Aoki,"Neocolonialism, Anticommons Property and Biopiracy in the (Not-So-Brave) New World Order of International Intellectual Property Protection" *Indian Journal of Global Legal Studies* 6 (Fall 1999).

(23) The Mataatua Declaration on Cultural and Intellectual Property Rights of Indigenous Peoples (June 1993) ; www.ipcb.org/resolutions/htmls/mataatua.html を参照。

(24) Mataatua Declaration, Article 15.1.

(25) Mataatua Declaration, Article 8 (j).

(26) United Nations, *Beijing Declaration of Indigenous Women*, 39.

(27) Declaration of Indigenous Peoples of the Western Hemisphere Regarding the Human Genome Diversity Project.

(28) ＷＩＰＯの主要な目的は、知的所有権法に関する条約を施行すること、締約国による知的所有権法の宣伝を援助すること、および関連する規則や実践を調和させ簡素化することである。関連するすべての文書は、www.wipo.int で見ることができる。

(29) Victoria Tauli-Corpuz, *Biodiversity, Traditional Knowledge and Rights of Indigenous Peoples* (Third World Network, 2003), 11-12. この報告に要約されているワークショップは、第三世界ネットワークとＧＲＡＩＮとの協力の下、テブテバ財団によって組織され、スイスのジュネーブで二〇〇三年の七月三～五日に開催された。

(30) International Indigenous Forum on Biodiversity, *Opening Statement Regarding Item 7, Development of Element of a Sui Generis System for the Protection of Traditional Knowledge, Innovations and Practices of Indigenous amd Local Communities*, Sub-Working Group II, Intercessional Ad Hoc Working Group on Article 8 (j) (December 8, 2003). Document in the possession of the author.

(31) 例えば、「遺伝子公共財を共有する協定（*Treaty to Share the Genetic Commons*）」が三一五以上の組織によって調印された。詳細は www.foet.org/Treaty.htm を参照。

(32) Daes, Final Report, 7-8.

(33) Daes, Final Report, 7.

(34) 例えば、チェロキー国（Cherokee Nation—米国サウスカロライナ州にある先住民族の国）は一九九七年に「組織内審査委員会」を設立し、ナバジョ国（Navajo Nation —米国ニューメキシコ州にある先住民族の国）は一九九五年に「健康調査規約」を制定した。情報を求める問い合わせは、Cherokee Nation IRB, PO BOX 948, Tahlequah, Oklahoma 74465、および Navajo HRRB Program, PO Box 1390, Window Rock, AZ 86515 宛に送ること。

(35) *Statement of Proprietary Rihgts over All Species on Our Traditional Territory,* St'at'imic Nation, Mount Currie, British Columbia, February 22, 2000 この声 明は、 www.ubcic.bc.ca/papers.htm で見ることができる。

第10章 世界貿易と知的財産――先住民族の遺伝子資源に対する脅威

ヴァンダナ・シヴァ

生物多様性はまさに生命の編み物である――それは生命の出現と維持の条件を提供し、その生命が表現される多くの様々な仕方を提供している。生物学的多様性と文化的多様性は密接に関係し相互に依存している。実際、生物多様性は数世紀にわたる文化的な進化の具現であり、世界の文化を形作ってきた。なぜなら、人類は多様な生態系の中の他の生物種とともに進化してきたからである。生物多様性も文化の多様性もともに、還元主義的知識、機械論的技術および資源の商品化に基づく工業的な文化のグローバル化に脅かされてきている。

私たちの種子と植物は私たちにとって神聖である。トウモロコシ、アマランス〔赤色にする着色料〕、ジャガイモおよびキノア〔南米のアンデス地方産の穀物〕という神の贈り物を世界に与えたアンデスの文化においては、種子は母なる大地の娘であり、それらは私たちの母である。ジャガイモは母なるイモであり、トウモロコシは母なるトウモロコシ、アマランスは母なるアマランスである。

先住農民にとって種子は、単に将来の成長した植物と食物の源であるだけではない。それは、文化と歴史が蓄えられる場所でもある。種子は食物連鎖の中の最初の輪であり、食糧供給の究極的な象徴である。農民の間で種子を自由に交換することは、食糧供給ならびに生物多様性を維持するための土台だった。この交換は協力と相互依存に基づいている。種子を他の一人の個人と交換したい農民は一般的に、受け取った種子と等しい量の種子を相手に与える。

農民の間での自由な交換は、種子の単なる交換以上の意味を持つ。すなわち、それはアイデアと知識の交換、ならびに文化と遺産の交換を含んでいる。それは、種子をいかに育てるかに関する知識を含めて、伝統の蓄積である。農民たちが植えたい種子についての知識を収集する方法は、その種子が他の農民の畑で生育するのを観察することである。この知識は、文化的、宗教的および料理法に関する言い伝え、ならびに旱魃（かんばつ）、植物の病気に対する耐性および害虫抵抗性に関する情報に基づいている。先住民族のコミュニティは、これらの価値ならびに種子と種子から成長する植物に関連したその他の価値を蓄積している。

例えば、イネはインドの大部分の地域では宗教的な意味を持っていて、大部分の宗教的な祭りの不可欠な構成要素である。稲のインディカ種の多様性の中心地であるチャッティースガル州は、生物多様性の保全のための多くの原則を強化している。南部では米は縁起が良いと考えられている。米はクムクム［赤いパウダー状の食料］とターメリック［ウコン―生姜の一種］と混ぜられて、神の恵みとして与えられる。種子、葉または花が宗教的な儀式の不可欠な要素を構成しているその他の農業作物株には、ココナッツ、キンマの葉、檳榔（ビンラン）、小麦、シコクビエ［イネ科の雑穀］、ホースグラム［熱帯のマメ科の食用植物］、ケツルアズキ［熱帯のマメ科の食用植物］、ヒヨコマメ［豆の一種］、キマメ［豆の一種］、ごま、サトウキビ、ジャックフルーツ［クワ科の果物］の種、カルダモン［ショウガ科の植物の一種］、生姜、バナナおよびグーズベリー［果物の一種でジャムにして食べる］がある。

毎年の新しい種子は、植えられる前にあがめられ、また新しい作物も消費される前にあがめられる。種まきの前の祭りも収穫時の祭りも、畑の中で祝われるが、それらは生物多様性との人々の親密な結びつきを象徴している。農民にとって、畑は母であり、畑をあがめることは、大地への感謝のしるしである。というのは、大地は、母として、その子供たちである数百万の生命形態を養っているからである。

生命に関する特許は、生物資源と先住民族の文化の伝統的な知識を略奪する主要な仕組みである。この略奪は文化の浸食を結果としてもたらす。またそれは貧困と生計手段の喪失を引き起こす。

生物多様性はただ単にそれを保存するか否かという問題ではない。それは経済的な生存に影響する問題でもある。なぜなら、生物多様性は生計の手段であり、また他の資産や生産の資源を利用できない貧しい人々の「生産の手段」だからである。貧しい人々は、食物と薬［主に薬草などの生薬］を得るために、エネルギーと繊維を得るために、および儀式を行い工芸品を作るために、豊かな生物資源を頼り、生物多様性に関連した彼らの知識と技能を頼る。生物多様性が消滅するにつれて、貧しい人々はさらに貧困化し、生物多様性が与えてくれる医療［薬草などによる治療—訳者］と栄養を奪われる。

地域のコミュニティと生物の多様性の間には非常に入り組んだ関係がある。狩猟と採集を生業とするコミュニティは、食物や薬や棲家を作るために数千種類の植物と動物を利用する。また牧畜、農業、漁労を生業とするコミュニティは、持続可能な生計手段を得るための知識と技能を、野生生物であれ家畜であれ、土地の上に、また河川、湖および海の中に生息している多様な植物と動物から発展させてきた。コミュニティの生活は精神的、文化的および経済的に高められたが、逆にコミュニティは大地の生物多様性を豊かにしてきた。

二つの条約の衝突――WTO vs 生物多様性条約

知的所有権（IPRs）は精神の産物に対する所有権であると考えられている。仮に知的所有権制度が、様々な社会における独創性と革新的手法を作り出す伝統的な知識の多様性を反映しているならば、それは必ず、知的な様式、所有システムおよび結合のシステムからなる三重の多元性を反映していなければならないだろう。

しかし、知的所有権は、GATTのウルグァイラウンドに応えて国民国家によって実施されているように、また世界貿易機関（WTO）の規則によって枠組みが設定されているように、さらに米国通商法スーパー三〇一条により一方的に課されているように、モノカルチャー的知識のための権利なのである。知的所有権制度は、米国の特許制度を全世界に普遍化するために利用されている。これにより、不可避的に知的および文化的な貧困化が生じるだろう。というのは、知的所有権制度は、その他の知り方、知識創造のその他の目的および知識共有のその他の様式を徐々に減少させ、最後にはそれに取って代わるだろうからである。

先住民族の文化は彼らの種子と薬草を世界の人々と自由に共有してきた。今日では、特許とバイオパイラシー［生物略奪］がこの共有と贈り物を贈る文化を脅かしている。WTOの新たな自由貿易体制の下で、生命を商業的に利用すること、ならびに生物の多様性とその部分と過程を売買可能な商品へ転化することが法的な義務とされた。WTOは貿易と商業の論理と優位性に基づいて全世界的な基準になった。制限と障壁のない貿易が最高の権利に押し上げられ、その一方で、生物の多様性、生計手段および生活様式を保護することは「自由貿易に対する障害」に転化された。

それにもかかわらず、生物の多様性と多様な生活様式を保護する権利と義務はまた、一九九二年のリオデジャネイロでの「地球サミット」で調印された国際的な、法的拘束力のある協定の一部である。生物多様性の保存のための条約、すなわち「生物多様性条約（CBD）」は、生物資源の保存と持続可能な利用を国際的な義務としている。

WTOは一九九二年のリオデジャネイロでの生物多様性条約と直接的に衝突する関係にある。前者が生物に関する特許を実施することによって生物の商業的利用を要求するのに対して、後者は生物および文化の多様性の保護を要求する。WTOは国家主権を掘り崩そうとするが、それに対して生物多様性条約は国家主権の原則を支持している。生物多様性条約の下では、各国はその遺伝子資源の利用を規制し、またその利用がその国の国家利益に有害であると思われる場合には、その遺伝子資源の利用を拒否することができる。生物多様性条約は、その第三条の下で、諸国家が「国連憲章」に一致して有している国家主権を認めている。それは、「自らの資源を自身の環境政策に従って利用する国家主権ならびに各国の管轄と支配の範囲内での活動が国家管轄権の限界を超えて他の国または地域の環境に被害を与えないようにする国家主権[1]」である。

第八条の(j)は各国が以下のことを行うべきであると認めている。

各国の国法に従い、生物多様性の保存と持続可能な利用にとって適切な伝統的生活様式を具現している先住民族と地域のコミュニティの知識、革新的手法および実践慣行を尊重し保護し維持すること、そのような知識と革新的手法と実践慣行の保有者の承認と関与の下でそれらのより広範な応用を推進すること、ならびにそのような知識と技術革新と実践慣行の利用から生じる利益の平等な分配を奨励すること。

生物多様性条約は、生物保存に際して地域の農民と部族が果たす役割を承認し、生物多様性と先住民族の知識に対する農民の権利と国家の権利を保護するための手段を提供することを各国に義務付けている。(2)さらに、同条約は、生物資源の保存と持続可能な利用に係る必要条件と両立可能な、土地に関する伝統的な実践慣行に従って、生物資源を習慣的に利用することを保護し奨励するよう各国に強く勧めている。第一〇条(a)および第一〇条(c)は、「生物資源の保存と持続可能な利用を国家の意思決定に組み入れ、生物資源の保存と持続可能な利用に係る必要条件と両立可能な、土地に関する伝統的な実践慣行に従って、生物資源を習慣的に利用することを保護し奨励するよう」締約国に指示している。第一〇条(c)によると、「締約国は、これらの資源の保存と持続可能な利用に係る必要条件と両立可能な、土地に関する伝統的な実践慣行に従って、生物資源を習慣的に利用することを保護し奨励する義務がある」という。

実際、WTOは、遺伝子、細胞、植物、種子および動物の売買ならびに特許やその他の知的所有権制度を通じたそれらの操作による売買から利益を得ている多国籍企業の商業的な権利を保護している。これらの商業的な権利は、すべての生物種とすべての民族の生存権と衝突するので、WTOは、生命の尊厳を疑問視し、生物多様性条約を掘り崩そうとしている。今日自らをライフサイエンス企業として再編成した多国籍企業は、彼らがWTOのTRIPS協定を起草し、それにより生物資源を所有し支配する権利が彼らに与えられたことを認めた。モンサント社の代表が述べたように、「私たちは内科医であり、診断医であり、患者である、すなわち、一人ですべての役割を担っている」。

バイオパイラシー

WTOによって世界中に適用された歪んだ知的所有権法によって、バイオパイラシー〔生物略奪〕の流行が起きた。すなわち、生物資源と先住民族の伝統的知識の特許化の流行である。**バイオパイラシー**とは、非工業国で数世紀にわたって利用されてきた生物資源ならびに生物産品と生物過程に対する排他的な所有と支配を合法化するために、知的所有権制度を利用することを指す。生物多様性に対する特許請求、ならびに第三世界の民族の革新的手法と独創性と才能に基づいている先住民族の知識に対する特許請求は、バイオパイラシーの行為である。特許は発明または発見に対して与えられる以上、先住民族の知識に具現している革新的手法にはバイオパイラシー的特許は与えられない。特許を授与し発明と発見に報酬を与える動きが急激に起こった結果、工業国の企業と政府は、数世紀にわたって蓄積されてきた農村コミュニティの数世代にわたる集団的な革新的手法を無視するようになった。

バイオパイラシーが起きるのは、西洋の特許制度の不十分さと他の文化に対する西洋の固有の偏見のためである。西洋の特許制度は、輸出を独占企業が支配するために策定されたのであって、既存の革新的手法を排除し、他の文化に示されている先行技術を確立することを目的として、すべての知識をスクリーニング〔選別またはふるい分け〕するために作られたのではない。また西洋文化は、他の人々、彼らの権利および彼らの知識を存在しないものとして扱うことによってそれらを略奪する権利という「コロンブスの大失態」[1]に苦しんでいる。「無主の地（terra nullius）」[2]という言葉は、その現代版を「無主の生物（bio nullius）〔著者の造語―訳者〕」のうちに見出す。すなわち、それは、生物多様性の知識を以前の独創性と以前の権利が欠けているものとして扱うこと、したがって、それに対して「発明」の請求をすることによってその「所有権」を得るために利用できるものとして扱うこと、である。

私たちがたたかい、そして勝利したバイオパイラシーとの戦闘の中に、ニームの木とインドの自由の木であるバスマティ・ニームの木に関連のある人々がいる。[4]このニームを表すペルシャ語は Azad Darakth で、科学名の Azadirachta indica はこれに由来する。二千年以上前に書かれたインドの文書の中で、ニームは、空気を浄化するものとして記され、またその防虫およびアンチフィーダント[3]の効果を持つ性質のために、人間と動物のほとんどすべての種類の病気に効く治療剤であると記されている。ニームはすべての農場、すべての家でほとんど毎日使用されている。ニームに文化的、医学的、農業的に結合した価値があることは、諸大陸にわたってそれが分配され伝播される一因となった。

インド国民はニームに関する知識を全世界に伝えてきた。五万本以上のニームの木がメッカに向かう途上の巡礼者たちの避難場所となっている。インドは、ニームの木とその利用についての知識を国際社会と自由に分かち合っている。多様な生物種が存在する自由と人々がそれらの生物種についての知識を交換する自由が、ニームの中に最も良く象徴化されている。しかし、インドの自由の木［ニーム］はもはや自由ではない。というのは、ニームを対象とする九〇以上の特許が、米国、日本およびドイツの企業による特許請求に応えて認可されているからである。一九九五年には、「科学と技術とエコロジーのための研究基金」は、欧州議会の緑の党、「有機農業運動国際連盟（IFOAM）」および二〇〇のその他の連携団体が、W・R・グレース社に与えられたニームに関連する特許の無効を求める請求を欧州特許庁に提出した。この請求は、二〇〇〇年五月十日に歴史的勝利を収め、W・R・グレース社と米国農務省（USDA）が保有するニームの特許は、欧州特許庁により無効とされた[6]。

インド亜大陸は、最高級の香りの良いバスマティ米の最大の生産地域であり輸出地域である。バスマティは、様々な生態学的な条件、料理に関する欲求および味を満たすために、多くの種類の米を開発した農民によって数百年以上にわたり観察、実験および選択された結果、進化してきた。一九九七年九月二日に、米国特許商標庁（PTO）は、バスマティ米の株（かぶ）と穀物に関する特許（5,663,484号）を米国のアグリビジネス企業［穀物商社］のライステク（RiceTec）社に授与した。バスマティは、その独特の香りと風味で高

[1]コロンブスが中南米のサンサルバドルに着いたときに、「アジアの日本の近くに漂着した」と信じていたという勘違いを指している。
[2]国際法上の用語の一つで、正統な政府によって統治されていない土地のこと。正統な政府を持つ国家が最初に支配下におさめると、自動的にその地はその国家の領地となる。
[3] anti-feedant：昆虫に食べられるのを防ぐ物質。

く評価され、インドで栽培されている最も質の良い品種の米の一つである。この発明に関する二〇件の特許請求は、実際は範囲がかなり広い。バスマティに関する特許5,663,484号は、範囲が例外的に広い。この特許は、「新奇のバスマティ米の株と穀物」を対象とする特許の範囲を定めているだけでなく、一つの特許の中の一九の区別され分離された特許請求を含んでいる。この特許は農民が開発したバスマティの遺伝子株を対象としている。もしこの特許の保護が実施されれば、農民は、ライステク社から許可を得てロイヤルティー〔実施料またはライセンス料〕を同社に支払わなければ、彼らとその祖先が開発したバスマティの株を栽培することはできない。ライステク社の保有するバスマティ株は、私たちのインドの伝統的な種類と同じ性質を備えている。そのなかには穀物の粒が長いこと、香りがはっきりしていること、生産高が高いことおよび稲が短いことが含まれている。ライステク社の保有する遺伝子株は、伝統的なバスマティに由来するために「新奇」であると主張できないので、それは特許化可能であるべきではない。

またライステク社のバスマティは、インドとパキスタンの輸出市場にも割り込んでいる。米国はインドのバスマティ米の最大の輸出先の一つである。もしライステク社がbasmatiの名前で同社の米を、しかもインドのバスマティ米の株よりも安い価格で南アジアの市場に出すことが認められれば、インドの輸出は甚大な影響を受けるだろう。バスマティに関するライステク社の特許によってインドのバスマティ米の輸出は減少する可能性があり、それによってインド経済は厳しい影響を受けるだろう。私たちのバスマティ米の輸出高は、価額で二億四二〇〇万米ドル〔約一九三億六〇〇〇万円〕に達し、インド全体の米の輸出高の四分の三を占めており、同国にとって利益の上がる隙間産業となっている。インドは五〇万トン近くのバスマティ米を毎年、主に中東、ヨーロッパおよび米国に輸出している。[7] バスマティのバイオパイラシーに反対する私たちの運動は、ライステク社の特許に含まれている発明に対する同社の虚偽の請求の大部分を無効にすることに成功した。

現在、バイオパイラシーは大流行している。すなわち、多国籍企業による先住民族の生物多様性と伝統的知識の特許化が大手を振って行われている。最初はそれはニームであり、次にはバスマティだった。今は、私たちの小麦、「アッタ」［インド固有の小麦粉］および「チャパティス」［インドパン］が特許化されている。米国のアグリビジネス企業［穀物商社］のコナグラ社（Conagra）は、「アッタ」に対する特許6,098,905号を与えられた。[8] 一九九六年には、ユニリーバ・モンサント社が、チャパティスのようなインドの伝統的な種類のパンを作るための小麦の利用法を「発明した」という特許請求に対して特許が与えられた。[9] 二〇〇三年の五月二十一日には、ミュンヘンにある欧州特許庁がEP 445,929という番号と「plants」という簡単な名称が付いた特許を与えた。[10] この特許保有者は、世界で最大の遺伝子組み換え植物の商社としてよく知られているモンサント社である。この特許は、低い弾性という特殊な製パン性を示す小麦を対象としている。このような特徴を持った小麦は、もともとインドで開発された。今ではモンサント社がこの種の小麦の栽培、繁殖および加工処理に関する独占権を保有している。

特許は発明に基づく排他的な権利なので、バイオパイラシーによる特許は、先住民の革新的手法がバイオパイレーツ［生物略奪者］の「発明物」として扱われることを認めることによって、私たちの科学的および知的な独創性に対する請求権を私たちから奪い取っている。この理由だけからしても、彼らは異議申し立てを受けなければならない。しかし、また彼らは、私たちにとって重大な経済的結果を引き起こした。短期間のうちに、バイオパイラシーによる特許は、私たちの独自の産品のための海外市場を私たちから奪った。もしこれらの行動に異議申し立てをすることができなければ、またもし知的所有権制度がバイオパイラシーを防ぐように変えられなければ、やがて私たちは、私たちに属している物、私たちの人々の毎日の生存に必要な物に対してロイヤルティー［特許使用料］を支払うことになるだろう。

バイオパイラシーは法的にも道徳的にも間違っている。先住民族の知識を特許化することにより、バイオパイラシーは二重の意味で窃盗である。なぜなら、第一に、それは独創性と革新的手法の盗みを助長するからであり、第二に、それは先住民族の生物資源を最大限に利用することにより、人々から毎日の生存を奪っているからである。やがて、特許を利用して、市場の独占状態を作り出し、日用品の価格を引き上げることが可能となるだろう。もし仮にバイオパイラシーに基づいた発明のように偽りの特許請求を行う場合が一つか二つしかないとしたならば、それらの場合は単なる間違いだとも言うことができるであろう。しかし、バイオパイラシーは流行病である。この問題は、ターメリック［インドカレー料理の香辛料］の場合がそうだと理解されているように、特許事務員が犯した間違いなのでは決してない。この問題は根が深く組織的である。そしてそれは制度的な変化を必要としている。

国際的な知的所有権法は先住民族の権利と知識を尊重しなければならない

生物資源と伝統的知識に関する国際法は、先住民族の文化の基本的な権利と価値に基づく必要がある。先住民族の社会は、彼らの資源と知識を私有財産とはみなしていない。それゆえ、彼らの集団的で蓄積された革新的手法と生物的および知的な共有財は尊重され、保護される必要がある。そのためには、ＷＴＯ

の「知的所有権の貿易関連の側面に関する協定（ＴＲＩＰＳ）」を変える必要がある。ＴＲＩＰＳの再検討――富んだ国はこれを阻止しようとしている――に必ず着手しなければならない。アフリカ・グループは、カンクン閣僚会議の前に次のように主張していた。

アフリカ・グループは、ＴＲＩＰＳ協定の第二七条３(b)の再検討書がまだ仕上げられず、一九九九年に再びその作成がはじめられたことに関心を抱いている。当グループは、宣言のパラグラフ一二と一九に関して閣僚会議の第四セッションがＴＲＩＰＳのための評議会に提出した指示書に積極的に応えるよう、すべての代表団に強く要請する。十二月を期限に、この再検討書が仕上げられ、「適切な活動」を起こすために「貿易交渉委員会（ＴＮＣ）」に提出されなければならなかったが、その期限の十二月は過ぎてしまった。他の分野の作業計画の作成期限も同様に具体的な結果を伴わずに過ぎてしまったことを特に考慮すると、この再検討書はすべての代表団が関心を持つべきものである。この再検討は続けるべきであり、最後にはどの協定が利用可能であるかに関する問題を同時に特定しながら、すべての問題を解決しなければならない。(11)

遺伝子資源と伝統的知識、特に発展途上国に由来する資源と知識の保護は、貧困の問題に取り組むための重要な手段であり、当然、平等の問題であり、また遺伝子資源と伝統的知識の保護者を正当に評価すべき問題である。それはまた、文化的知識を保護するという問題において、ならびに遺伝子資源と伝統的知識が構成する測り知れない価値のある人類の遺産を保存する問題においては、法律上の事柄である。

遺伝子資源と伝統的知識のいかなる保護でも、TRIPS協定の枠組みの内部で国際的な仕組みが見出され確立されなければ、そしてそれが行われるまでは、効果的とはならないであろう。特許審査のためのアクセス契約[4]とデータベースの利用のような他の手段は、上述の国際的な仕組みを補完することができるだけである。というのは、このような国際的な仕組みは、遺伝子資源と伝統的知識の横領を個人的および集団的に禁止すること、ならびにそれを防ぐ手段を講じることを構成国が行う義務を含まなければならないからである。

生命形態に関する特許は倫理に反しているので、TRIPS協定は、植物や動物の生産を目的とする微生物と非微生物ならびに微生物学的過程に関する特許に課する必要条件を修正することによって、この種の特許を禁じるべきである。このような特許は、道徳に反しており、またWTOの構成国である多くの社会の文化的規範にも反している。生物に関する特許を自らの社会と文化の仕組みに反しているとみなす構成国は、公的な秩序と道徳性を保護するための第二七条第二項の例外規定をこの点で無意味であると考えている(12)。

ウィーン会議は、TRIPS協定と生物多様性条約および植物遺伝子資源国際条約の間の関係を定める際の指針を提供するだろう。しかし、討論はこの純粋に法的な問題を越えて進み、実質的には再検討書の枠組み内で提起された問題の最重要要点を扱わなければならない。

私たちの政府は、私たちの権利を国際法の中で確立しようとしているが、私たちはガンジーの範に倣って、自らの権利を守らなければならない。彼はこう言っている。「人々は不正な法でも従うべきであるという迷信が存在する間は、奴隷制度は存在する」。一九九九年の五月五日に、インドで約二千人の集団からなる運動がナブダンヤ人[5]と手を携えて、ビジャ・サチャグラハ（Bija Satyagraha）運動をはじめた。これは、生物多様性に対する人々の権利を守るための運動であり、生命と生計手段と生物資源の新たな植民化に反対する新たな解放運動である。(13) ヒンズー語の"Bija"とは「種子」を意味し、"satyagraha"とは「真理を求める闘い」を意味する。

それと同じ日は、ガンジーの「ソルト・サチャグラハ」の記念日だった。歴史的なソルト・サチャグラハ運動（塩デモ行進）は、大英帝国によって押し付けられた「塩に関する法律」によるインドの資源としての塩の植民化に反対して、インドの塩を保護するためにガンジーによってはじめられたものである。ビジャ・サチャグラハ運動は、不正で反道徳的な知的所有権法との非協力に基づく現代の運動であり、平等とともに自由を求めるインドの願いの表現である。ビジャ・サチャグラハ運動は、特許による生命の植民化の受け入れを拒否する運動である。私たちにとって、生命に関する特許とバイオパイラシーに対する抵抗は、ただ単に私たちの権利であるだけではない。それは倫理的な命令である。なぜなら、私たち以外の生物種は私たちの親族だからである。私たちすべては、地球家族——Vasudhaiva Kutumbkam[6]——の構成員である。

[4] access contracts：電子的な手段でコンピュータシステムから情報を得る契約。
[5] Navdanya：古来の品種を探し出して保存し、現在の環境に最適な種子を栽培するという有機農業運動を行っているインドの先住民族。
[6] ヒンズー語で、「全世界は一つの家族である」との意味を表す。

注

(1) United Nations Environmental Program（UNEP）, *Convention on Biological Diversity*, 1992.
(2) UNEP, *Convention on Biological Diversity*.
(3) James Enyart,“A Gatt Intellectual Property Code,” *Les Nouvelles*, June 1990.
(4) Vandana Shiva, *Protect or Plunder*（London: Zed Books, 2002）, 57-61.
(5) Vandana Shiva,“Enclosure and Recovery of Commons, ” Research Foundation for Science, Technology and Ecology, Delhi, India（1997）, 47-50.
(6) Shiva, *Protect or Plunder*, 61.
(7) Shiva, *Protect or Plunder*,56.
(8) Navdanya,“Corporate Hijack of Biodiversity,” 2003, 24.
(9) European Patent Office, Patent No.518,577.
(10) European Patent Office, Patent No.445,929.
(11) *Bija* 31-32（Autumn 2003）：40 に引用されている。
(12) Bija, 31/32.
(13) Navdanya,“Campaign Against Biopiracy,” 1999.

第11章 先住民族と伝統的な資源を守る権利

グラハム・ダットフィールド

先住民族は、世界の文化的多様性の大部分を構成し、世界で最も生物学的に多様な地域の一部に住んでいる。多くの先住民族は彼らの周囲の環境に関する豊かな知識を蓄積してきており、この知識は世界と産業に多大な恩恵をもたらしてきた。例えば、先住民族がいなければ、多くの医薬品は発見されなかっただろう。残念ながら、先住民族の集団はしばしば、極端な貧困、病気、失業に苦しんでおり、また土地と不可欠な資源を利用できない状態および人権侵害に苦しんでいる。その結果、文化的な多様性は加速度的に損なわれている。

本章は、すべての先住民族は彼ら自身の生物資源を管理し、彼らの伝統的な知識を保存し、これらを科学、企業および政府の利害関心による没収とバイオパイラシー［生物略奪］から守る権利を有するという議論を提示する。また本章は、国際社会はこれらの権利を科学、企業および政府の関心による侵害から守らなければならず、道徳的かつ法的な根拠に基づいてそうしなければならないという議論を展開する。私は、私の主張を示すために、これらの権利に関する論述を、それを構成するいくつかの部分に分けることにする。

すべての先住民族は……の権利を持っている

反対派と懐疑的な人はおそらく、私たちは、議論をこのようにはじめることによって、先住民族を他の文化的なコミュニティと政治組織に比べて特殊なまたは特権的な扱いをするために選び出していると考えるだろう。

さらに、私たちは先住民族に国民国家と同類の地位を与えていると考えるだろう。彼ら［反対派と懐疑的な人］はさらに進んで、少なくとも二つの理由から「先住民族」という言葉の使用に反対するだろう。その理由の一つは、アフリカにおけるヨーロッパ人の植民地主義者による「先住民族」という言葉の使用が軽蔑的なものであり、今でも依然としてアフリカでは当然ではあるが不人気であることである。第二の理由として、これらの批判者たちは、「先住」民族を他の市民たちから差別化することは、不必要な敵対、さらには攪乱を引き起こすものであるという点で、アジアとアフリカの諸政府に同意するだろう。

私の最初の回答は、先住民族は特別な扱いを求めてはいないということである。彼らが望むのは、最近、植民地主義者の犠牲者としての経験をした他の民族集団や地域住民と全く同様に、自己決定の完全な資格を持つ民族として自分たちが認められることである。国際法はこのような主張を支持しており、これこそいくつかの政府が「先住」という言葉を不愉快に思うだけでなく、"people"に"s"を付けて、「人々」ではなく「民族」の意味にすることを嫌う理由である。こうしたことがあるにもかかわらず、国際労働機関の「独立国における先住民族および部族に関する条約第一六九号」の存在は、「先住民族」という言葉は国際法で正当な地位を有していることを示している。[1] 先住民族がどんな権利を持つ資格があるかに関して言えば、「経済的、社会的及び文化的権利に関する国際規約」の第一条が、これに関する状況をかなり明確にしている。すなわち、同条はこう述べている。「すべての民族は自己決定の権利を有する」。この権利のおかげで、彼らは彼らの政治的地位を自由に決定し、彼らの経済的、社会的および文化的発展を自由に追求することができる。

「先住民族」という言葉の適用可能性に関して言えば、米国、カナダ、ブラジル、オーストラリアおよびニュージーランドのようなヨーロッパ人の植民者が樹立した国々の外部の民族にこの言葉を適用するときには困難がある。

しかしながら、主流の文化圏の外部に住んでいるアジアとアフリカの多くの文化的に異なる少数民族のグループは、ここ数年にわたって同様の虐待に苦しんでいる。、しかし、彼らは、まだ誰にも統治権が認められていないある地域を以前から占領している事実に基づいて合法的な権利を有するだろう。「先住民族（Indigenous Peoples）」という言葉が攪乱を引き起こすものではないかと憂慮している人に対しては、こう言いたい。自らを先住民族と規定する民族の中で、自分たちがその他の国民よりも「土着的（indigenous）」である事に基づいて、自らを個々の国家に変えることに関心を持っている先住民族はほとんどいないという事実を認識することが重要である、と。

先住民族自身の生物資源を管理するために

先住民族は国際法の下で自己決定の権利を持っているという私たちの解釈が正しいと考えると、彼らは領土内の生物資源を自分自身のものとして主張し、自らが定めた法でこれらの資源を管理する資格があるということにはならないか。この質問に答えるためには、国民国家からなる国際社会が、自然資源に対する権利と責任の割り当て方をどのように決定したかを理解することが肝要である。

主権国家が「国際社会で同じ地位を有する……地域政治組織」であり、「そのことは、非干渉という規範が中心的であること、すなわち、いかなる主権国家も他国の問題に干渉する権利は持たないということを意味する[2]」。ここから、独立した国家は、その内部に存在する自然資源を含めて、その領土に対する恒久的な支配の権利を有しているということが帰結する。国連総会は、「自然資源に対する恒久主権に関する決議一八〇三号」を採択することによって一九六二年にこれを確認した。

自然資源の利用およびその利用から利益を得る権利に関する国際法のもう一つの原則は、人類の共通遺産の原則である。これは通常は、領土外の（そして地球外の）非生物資源に適用される。共通遺産の資源は所有されないが、しかし諸国家からなる国際社会のメンバーは、それを保存する平等の義務とその利用から利益を得る平等の権利を持つ。生物多様性条約が発効した一九九〇年代までは、生物資源と遺伝子資源は共通遺産の原則の下にあると一般的に、しかし、誤って考えられていた。「国連食糧農業機関」の「一九八三年の植物遺伝資源に関する国際的申し合わせ（ＩＵＰＧＲ）」が植物の遺伝子資源を人類の共通遺産として扱ったことは事実である。[3] しかし、これは、法的拘束力のある協定ではないので、調印国が自然資源に対する彼らの恒久的な主権を明確に放棄することを実際には規定していない。以上から明らかなように、恒久主権の原則は、生物資源と遺伝子資源を人類の共通遺産とする原則に対して常に優位にあったわけである。そのため、おそらく恒久主権の原則に対する強力な競争者はもはや知的所有権以外にはないだろう。

このことは、生物資源を管理する先住民族の権利にとって何を意味するのか。もし先住民族が自己決定の権利を有しているのであれば、彼らはまた、ある種の義務とともにではあるが、彼ら自身の生物資源を管理する権利をも有しているということになる。上述の国際規約は、これを支持して次のように述べている。

「すべての民族は、彼ら自身の利益のために、国際的な経済協力から生じるいかなる義務もおろそかにせず、相互の利益と国際法に基づいて、彼らの自然の富と資源を自由に処分することができる。いかなる場合でも、民族はそれ自身の生存手段を奪われることはできない[4]」。この権利が恒久的な主権と衝突することはあるのか。それは実際には、各国が恒久的な主権という原則をどのように実施するかに依る。主権とは、他の国民国家および企業のような外国の団体を排除する権利の存在を意味する。主権は、所有と同じではないが、確かに、例えば、私的な土地所有者と先住民族のような国内の非政府系団体の所有権と調和することができる。それゆえ、上述の生物資源を管理する権利が恒久的な主権と必ず衝突することは全くない。諸政府は、先住民族から彼ら自身の生存手段を奪い、資源に対する彼らの所有権を侵害するような衝突が実際に起こらないようにする法的、道徳的な義務がある。

世界の言語の九〇%が二一世紀末までに失われると見積もられている。[5]この喪失の大部分は、世界の言語的、文化的な多様性の大部分に貢献している先住民族によって生じるだろう。非常に多くの知識が言語に記号化されているので、大量の伝統的知識がこれらの言語とともに忘れ去られるだろう。もちろん、多くの文化はやがては変化する。すなわち、古い知識は、もはや役に立たなくなると失われ、内部から発生するかまたは他のどこかから獲得・適用される新しい知識に取って代わられる。かくして、世界中の先住民族も急速な文化の変化を経験することになる。しかし、それは、コミュニティを士気阻喪させ、文化的に貧困にさせる強制的または家父長的な政策の結果である場合が多い。

だからといって、先住民族の集団のすべての構成員が、伝統的知識の保存に関心を持っているということにはならない。またもし先住民族のコミュニティが彼らの知識を保存することに全く利益を見い出せないならば、彼らが自らの知識を保存することを期待するのは現実的ではない。にもかかわらず、先住民族が持つ資格のある文化的権利の中には、彼ら自身の要求と関心に従って彼らの伝統的な知識を保存する権利が確かに含まれていなければならない。元ユネスコ所属のリンデル・プロットは、「文化的権利」として叙述することができ、現在では多かれ少なかれ国際法が支持している一連の個人的かつ集団的な権利を特定した。[6]これらの権利のうち、現在の議論に照らして、次に掲げるものがここで挙げるに値する。それらは、(1)芸術的、文学的および科学的な作品を保存する権利、(2)人の文化的アイデンティティを尊重させる権利、(3)少数民族が彼らのアイデンティティ、伝統、言語および文化的遺産のゆえに尊重される権利、そして(4)異民族の文化を押し付けられることに対して自らを守る人々の権利である。[7]

先住民族の文化が急速に侵害されれば、先住民族のためだけではなく、私たちすべてのために、先住民族の知識ならびにその保有者、保護者およびコミュニティの権利を保護する対策を緊急に実施する必要がある。故ダレル・ポジーがきわめて痛烈に表現したように、「それぞれの先住民族の集団が消滅するとともに、私たちは熱帯の生態系の中の生物と熱帯の生態系への順応に関する数千年にわたって蓄積されてきた知識を失うのである。この貴重な情報は、ほとんど瞬きをする間もなく失われてしまう。すなわち、事態の進行を長く待つまでもなく、その喪失によって何が破壊されようとしているかは分かるだろう[8]」。

科学、企業および政府の利害関心による搾取や略奪から先住民族の資源を保護するために

二〇〇一年八月、「国連人権委員会の人権促進保護小委員会」は、「知的所有権と人権」に関する決議を採択した。同決議は、先住民族の伝統的知識と文化的な諸価値を十分に保護する必要性、特に「バイオパイラシー［生物略奪］」に対する十分な保護ならびに自らの遺伝子資源と自然資源と文化的諸価値に対する先住民族のコミュニティの支配が弱まっていることに対する十分な保護を行う必要性を強調した[9]」。

ここ数年間にわたり、先住民族の知識は、新しい薬と他の工業製品を開発するための価値ある手掛かりを提供してきた。その結果、彼らの知識と資源から非常に豊かな富が引き出された。ごく最近には、科学者と企業は、先住民族の身体から収集された遺伝情報に関心を持つようになった。先住民族が、例えば、彼らの知識と資源の商業的利用から生じる利益の内のかなりの部分の分け前を受け取ることなどによって、

物質的にまたは他の仕方で利益を得たことはまれであった。さらに不正な事態としては、先住民族はしばしば気づくのであるが、彼らから企業に提供された知識および資源とほとんど異ならないように見えるものを発見だと主張する特許独占権を企業が獲得したことがある。

残念なことに、現代の特許制度は、企業の研究所の成果のような独創的な活動の或る種の形態は認めるけれども、他の形態は認めないという点でバランスが取れていない。例えば、ほとんどの場合、先住民族の知識は、たとえそれが企業の発明と全く同様に有益で独創的であるとしても、容易に特許明細書にまとめられない。こうして、科学者は、ブッシュマン族の人々のある集団が伝統的に食欲抑制剤として使用してきたフーディアと呼ばれる植物に存在するある種の成分を特許化することができた。しかし、この科学者たちにその植物の使用の仕方を教えた先住民族の集団は、知的所有権制度やその他の制度によってもこの知識に対する所有権を主張することはできなかった。(10) これは、これらの民族にとって不公平であるだけでなく、またそのような知識を所有し産み出している地域の住民が存在することによって競争上の経済的優位を潜在的に持つことができる発展途上国にとっても不公平である。ジェームズ・ボイルが巧みに述べているように、(知的所有権制度一般に)バランスが欠けていることの結果は、「クラーレ、[1] ろうけつ染め〔ロウを用いた伝統的な染色法〕、「ランババ」の踊り〔南米の踊り〕および神話は、知的所有権に保護されずに発展途上国から流出するけれども、プロザック〔抗うつ剤〕、リーバイス〔ジーパンの銘柄〕、グリシャム〔米国のミステリー作家〕および映画「ランババ!」は発展途上国に流入して、一揃い(ひとそろ)の知的所有権法によって保護される」(11) ということである。

特許は先住民族に利益をもたらすことができないと言うのは行き過ぎであろう。例えば、ある先住民族の集団とある製薬企業が利益分配の協定を結んだ場合には、製薬企業は、新製品を市場に出す大きなコストの見返り利益を確保するために、特許を申請する必要があるだろう。他方では実際に、科学者たちにフーディアを使用することを認めた先住民族の集団は、特許を所有する機関からすぐに利益を受け取るだろう。にもかかわらず、そのような協定はほとんど存在せず、特許は本質的に「勝者がすべてを取る」権利である。またその権利によって当事者の一方［製薬企業］がすべての利益を独占することが可能になる。したがって、先住民族は通常は搾取されるのである。

さらに悪いことに、最近の特許制度は、資源［先住民族の蓄積している知的資源を指す——訳者］を、保護の受けられる発明にするために、それを「自然に発生する資源」に改善するまで、ほとんど何もすることも必要ないようである。こうした状況は、それが問題のある公共的政策であることは別としても、先住民族の知識の横領を助長するものである。多くの企業が、自らが発見または発明したと主張する資源の所有権を主張していることを考慮すれば、また彼らの権利［知的所有権］がいったん授与されればその権利を守ることに非常に積極的になり得ることを考慮すれば、こうした状況が生じる可能性は特に高い(12)。

結論として、「遺伝子権利章典」の第四条は、法的・道徳的な根拠から、また間違いなく実用的な根拠から十分な正当性を有する。そのとき問題は、これらの権利がどのように実施されるべきかということから生じる。これらの権利の全ては、起草されて十年以上にもなる「先住民族の権利に関する国際連合宣言（案）」の中で明確に述べられている。残念ながら、国連の加盟国が合意文書を採択できなかったことは、[2]

[1] curare：南米先住民族が毒矢作りに用いたクラーレ属植物数種の総称。
[2]「先住民族の権利に関する国際連合宣言」は二〇〇七年の国連総会で正式に採択された。

国際社会の側で先住民族の権利に関するその道徳的・法的義務を認識する意思が欠けていることを示している。ペルーやパナマをはじめとする少数の国は、先住民族の知識を保護するための法的な体制の導入を提案したが、各国政府の圧倒的多数はまだこの問題を真剣に受けとめていないようである。

注

(1) 第一条第一項（b）は、「独立国内の民族で、その国に住んでいた住民、または征服時や植民地化の時または現在の国境の確定時にその国に属する地理的な地域に住んでいた住民に由来するために先住民族として認められる民族、および自らの法的地位にもかかわらず、自身の社会的、経済的文化的および政治的機関を保持している民族」に言及している。

(2) Chris Brown, *Sovereignty, Rights and Justice: International Political Theory Today*（Cambridge, UK: Policy Press, 2002）, 35.

(3) 第一条によると、「この申し合わせは、植物の遺伝子資源は人類の遺産であるので制限なしに利用されるべきであるという普遍的に受け入れられる原則に基づいている」。

(4) 第一条第二項

(5) Michael Krauss,"The World's Languages in Crisis," *Language* 68, no.1（1992）: 4-10.

(6) Lyndel V. Prott,"Cultural Rights as Peoples' Rights in International Law," in J. Crawford, ed. *The Rights of Peoples*（Oxford: Clarendon Press, 1988）, 93-106.

(7) 生物多様性条約の第八条(j)は、締約国に、「可能な限り、かつ、適当な場合には」、「生物の多様性の保全および持続可能な利用に関連する伝統的な生活様式を具現している先住民族のコミュニティおよび地域のコミュニティの知識、革新的手法および実践慣行を尊重し、保存し維持すること、そのような知識、革新的手法および実践慣行を有する者の承認及び参加を得てそれらの一層広い適用を促進すること、ならびにそれの利用がもたらす利益の公平な分配を奨励すること」を要求している。

(8) Darrel A. Posey,"Indegenous Knowledgr and Development: An Ideological Bridge to the Future," in K.

Plenderleith, ed., *Kayapo Ethnoecology and Culture* (New York: Routledge, 2002), 59.

(9) United Nations Commission on Human Rights, Sub-Commission on the Promotion and Protection of Human Rights,"Intellectual Property and Human Rights," Resolution 2001/21 (E/CN.4/SYB2/RES/2001/21), 2001.

(10) Graham Dutfield,"Sharing the Benefits of Biodiversity: Is There a Role for the Patent System?" *Journal of World Intellectual Property* 5, no.6 (2002) : 906-7.

(11) James Boyle, *Shamans, Software and Spleens: Law and the Construction of the Information Society* (Cambridge, MA: Harvard University Press, 1996), 125. バイオパイラシーについて一般に述べられている関心に対する批判的な検討は、Graham Dutfield, *Intellectual Property, Biogenetic Resource and Traditional Knowledge* (London: Earthscan, 2004) を参照のこと。

(12) 例えば、一九九九年に、「発明者」のラリー・プロクター (Larry Proctor) によって「エノラ (Enola)」と呼ばれた野生の豆の品種に対して米国の特許が与えられた。Pod-Ners というプロクターの会社は、特許に記された色と同じ色の輸入豆の販売を阻止するためにこの特許を使用している。そしてこの豆の色の記述は、数種の伝統的な豆の株にも適用される。この特許は、ある種の黄色の Phaseolus vulgaris という豆の種子、その種子を成長させることによって生産された植物、ならびに同じ生理学的、形態学的な特徴を持つ他のすべての植物だけでなく、栽培に利用された方法にも権利を主張する。プロクターは、この特許を受けたすぐ後に、一九九四年以来マヨコバ (mayocoba) とペルアノ (perano) と呼ばれるメキシコ産の黄色の豆の品種をメキシコから輸入していた Tutuli という企業を提訴した。税関検査官が供給を中断させたため、Tutuli は、この企業に豆を販売していたメキシコの農民とともに、財政的な打撃を受けた。プロクターの会社は、豆を扱う様々な他の会社と農民を提訴した。これに関しては、Dutfield, *Intellectual Property, Biogenic Resources and Traditional Knowledge*, 54-55 を参照。

第5部　環境中の遺伝毒性物質

「すべての人は、彼らと彼らの子孫の遺伝子構成を損なう可能性のある毒素、他の汚染物質または活動から保護される権利を有する」

「遺伝子権利章典」第五条

第12章 遺伝子の完全性に対する権利を擁護する

マーク・ラッペ

私たちの遺伝子遺産の完全性に対する最大の脅威は、依然として、遺伝子を損傷させる化学物質そのものと遺伝子損傷を修復させる私たちの能力を弱める化学物質の能力とが持続的に拡散していることである。ＤＮＡは、これまで長い間、遺伝子損傷を連続的に受けてきた。それは特にバックグラウンド放射線[1]によるものであり、そして遺伝子の修復エラーや不完全な修復によって「自然に起きる」遺伝子損傷によるものである。このような遺伝子損傷の拡散の仕方に対して、他方で、自然選択のおかげで、遺伝子修復システムが進化して、自然による遺伝子の突然変異と損傷を正常に戻すことが可能となった。しかし、およそ八万五〇〇〇個というあまりにも多数の人工の化学物質が出現したことは、今や突然変異率を増加させ、これらの自然の修復システムを妨害することによって、遺伝子を損傷し喪失させる脅威となっている。

いま新しい化学物質が、それらの遺伝子の毒性の評価がほとんどまたは全く行われないまま商業化されている。また、今までのところ、この商業化された化学物質のリストに毒性評価のされていない化学物質が追加されてきたが、このことは、遺伝子損傷の速度を増幅させる脅威となっている。危険に曝されている人は、遺伝子が毒素に曝されるまでは、DNA損傷毒物についてはほとんど警告されていない。このようなパターンは、エチレンオキシド、ベンジジン色素およびフタル酸エステルのような広く用いられている化学物質に当てはまることが判明している。というのは、それらは、病院の従業員、毛髪染料の使用者およびプラスチックの配合に従事する者の子孫に遺伝子損傷や出生異常を発生させる可能性があるからである。

このように、ますます反応力の強いDNA損傷化学因子が市場に投入されることにより、一連の道徳的ジレンマが生じているが、それらは過小評価されている。それらの道徳的ジレンマとは、例えば次のようなものである。ある人々とその子孫は、化学物質と環境毒物の拡散から必ずしも物質的な恩恵を受けていない。それどころか、むしろそれらから被害を受けているが、彼らは果たしてそれらの物質からの保護を要求する特別な権利を持っているのだろうか。それに対して、製造業者は、遺伝子を損傷する化学物質は一般に市場から排除する特別な義務、あるいは少なくともそれらの化学物質の有害な生殖毒性を知らせるラベル表示を行う特別な義務があるのだろうか。さらに個人は、遺伝子を損傷する化学物質の生産者に対して、突然変異作用に対する損害賠償を請求する合法的な権利を持っているのだろうか。

---

[1] background radiation：放射線測定の際の、測定対象以外からの放射線。宇宙線や天然の放射性物質などに起因する。

遺伝子の完全性に対する権利の主張

自らの遺伝子の完全性やその子孫の遺伝子の完全性を危険にさらす可能性のある毒物からの保護を要求する権利を主張している人々がいるが、彼らは、その権利を主張するためには、少なくとも二つのことを証明しなければならない。それは、(1)その脅威が現実的であること、および(2)潜在的に毒物に曝されている人が保護を求める正当な請求権を持っていること、である。環境因子が遺伝物質に損傷を与える可能性があるとの認識は、一九二〇年代にまでさかのぼることができる。この期間に、アメリカの生物学者のヘルマン・ミューラーは、放射線がミバエ［ハエの一種］に致死的な遺伝的突然変異を引き起こすことを示す一連の実験を行った。突然変異が「自然に起きる」遺伝子の変化であり、進化的な変化の事柄であるとみなされていた時代にあって、ミューラーは、突然変異は有害な「遺伝荷重」[2]を引き起こし、変化した遺伝子は、損傷のないまま世代から世代へと受け継がれていくという考えを支持した。やがて、ミューラーは、遺伝子突然変異の被害を受けた個人が残す子孫の数がますます少なくなるため、自然選択により最も有害な遺伝子が取り除かれる傾向があると予想した。残念ながら、ミューラーは、微小な遺伝子の損傷が実際には時とともに増大し、損傷という遺伝的遺産が明白な致死的突然変異を超えて発生する可能性を知ることはできなかった。

ミューラーは、第二次世界大戦の黙示的終末の一年後の一九四六年に、放射線誘発突然変異に関する研究でノーベル賞を受賞した。その当時は、放射線誘発の損傷によって残されるかもしれない後遺傷害に対する関心を遅れればせながら表明している科学者が何人か存在していた。国連は、このような後遺傷害を評価するために、一九五〇年代に「原爆傷害調査委員会（ABCC）」を設立した。[3] 遺伝学者のジェームズ・ニール博士を委員長とする同委員会は、広島と長崎の上空で原子爆弾と中性子爆弾が爆発した後に生まれた個人にどれだけの傷害が生み出されたかを知る責任を負っていた。約七万六〇〇〇人の子供たちから得た実験データに基づくニールの当初の研究結果は、心配する世界にとって最初は安心させるものだった。

ニールと彼の研究仲間は、子宮内にいる間に放射線に曝された子供の誕生後に各種の放射線による出生異常と他の傷害が起きる明らかな証拠は全くないと報告した。妊娠中に被曝した女性は、流産の率と小頭症（頭の大きさが小さい病気）の子供を生む確率が実際、予想以上に高かった。しかし、ニールは、それは広範囲の飢えと栄養不良が原子爆弾の投下後に生じたためと考えたので、これらの結果を重要視しなかった。一九八五年に、ジョン・ホプキンス大学に所属する人類遺伝学者のジェームズ・クロウが広島と長崎のデータを再評価したが、それでも突然変異原に女性が曝されたことと彼女の子孫に明らかな出生異常が生じる可能性との間にはほとんど関連を見出すことができなかった。(1)

[2]突然変異によって引き起こされた欠陥や障害が歳月とともに遺伝子の中に積もり積もっていくのが「遺伝荷重」である。「遺伝荷重」とは、言わば生命体にかかる負担であり、それは遺伝的に次の代に伝わっていくので、代を重ねるごとに重くなり、ついには致命的なものとなり、種の存続の脅威となる（この訳注については、次のサイトを参照した。http://www2.biglobe.ne.jp/˜remnant/kagaku08. htm）。

[3]ABCCは国連が設立したとあるが、間違いである。正しくは、米国、具体的には米国科学アカデミーが一九四六年に設置した。

いま人口遺伝学者たちは、ニールとクロウが突然変異を評価する際にあまりに幅の広い尺度を用いたために、さらなる遺伝子の損傷が彼らの目に隠れてしまったのではないかと疑っている。ニールとクロウの先駆的な研究の継続として、ニールと彼の研究仲間のウィリアム・シュールは、損傷は将来の世代でのみ現れたかもしれないという可能性を検討した。一九四五年の夏の**後に**生じた九一二二例の妊娠から得たデータからは、子供の死亡率が広島と長崎でそれぞれ一〇〇〇の出生につき六四と七七に上昇し、いずれも予想した死亡率の一〇倍以上高いことが分かった。一九六五年に、ニールとシュールは、いとこ同士の結婚の場合の方が劣性の致死的な遺伝子の組み合わせが生じる可能性が高いだろうと推測して、原子爆弾の投下後の生存者のデータを再調査した。彼らは、原子爆弾の投下後に生き残った人たちの間でのいとこ同士の結婚で生まれた子供の死亡率がさらに高いことに気づいたが、これは隠れた遺伝子損傷の存在を実証している。[2]

リスクはいかに深刻か？

一九六〇年代から一九八〇年代までは、これらの初期の研究から得られた曖昧なデータによって、「突然変異の遺伝子が少なければ、人に害が生じる可能性はない」という観念が固定化されることとなった。一九九〇年代までは、放射線かまたは遺伝子を損傷する化学物質により遺伝子の完全性がどの程度リスクに曝されるかを明らかにすることを目的とした本格的な研究計画は、はっきり言って存在しなかった。その時までには、ますます多くの証拠によって、遺伝子の不安定性と突然変異が癌と出生異常の発生にきわめて重要な役割を果たしていることが明らかにされていた。すべての出生異常の約二〇%が遺伝子の突然変異によるものであり、またその五～一〇%が染色体異常によるものだった。一方、さらにその一〇%は、細胞の遺伝子構成の外部にある汚染物質による直接的な物理的または化学的な損傷によるものだった。[3]

こうした考察の当然の結果として、もし私たちが化学的な突然変異原が環境内で増加するのを許せば、それらが敏感な遺伝子機構を破壊するリスクは増大することが予測される。今では研究者たちは、ミューラーが放射線誘発による遺伝子の突然変異的損傷に対して憂慮を表明したことは、先見の明のあるものであると認識している。二〇〇二年には、英国とロシアの科学者たちは、動物に放射線を当てることによって引き起こされる遺伝子の損傷は、単に一回に一つの損傷した遺伝子だけでなく、全般的な遺伝子の不安定性の形態でその動物の子孫に伝えられていくことに気づいた。一度の放射線被曝の後では、連続する二世代のマウスが突然変異する割合は、全体としてかなり上昇した。これらの発見は、遺伝子を損傷させる事象はゲノムを不安定化させ、多くの世代にわたって持続的な遺伝子損傷を引き起こす可能性があることを示している。著者たちは、次の一文で彼らの研究の意義に注目させた。「放射線誘発による生殖細胞の不安定性は、少なくとも二世代にわたり持続するとの画期的な発見がなされたが、この発見は人間の場合のリスク評価の重要な問題を提起している[4]」。

この発見は、それがもし本当なら、放射線と擬似放射性化学物質への被曝によって遺伝子にどのような結果が起きるかに関する憂慮を増幅させる。エチレンオキシドのような最も遺伝子損傷を引き起こしやすい化学物質の多くは、「放射線類似作用を有している」(文字どおり、放射線の作用を模倣する、特に遺伝子の欠失、塩基対置換および染色体切断を引き起こす)として知られている。チューリヒにあるスイス連邦技術研究所の科学者のチームのリーダーが述べたように、このような「環境内の遺伝毒性物質［DNAを損傷する化学物質のこと―著者］は直接的に遺伝子プールを変化させることができる」[5]。

また遺伝子の変化は、細胞の破壊を引き起こし、最終的には癌を発生させる。腫瘍が「成長」して細胞分裂時に通常受ける制約から解放されると、腫瘍は、ますます多くの突然変異的な事象を発生させ、染色体異常を発展させる。最終的には、染色体全体が壊れ、再編成され、染色体数自体が乱れる「異数性」を引き起こす。最初の癌誘発事象の後にさらに化学物質に曝されると、損傷は悪化するだろう。

癌細胞からのメッセージは、細胞の完全性を保護するには、安定して無傷な遺伝物質が必要であるということである。遺伝子損傷の抑制は自然の細胞機能と寿命にとって非常に重要なので、ほとんどすべての生物は、そのDNAの完全性を確保するために［外来］遺伝子を切断し遺伝子を修復する酵素を含め、広範な「品質管理［自己保存・修復］」機構を備えている。これらの修復システム自身が、生殖細胞のレベルで化学物質の突然変異原に曝されることなどにより損傷を受けると、癌が発生する可能性はさらに一層高くなる。BRCA1遺伝子とBRCA2遺伝子またはDNA修復に関与するTP53遺伝子に突然変異が起きると、卵巣や胸部または体内の固形臓器などの中の組織に癌が発生するリスクがより一般的に高くなる。

保護を求める権利を主張する

人々は、少なくとも次の三つの根拠から遺伝子損傷を引き起こす化学物質からの保護を受ける権利を正当に主張することができる。(1)人々は彼らの遺伝子の完全性に不当なリスクを与える化学因子に不本意に曝されることを免れる権利を有する。(2)人々は遺伝子の損傷を彼らの子孫に伝える恐れを感じることなく子を生む基本的な権利を有する。そして(3)人が損傷のない遺伝子遺産を将来の世代に伝えることは、社会の一般的な利益にかなっている。

第一の主張は、米国やその他の国で享受されている一般的な私的な権利に関して述べたものである。所有権法の或る条項への類推から、人は化学物質の不法侵入に反対する権利を正当に主張できる。第二の主張は、米国では望まれずに生まれた命［先天的に身体的および知的な障害や難病をもって生まれた子供がそうであると考えられる―訳者］にとっては医療過誤や有毒物質の不法活動がかえって一般的な成功であるとされる考え方への類推から、正当であると認められる。

ある企業が出生異常を引き起こす有害な化学物質を市場に投入したという怠慢で有罪とされた場合には、子供やその相続人に賠償することが要求される。例えば、シンデル対アボット研究所[4]の古典的な裁判は、控訴裁判所によって非常に重要だと考えられたので、裁判所は、母親がどの企業が彼女に問題の薬を売ったか確かめることができないにもかかわらず、原告（母親の子宮内にいる間にジエチルスチルベストロー

---

[4] Sindell v. Abbott Laboratories：原告は、母親が妊娠中にジエチルスチルベストロール（ＤＥＳ）を使用した結果として癌を発症した若い女性（名前はシンデル）である。母親が妊娠した当時は、多くの製薬企業がＤＥＳを製造していたので、原告は彼女の母親が実際に服用したＤＥＳを製造した企業を特定できなかった。裁判所は、マーケットシェア・ライアビリティ[5]という名の新しい種類の損害賠償を課す決定を下した。（この訳注の作成に際しては、次のサイトを参照した。http://en.wikipedia.org/wiki/Sindell_v._Abbott_Laboratories）

[5] market share liability：被害を与えた有害製品の市場にしめる割合に従って複数の企業に損害賠償の額を割り当てるという損害賠償の理論。

ルに誘発された癌に罹った女児〔胎児〕）に有利な決定を下した。

将来の世代を危険に曝さないような一般的義務に関する第三の主張は、米国環境保護法のような環境を保護するためのコモンロー〔普通法〕や政府の政策に組み込まれている。汚染の六十年間〔原爆が投下された一九四五年〜二〇〇五年まで〕の教訓は、損傷を受けていない森林と海洋と同様、ゲノムも保護されなければ悪化する遺産であるということである。先に挙げたような現代の研究は、遺伝子損傷によるかなり大きなリスクは、将来の世代においても続く可能性があることを示している。時がたっても、人間は、彼らの突然変異的な遺伝荷重の過去における増加は重大な健康への悪影響のリスクをもたらすが、そのリスクは今のところは依然として中程度に留まる。かくして、人々は、化学物質が誘発する遺伝子損傷を防ぐための保護を求めるよう要求している。そして、このような要求は、毒素による遺伝子損傷後の正常化を求める子孫の権利、ならびに所有権法に具体化されている化学物質による不法侵入の進行を免れるプライバシーの権利に類似している。

権利に伴う義務

これらの権利の主張には相補的な義務が伴う。すなわち、他人は、個人の遺伝的プライバシーを認め、個人の遺伝物質に対する損傷が不本意なもので正当化されないことを認めなければならない。良い例は、オゾンを激減させる化学物質である。オゾンの激減は、膨大な量の紫外線が地球の生命圏に入ることを許し、それとともに一日につき一細胞当たり数百万もの新たな突然変異のリスクをもたらすが、それの大部分は特別な塩素含有分子によって引き起こされている。オゾンを激減させる最悪の攻撃物質であり、スプレー缶の中にある高圧ガスとして用いられているフロンガスの使用を禁止するカリフォルニア州の一九七六年の決定を導いた主張の一部は、自分たちの遺伝子構成を危険にさらす可能性のある有毒物質から免れる人々の権利だった。[6] フロンガスのような直接的および間接的に遺伝子を損傷させる化学物質の使用を抑制する最初の義務は、京都議定書のような国際条約で認められた。

第二の義務は、商業的に流通しているすべての突然変異原性の化学物質の影響を最小化するために必要な監視と調査である。この義務は、一九九三年にライデン総合大学の放射線遺伝学・化学的突然変異生成学部のF・H・ソーベルズ教授によって唱えられた。ソーベルズは、科学者の国際的なフォーラムで、人間が突然変異原性の化学物質に曝されることによる遺伝的なリスクを評価し定量化する努力が「緊急に必要とされる」と述べた。[7] この目的のために、米国環境保護庁は、いわゆるジーン・トックス・プログラム（Gene-Tox program）［「遺伝子と毒物の関連を研究する計画」という意味―訳者］を開始した。環境内の突然変異原を特定するというその使命は、当初は発癌物質であると判明した化学物質に焦点を当て、またどの程度の割合が遺伝子に対する毒性を持っているかに焦点を定めた。彼らの研究結果は、少なくとも齧歯（げっし）動物［ネズミなどの物をかじる歯を持っている動物―訳者］の中では、発癌物質と遺伝子に有毒な物質との間に高い割合（ほぼ八五％）で一致が存在することを一般的に確認した。[8] またジーン・トックスの科学者たちは、動物の体内の非発癌物質を研究したが、それらの遺伝子に対する毒性に関するデータはほとんどもしくは全く手に入らなかった。彼らの努力により、再検査された数種類の（数百の候補の中から選ばれた）化学物質が遺伝子を損傷する性質を持つことが分かった[9]。

第三の義務は第二の義務からの当然の帰結である。すなわち、それは、人間が突然変異原性の化学物質に潜在的に曝される程度とその性質ならびに危険にさらされている人間集団の体内に存在するすべての毒物学的な感受性を図に示すことである。幸い、この研究は、メーン州のソールズベリー・コーブにあるマウント・デザート・アイランド生物学研究所で開発されている新たに作られた「比較毒性ゲノム学データベース」に研究援助金と基金が投入されたことによって推し進められた。この新しい研究計画は、有毒因子によって変化または改造された遺伝子配列に関する情報を獲得することに、また毒物学的現象に関連のある遺伝子とタンパク質に関する情報のデータベースを収集することに努力を集中させている[10]。

第四の義務は、遺伝毒性のあるリスクについて警告することである。この目標は、毎日その毒素に曝されると生殖や発育を害する大きなリスクを産み出す消費者向け製品には通知や警告の表示を付けることを要求する「カリフォルニア州・プロポジション65規則」によって部分的に達成された。「一九八六年の安全な飲料水および毒物執行法」の下では、企業は一連の曝露に関する規則に従ってリスクを発生させるすべての製品にラベルを貼る責任がある。

第五の義務は、遺伝子を損傷させる事象によってすでに害を受けた人々に賠償を行うことである。賠償を受けられると認定される人としては、戦争時に負傷を負った人々だけでなく、また遺伝子を損傷する化学物質の無検査と無管理状態の使用に集団的に曝されたことによって害を受けたと主張するＤＥＳ女児[6]のような請求者も資格があるだろう。

広範囲に使用されている化学物質のグループが存在することは、遺伝子を損傷する化学物質の使用制限を正当化する根拠となっている。フタル酸エステルは、プラスチックを軟らかくしたり、パーソナルケア製品を改善したり、他の化学物質を塗料や接着剤や防虫剤に溶けやすくするために用いられる。一九八七年に研究者たちは、ＤＥＨＰ（フタル酸ジエチルヘキシル）として知られるフタル酸エステルとその代謝産物が、透析を受けているかまたは大量の輸血を受けている患者の体内に発見されたことに気づいた。そのとき以来、四種類の異なるフタル酸エステルが、米国の人口に関する情報の収集を目的として実施されている「国民健康栄養調査」によって収集されたサンプルの中に恒常的に見つかった。

これらの化学物質の中の一つのフタル酸モノエチル（ＭＥＰ）は、精液の中のＤＮＡ損傷の増加と関連がある。二〇〇三年に研究者は、環境中のＭＥＰに曝される機会の多い男性は、彼らの精液のＤＮＡの中の破損の数が比例的に増加している、と報告した[11]。人口の数パーセントの中にＭＥＰが広がっていることを考えると、この結果は、広範囲のアメリカ人男性の間でＤＮＡの完全性が危険にさらされているかもしれないことを示している。今のところは、医学的な害があるとの証拠のない遺伝子損傷それ自体に対する具体的な法的な賠償請求はない。当座の間は、ラベル表示を要求する予防措置を取ること、フタル酸エステルへの依存によるリスクの発生を生産者に警告すること、ならびにフタル酸エステルの代替物を見つけ

---

[6] ＤＥＳ daughters：妊娠中にＤＥＳ（ジエチルスチルベストロール）を使用した女性の産んだ女児。

ることがかなり望ましいようだ。このような流れで、バクスター・ヘルスケア・プロダクト社は最近、彼らの血液と透析に関する取扱品目の中にフタル酸エステルの代替物を見つけた。

将来の展望

米国の科学者組織は、突然変異原性による遺伝子損傷に明らかに関心はあるものの、いまだ個人または人口全体の遺伝子の完全性を保護する緊急の必要性を感じていない。ゲノムは「共通遺産」の一部であるので、すべての人はゲノムの完全性を等しく要求する権利があるという主張は、「米国科学振興協会(AAAS)」が「ヒトゲノム・プロジェクト」の道徳的・倫理的な意味を検討するために集めたチームによって拒絶された。[12]「欧州評議会議員総会」[13]が採択した「人は不変の遺伝的遺産に対する権利を有している」との同様の立場も拒絶された。

AAASグループは、人間という種が共通の生殖細胞を持っていることを否定した。彼らの言葉によると、「人間の遺伝子プールは、自然の物ではなく、発見的な抽象物であり、自然の中にそれが指示する物質的な対象が欠けている。個人は彼らの親に由来する特殊なセットの遺伝子を受け継ぐ。このように生物医学的な観点からは、将来への資産として役立つ世代間の『人間の生殖細胞系列』は全く存在しない」[14]。このように、AAAS研究グループは、私たちが自らの種(しゅ)が伝えていく遺伝子に対して共通の責任を持っているという考えを拒絶した。

家族の遺伝の事実を別とすれば、このような見方はイデオロギー的に極めて危険である。もし私たちが保護に値する集団的な遺伝子資源を何ら持たなければ、今環境汚染により静かに発生している集団的な遺伝子損傷に対する責任を私たちが負わされることはない。特に「ヒトゲノム・プロジェクト」と、とりわけ米国環境保護庁（ＥＰＡ）は、遺伝子の警告の合図を無視することにより、世代間の遺伝子の損傷が生じる甚大な可能性を軽視したが、これに対する責任は彼らに取らせるべきである。現在、ＥＰＡの小規模な「ジーン・トックス・プログラム」があるにもかかわらず、私たちは毎年、数千の遺伝子を損傷する新たな化学物質が生命圏に入るのを許している。

その結果、遺伝毒性のある化学物質の拡大が生じるが、その事実はほとんど目に見えず、認識できない。「生殖毒性物質」のリストを並べてみても、標的となる化学物質が単に内分泌腺または生殖細胞を産み出す系統に対してしか「有毒」でないため、最悪の攻撃的物質を特定することはできない。精液のＤＮＡに直接的に損傷を与えると判明している上述の化学物質のフタル酸エステルは、この規則の例外である。

鉛、エチレンオキシド、メチル第三ブチルエーテルまたは塩素系溶剤のような化学物質または元素が「精巣障害」を引き起こすことが判明したが、そのときにも、その影響は単に一般的に「化学物質の」臓器特異的な毒性がつけ加えられただけである。つまり精液の遺伝的質への二次的な影響はほとんど無視されたのである。

化学物質に曝された受精率の低い男性のどれほど多くが、遺伝子損傷を受けたのか、または突然変異した遺伝子が後の世代に伝えられたのか。研究文献には、損傷を受けた精液の特殊な形態を少ない割合で持っている男性が、彼の異常な性質を二人の男児に伝えて、その両方とも無精子症になってしまったという

少なくとも一つの例が含まれている。(15)

結論

将来の世代は、「組み換えされていない」人間の遺伝子の遺産に対する権利を有している。その権利は、ただ単に、故意であってもなくても、生殖細胞の遺伝子工学的な加工から遺伝子プールを保護する権利だけに限られない。もっと具体的に言えば、公衆は、避けることのできない「自然に起きる」遺伝子の突然変異という重荷からの保護を主張することはできないが、人間が行う活動による遺伝子の損傷に反対する権利は主張することができる。子の権利を主張することは、将来の世代が私たちの遺伝子資源に対する取り返しの付かない損傷の重荷を背負うことによって、私たちよりも不幸にされることのない権利の主張を認めることになる。有毒物質による害［遺伝子損傷・欠失・欠損］から免れる自由に対するこの権利は、私たちの現在と将来の遺伝子構成とその結果を含み、また（例えば、紫外線や重金属などの有毒物質による損傷を通じた）遺伝子または遺伝子の修復機構への損傷を防ぐことによって遺伝子資源を保護することを含んでいる。この権利は究極的には、私たちの共通の遺伝子の遺産を保護する義務に基づく責務を承認するものである。

その結果として生じる、制約されない完全無欠なゲノムに対する権利は、化学物質の拡散によって、その遺伝子を損傷する性質には関係なく危険にさらされている。遺伝子が害を受ける可能性を減少させるためには、化学物質を選別し、また害を引き起こす最も重大な脅威を与える化学物質は一般の使用には不適格とする新たな規則を定めることが至上命令である。最後に、同意せずに遺伝子損傷化学物質に曝されることによって遺伝子の将来が危うくされた人々に私たちが補償することは、正義が要求する事柄である。

注

(1) J.F. Crow and C. Denniston, "Mutation in Human Populations," *Advances in Human Genetics* 14（1985）: 59-121を参照。

(2) W.J.Schull and J.V.Neel, The Effects of Inbreeding on Japanese Children（New York: Harper and Row, 1965).

(3) F.E.Wurgler and P.G.Kramers, "Environmental Effects of Genotoxins," *Mutagenesis* 7（1992）: 321-7. D.A.Beckman and R.L.Brent, "Mechanismus of Teratogenesis," *Annual Review of Pharmacology and Toxicology* 24（1984）: 483-500を参照。

(4) R.Barber, M.A.Lumb, E. Bouton, I.Roux, and Y.E.Dubrova, "Elevated Mutation Rates in the Germ Line of First- and Second-Generation Offspring of Irradiated Male Mice," *Proceedings of the National Academy of Sciences USA* 10. 1073/pnas.102015399（May 7, 2002).

(5) Wurgler and Kramers, "Environmental Effects of Genotoxins."

(6) M.Lappé, personal observations and discussions with the California State Legislatute during the 1976-1977 legislative session.

(7) F.H.Sobels, "Approaches to Assessing Genetic Risks from Exposure to Chemicals," *Environmental Health Perspective* 110, suppl. 3（2003）: 327-32.

(8) S.Nesnow and H.Bergman, "An Analysis of the Gene-Tox Carcinogen Database," *Mutation Research* 205（1988）: 237-53.

(9) M.D.Waters, H.B.Berman, and S.Nesnow, "The Genetic Texicology of Gene-Tox Non-Carcinogens," *Mutation Re-*

search 205（1988）:139-82.

⑽特に C.J.Mattingly, G.T.Colby, J.N.Forrest, and J.L.Boyer,“The Comparative Texicogenomics Database（CTD）,” *Environmental Health Perspective* 111（2003）: 793-5 による説明を参照。

⑾ S.M.Duty, N.P.Singh, M.J.Siva, et al., “The Relationship Between Environmental Exposures to Phthalates and DNA Damage in Human Sperm Using the Neutral Comet Assay,” *Environmental Health Perspective* 111（2003）:1164-69.

⑿ E.Agius,“Germ Line Cells: Our Responsibility for Future Geberations,” in S.Busuttil, E.Agius, P.S.Inglott, and T.Macelli, eds., *Our Responsibility Towards Future Generations*（Valetta, Malta: Foundation for International Studies, 1990）, 133-43.

⒀ Parliamentary Assembly, Council of Europe, Recommendation 934 on Genetic Engineering, adopted January 26, 1982.

⒁ M.S.Frankel and A.R.Chapman, *Human Inheritable Genetic Modifications*（Washington, DC: American Association for Advancement of Science, September 2000）.

⒂ S.Florke-Gerloff, E.Topfer-Petersen, W.Muller-Esterl, et al., “Biochemical and Genetic Investigation of Round-Headed Spermatozoa in Infertile Men Including Two Brothers nad Their Father,” *Andrologica* 16（1984）:187-202.

⒃ D.Escalier,“What Are the Germ Cell Phenotypes from Infertile Men Telling Us About Spermatogenesis?” *Histology and Histopathology* 14（1999）: 959-71 を参照。

第13章 化学的に誘発された突然変異による人間への健康影響の解明に向けて再びゲノム学に注目する

シェルドン・クリムスキー

もし仮にメディアを案内役として利用するとすれば、人間の遺伝学の研究に投資される公的および私的な資金は遺伝病に向けられてしまうようだ。これまで私たちの下には、長寿の遺伝子、癌感受性遺伝子（皮膚癌、乳癌、大腸癌および前立腺癌）、アルツハイマー病の原因への遺伝子による手掛かり、肥満遺伝子、脂肪を燃やす遺伝子、網膜退化の遺伝子、食品選択と感受性の遺伝子、さらにはいくつかの形態の「おねしょ」の遺伝子に関する論文などが蓄積されている。これらの発見の多くは家族の研究または一群の病気の研究によって生じたものである。これらの報告を読んで得られる推測は、報告される遺伝子の異常は生命の「富くじ」の一部のようなものであるということである。私たちのいわゆる欠陥遺伝子は、私たちの両親から私たちへ、彼らの両親から彼らへ……等々へと伝えられてきた。「ヒトゲノム・プロジェクト」

の報告では、単一の遺伝子の欠陥によって起きる遺伝病は四〇〇〇種あるという[1]。

遺伝子異常には二つの型があるが、それらは両親に由来するものではない。第一の型は、子宮内で起こり、何らかの発生異常を引き起こす非遺伝的な遺伝子の突然変異である。自然発生的なものかそれとも環境要因（経胎盤の突然変異原または発生に関わる遺伝毒性物質）によるものかどうかに関わらず、これらの突然変異の結果は、通常は遺伝はしない遺伝子異常であるが、もしその突然変異が新生児の胚細胞に影響すれば、遺伝可能性のありうる遺伝子異常であるかもしれない。二〇世紀中葉における経胎盤の発癌の発見以来、妊娠した女性の体内に有毒な化学物質が蓄積されることがより多く注目されてきた。成人の癌と思春期前の癌は、子宮内の環境で胎児の発育中に発癌物質によって活性化されたかもしれないと信じられている。例えば、合成ホルモンのジエチルスチルベストロール（ＤＥＳ）は、数百万人の妊婦に投与されて、その女性たちの女児が成人になったときに珍しい形態の癌を引き起こした。

遺伝子異常の第二の型は出生後に発生し、環境要因によって起きるかまたは起源の分からない自然発生的な突然変異により生じる体細胞または胚細胞のＤＮＡの変化の結果である。体細胞の突然変異の原因には良く知られているものがいくつかある。その原因には、太陽の発する自然の放射線、放射能、ウィルスと細菌および突然変異原性の化学物質が含まれる。これらの突然変異は、一般的には遺伝しないが、精巣または卵巣が突然変異原の標的になったときには遺伝しうる。

突然変異には多くの種類があり、そのうちのいくつかは、病気も表現型[1]異常も引き起こさない。例えば、ある生物学辞典では、「サイレント（silent）突然変異」は、遺伝子がコードしているタンパク質の生物学的活動に目立った変化を引き起こさない突然変異として定義されている[2]。また、自然発生的な突然変異は、突然変異原によって影響されることなく起きる突然変異として定義されている。ゲノム学のための私的およびほとんどの公的な基金は、非遺伝病や非遺伝的な遺伝子の突然変異を重要視していないように見えるのには理由がある。そのような病気や遺伝子の突然変異の発見で儲かる金はほとんどないし、多くの金が失われるだけである。突然変異原の化学因子の製造は工業的な過程の認められた部分となったが、もしこれらの因子のすべてが禁止または制限されれば、企業の利潤を得るためのコストはかなり多くなるだろう。

体細胞と胚細胞の突然変異が、自然発生的に起こり、放射線、食べ物の成分および微生物のような自然の物質から生じ、または合成の突然変異原によって引き起こされるということが可能であると考えると、ゲノムの保護という概念は幻想であるように思われる。科学者たちはこれまで、自然発生的な体細胞の突然変異の割合は、人間の腫瘍内で観察される突然変異の割合を説明するには低すぎると主張してきた。私たちの身体は、選択されたDNA配列の間で起きる特定の型の突然変異とその一定の発生率に対処する保護的な機構を進化させてきた。しかし、人間がつくった化学物質に細胞が曝されることによって突然変異の割合がかなり高くなると何が起きるか。新たな合成化学物質が、修復機構がない細胞グループを標的としたときには何が起きるか。

DNAは突然変異（DNA配列の変化）を起こす環境損傷活動にはかなり感受性が高いということは一般的に認められている。ゲノムという現代的な概念は、突然変異を受け、その修復を行う高度に力動的なシステムのことを言う。生物学者は、DNA修復機構におけるタンパク質と酵素の役割を研究している。

---

[1] phenotype：遺伝子型と環境との相互作用により、遺伝子型の一部が目に見える形で現れる生物組織の特質。

これらの修復機構はＤＮＡ複製の前後に機能するだろう。

細胞の規制能力に影響を及ぼして、細胞の過剰拡散を引き起こすと信じられている突然変異がある。他方で、ＤＮＡをコピーする酵素（ＤＮＡポリメラーゼ）の活動を停止させて、その結果として異常な細胞を作るかまたは細胞の増殖を妨げる（細胞の死）ことのできる突然変異もある。

これまで突然変異と病気との関連は、活発な研究活動と論争の分野だった。最初は、突然変異生成と発癌には一対一の関係がある、すなわち、突然変異原は癌を引き起こすと考えられた。一九七〇年代に、ブルース・エームズが化学物質の突然変異生成を検査するために細菌分析（エームズ試験）を開発した。そのときには、このような分析が癌に対する第一の防御ラインであると考えられた。突然変異原性を持つ化学物質を選別検査で取り除くことによって、私たちは潜在的な発癌物質を排除することができた。科学者たちは、エームズ試験をさらに深く研究するにつれて、細菌の突然変異生成と人間の癌との間のつながりは当初考えていたよりも複雑で決定的なものではないことに気づいた。調査したほぼ五〇〇種の化学物質のうち、突然変異原の七九％は同時にまた発癌性があり、発癌物質の四三％は突然変異原ではないことが判明した。加えて、非発癌物質の五五％は突然変異原だった。[3] 科学者たちはもっと綿密にＤＮＡ修復を観察しはじめた。従来から持たれていた見方は、今日では、癌は制御されない細胞の増殖と定義され、一定のＤＮＡ配列の中で突然変異が段階的に蓄積されたことの結果である多段階的な過程である、というものである。[4]

また、ますます多くの科学者たちは、癌研究の根底にある優勢な理論である癌の生体細胞突然変異説を疑問視しはじめ、癌は突然変異作用とは反対の大規模な組織現象であると考えている。[5] ソネンシャインとソトによると、腫瘍性の細胞は、細胞と組織の間の欠陥のある相互作用から生じた突発的な現象であるという。突然変異が癌の原因だったら、癌細胞がある動物から取られて別の動物に移植されたときに、癌細胞が正常な細胞のような振る舞いに戻るのはなぜなのか、と彼らは尋ねる。(6) 人間の発癌に関するどちらの理論が優勢になっても、突然変異と病気と突然変異の原因との間の関係は、重要な科学的関心のある分野であり続けるだろう。

例えば、科学的文献は、修復遺伝子が変化している幾人かの個人は、突然変異に基づく癌を発生しやすいだろうと主張している。さらに、いくつかの細胞は、特定の修復タンパク質が欠けていることもあって、他の細胞より悪性腫瘍に侵されやすいだろう。これは、体細胞突然変異発癌説として一般的に知られている理論では広く共有されている見方である。

突然変異と病気の関係に関する従来の見方が正しければ、生物は常にＤＮＡの変化と修復の状態にあるということになる。つまり、突然変異と修復の均衡状態が何らかの不均衡によって中断されるときにはじめて、病気が起きるのだろう。それでは私たちは、どのようにして突然変異を不自然なものとして、また突然変異原を生体異物として見ることができるのか。この分析では、強調点は突然変異原から生物の修復機構に移動する。

突然変異原と発癌物質との関係はかつて信じられていたよりも複雑である。この事実は、多くの科学者にとって基本的な発見、すなわち、ＤＮＡを損傷する化学物質は発癌物質である可能性はあるが、実際には常に発癌物質であるとは限らない、という発見を否定するものではない。インビトロで（in vitro：体外で）人間のＤＮＡを変化させる成分が食べ物に含まれているという事実、またその食べ物は絶対に人間には安全であるという事実がある。しかし、その事実は、インビトロまたはインビボで（in vivo：体内で）DNAを変化させる他の化学物質もまた安全であるとの安心感を私たちに与えてくれるはずはない。私たちの体は、ゲノムの一定の場所で一定の物質によって起きたDNAの変化を修復するように変化してきたのだろう。しかし、私たちの身体は、人間の種にとって新しい生体異物によるDNAの変化は修復できないだろう。

突然変異原性のためのエームズ試験の開発以来、人間の食べる物には様々な自然の突然変異原が含まれていることが知られてきた。これらの突然変異原は新鮮な野菜の中に見出され（植物性アルカロイドと有毒物質）、食べ物を調理する結果としても見出される（ヘテロサイクリックアミン）。例えば、焦げたフライドチキンやビーフは食物突然変異原の最も重要な供給源と考えられている。人間はたき火で食べ物を調理することで進化した。病気になるのを避けるために、なぜたき火による調理法を選ぶべきなのか。にもかかわらず、たき火の炎で燃えた食べ物から出る突然変異原の作用は高いようである。

人間が新たに曝されている突然変異原は、人間がこれまでの数百年間に接触してきた突然変異原よりも一見して疑わしいように思われる。これは誰もが持っている見方ではない。バークレー［米国のカリフォルニア大学のバークレー校を指す―訳者］では、「ヒトの被曝量／げっ歯動物換算の発癌濃度・研究プロジェクト」に関わっている科学者たちは、人間は合成化学物質に対してはきわめて良く保護されていて、ほとんどの防御酵素は、突然変異原性因子を含め、自然の化学物質だけでなく合成化学物質に対しても有効であると考えている。彼らは、公衆は合成化学物質に対して根拠なき不安感を大きくしてきたと主張する。自然の突然変異原に対する人間の被曝度は、合成の突然変異原に対するそれよりも桁違いに大きい(7)。

もし自然の化学物質（例えば、食料の中に存在する化学物質）が突然変異原による人間に対する主なリスクであるなら、それらに対する保護の「権利」を守ることは難しい。それは、「私たちは太陽の紫外線から守られる権利を持っている」と言うようなものであろう。しかし、もし現在商業的に利用されている八万六〇〇〇種の産業用化学物質の中で、かなりの数が動物の突然変異原であるならば、そして、私たちがそれらに曝される理由が自然の作用ではなく、人間の作用であるならば、権利の概念は受け入れられる。有毒物質の導入に関する活動によって人に害を与えている人々［食品等の製造業者］は、害を受けている人がそのような害を免れる権利を主張するのと同じ程度に、そのような活動を停止する責任を有する。それと同じ権利は、自然の物質が変形され梱包されて消費者に送られる（例えば、突然変異原性ハーブ、根および植物抽出物）ことがない限りは、自然の物質に関しては権利は設定できない。

突然変異原に曝された妊婦は、胎盤を通じてそれらを育ちつつある胎児に伝えるかもしれない。こうして、突然変異原性の化学物質は体細胞を通じて成人に影響を与え、妊婦の胎児の胚細胞に影響を与えるかもしれない。胎児に損傷を与える突然変異原は、DNAの損傷が数世代に伝えられるかもしれないので、人間の健康に対するより深刻な攻撃だと社会から一般にみなされている。

私たちが有毒物質による人間の遺伝子構成への害から守る「保護の権利」について語るときには、実際には、人間の身体機構が適応しなかったかもしれない産業時代の化学物質のことを言っているのである。これらの化学物質は身体のDNA修復機構にとって重荷となると信じられている。それは、化学物質は環境内に放出する前に人間に対するその突然変異原性を検査すべきである、と述べるようなものである。「権利」の概念は、他の何らかの個人や機関に対する義務が存在することを意味している。この場合には義務は、新たな化学物質を生産する企業とそれらの使用を規制する政府機関に対してでなければならない。最も高い義務は「害を全く与えない」ことである。これは「害を導入しないこと」を意味する。人間の作った突然変異原から個人が保護される権利は、この道徳的な命令と一致している。私たちがそのような保護の権利を主張しなければ、人間の作った突然変異原は自然の突然変異原や自然発生的な突然変異原と同じような道徳的カテゴリーには入らない。それは、自動車事故を欠陥品の製造と同じような道徳的カテゴリーに入れるようなものである。というのは、両方とも人間の負傷を結果として引き起こすからである。

科学者たちは、遺伝する突然変異と遺伝しない突然変異を私たちが識別するのに役立つような技術を開発しはじめている。例えば、「国立ヒトゲノム研究所（NHGRI）」と「国立衛生研究所（NIH）」に属する科学者たちは、遺伝性腫瘍と非遺伝性腫瘍を識別する技術を開発した。他の科学者のグループは、突然変異スペクトルに関する研究を行っている。それは、研究者が、表現型の選択の必要もなく、また時間のかかるDNA塩基配列決定法の必要もなく、突然変異原性因子に曝された人間集団に存在する突然変異を探索し特徴付けることができるような技術の組み合わせである。[8] 環境変異原に関する研究の見通しは明確にされている。それは曝露分析とバイオマーカー——分子疫学と呼ばれる方法——の使用の組み合わせを含んでいる。

人々が持っている彼らの（体細胞かまたは胚細胞の）ゲノムを環境変異原から保護するための「権利」は、科学的な分析を遂行するに十分な財政的資源が利用できるときにはじめて実現される。環境有毒物質によって、現在遺伝性遺伝子変異から起きているよりも多くの病気——それには突然変異原に誘発された病気が含まれる——が引き起こされる可能性はかなり高い。

注

(1) darwin.nmsu.edu/˜molbio/diabetes/human.html を参照。

(2) Biotech Dictionary, University of Texas, biotech.icmb.utexas.edu/ search/dic t-search.phtml?title=nutation.

(3) Publications from the Carcinogenic Potency Project, potency.berkeley.edu/text /drugmetrev.table3.html.

(4) Louise Vander Weyden, Jos Jonkers, and Allan Bradley,"Cancer: Stuck at First Base," *Nature* 419 (September 12, 2002) : 127-8.

(5) C. Sonnenschein and A.M.Soto, *The Society of Cells: Cancer and the Control of Cell Proliferation* (Oxford, UK: Bios, 1999).

(6) Sheldon Krimsky, review of *The Society of Cells: Cancer and the Control of Cell Proliferation*, by C. Sonnennschein and A.M.Soto, *BioSciennce* 49 (Sepetember 1999) : 747.

(7) Human Exposure Rodent Potency Project, University of Califormia, Berkley, potency.berkley.edu/herp.html.

(8) William A. Suk, Gwen Collman, and Terri Damstra,"Human Biomonitoring: Research Goals and Needs," *Environmental Health Perspective* 104 (may 1996) :479-83.

(9) Radim J.Srám,"Future Research Directions to Characterize Environmental Mutagens in Highly Polluted Areas," *Environmental Health Perspective* 104 (May 1996) : 603-7.

第14章　「オミクス」、有毒物質と公衆の利益

ジョゼ・F・モラーレス

科学と技術は、社会を変化させる重要な原動力である。そのような変化の一つは、バイオテクノロジー革命である。バイオテクノロジーは、生命系に関する基本的な知識の産出から特定の商業的な応用までを目的とする、生物学を基礎にした技術の多様な組み合わせである。バイオテクノロジー革命は、現代の生物の多くの側面に影響を及ぼす生物学的な情報と技術の未曾有の拡大である。過去十年間のバイオテクノロジーの発展には、人間のゲノムの塩基配列の決定、クローニング、DNAに基づいた法的決定および遺伝子組み換え食品が含まれていた。これらの急速な発展により、バイオテクノロジーの持続的な拡大と影響は際立ったものとなっている。

しかしながら、現在バイオテクノロジーが社会にもたらしている影響とその結果は、その歴史の影の部分に存在する。二〇世紀の初頭に、近代以前の遺伝学は、遺伝に関する基礎的な知識を生み出したばかり

でなく、また優生学と民族衛生学をも生み出した。これらの学問は、西洋社会における恐ろしい犯罪を生み出した「遺伝主義」の運動を補強することとなった。これらの不正義に対応するために、各国はこれらの社会的な力を規制する新たな権利を導入した。

「国連の世界人権宣言」は、権利を守るための世界の最高の手段（mechanisms）の一つである。「ヒトゲノム・プロジェクト」が完成する前に、人間の権利の範囲を人間のゲノムに拡大して、「ヒトゲノムと人権に関する世界宣言」を発表した。これは、「バイテク世紀」の本格的な開始を告げる人権に関する影響力の大きい文書である。この宣言は国際社会にとって重要ではあるが、ゲノムに関連した問題の範囲は非常に幅広い。このように、二一世紀におけるバイオテクノロジーの乱用に対処するために、またバイオテクノロジー革命のもたらす社会的な結果を予想して、人権の範囲を十分に拡大するために、「遺伝子権利章典（GBR）」やその他の努力が展開されてきた[1]。

「遺伝子権利章典」の「有毒物質」に関する条項（第五条[2]）は、米国における現代の環境運動の反映でもある。この運動は、抑えの効かなくなった工業化に対応する初期のパブリックヘルス［公衆衛生または公衆の保健］・環境運動から生まれたものである。工業化による自然資源の未曾有の過酷な利用の結果、労働者は多くの健康リスクに曝され、有毒廃棄物が土地、海、河川、湖、大気中に廃棄された。ほとんど百年間にわたって工業化による害が蓄積された後、一九七〇年代の環境運動はクリーンな空気、水および環境の保護の「権利」を要求することによって、このようなハザードを取り除こうとしはじめた。DNA構造の発見は、放射線突然変異原性、化学的突然変異原性、核時代の放射線生物学、最後に、新しい遺伝毒物学の基礎を築いた。そして、このますます大きくなる環境意識は、このDNA構造の発見の後に起きた遺伝学の爆発的な発展の分野で初期の環境運動の発展をそれ自身のうちに吸収していった。

一九七〇年代に、この蓄積された生物学的知識は有毒物質により病気が発生するリスクの分析方法に応用された。これらのリスク分析法は、憂慮する市民[3]による科学界[4]に対する批判を巻き起こし、最後には、リスク分析法に方法論的な不十分さがあるということ、ならびに科学に基づいたリスク評価に空白があるということで意見が一致した。この空白は「ヒトゲノム・プロジェクト」とそれに関連する（遺伝子配列がリスクを様々に調節する仕方に関する）DNA研究によって埋められた。それからほぼ五年後の高性能処理生物学の新時代に、この研究は、環境に反応しやすい遺伝子[5]における変化の分類と遺伝子表現の全ゲノム研究に合流した[6]。こうして、感受性と遺伝毒性の反応に関する「オミクス」[1]がリスクに関する新しい科学的基礎となった。

新しい技術の発展の見通し

バイオテクノロジー革命は、環境の健全性を確保する問題に大きな影響を与えている[7]。一つの重要な影響は、「オミクス」に基づいたリスク評価の再形成である。「オミクス」は、環境科学を含む多くの分野に配備された数多くの全く異なるが関連している高性能処理技術の短縮表現である。「オミクス」は、短時間で大量の生物分子を評価するために、その定義的な側面として、ロボット学、エレクトロニクス、微細化技術、ソフトウェアおよびハードウェアを結びつける高性能処理技術を有している。特定の生物分子は、それぞれ固有の「オミクス」を持っている。すなわち、**ゲノミクス**はDNA配列に対応するオミクスで、

トクシコゲノミクス［毒物ゲノム学］はＲＮＡの反応性を調べる。また**プロテオミクス**はタンパク質を研究し、**メタボノミクス**は小さな分子に対応するオミクスである。他にも炭水化物を研究する**グリコミクス**のような「オミクス」も存在する。これらの「オミクス」は、データベースに蓄えられ、**バイオインフォマティクス**としても知られる進歩したコンピュータ的な方法によって扱われる大量のデータを作り出す。

環境的健全の分野では、これらの「オミクス」は、有毒物質に曝されることの影響を研究するために用いられる。これらの被曝は、皮膚、肺および消化器官を通じて化学因子や物理因子と人間が接触する結果として生じる。いったん身体的に接触すれば、これらの因子は様々な細胞を貫通し、ときおり代謝され、そしてＤＮＡと相互作用する。この相互作用が、ＤＮＡ損傷を含む様々な影響を産み出す。ＤＮＡ修復機構は損傷を是正するが、ＤＮＡはときには間違ってコピーされ、その結果、ＤＮＡ配列に変化が生じ（突然変異）、ＤＮＡの機能にその他の影響を及ぼす。ＤＮＡ配列と機能におけるこれらの変化の結果、細胞の機能が変化し、また病気が発生する。「オミクス」は、これらの有毒物質の影響に関する厳密で人間に基づいた情報を提供するので、環境的健全の不安定性は、減少することが期待される。「オミクス」に基づいた処理量（検査される化学物質を時間で割った値＝検査される化学物質／単位時間）が増えて、コストが同等の大きさで減っていけば、最終的には多くの環境化学物質にとっての毒物学的データギャップも埋まるだろう。ＤＮＡの機能への影響の研究に関連するいくつかの「オミクス」の技術を挙げれば、それらはゲノム学、毒物ゲノム学、メタボノミクス、プロテオミクスおよびバイオインフォマティクスである。

[1] omics：ゲノム学を含む現代遺伝学の総称。omicsは、例えばeconomics（経済学）のように「学問」や「科学」を示す言葉に由来すると考えられる。

ゲノム学は、生物の完全なＤＮＡ配列を研究する。ＤＮＡ配列は、ＤＮＡ分子を構成する化学的な「文字」の順序である。「ヒトゲノム・プロジェクト（ＨＧＰ）」は、早い段階で、人間の間での遺伝子の相違には取り組まないと決めていたので、少数の個人の人間のＤＮＡの完全な相補体の配列を完成することができた。今日では、ゲノム学は、個々人の間の形質の差異の根底にはどのようなゲノムの相違があるのかを研究している。すべての人間はほぼ三万個の同じ遺伝子を持っているが、人が違えばこれらの同じ遺伝子にも差異があり、彼らの間には、ＳＮＰｓ［「スニップス」と発音―訳者］と呼ばれるＤＮＡ配列の中の「スペル」の独自の違いがある。ＳＮＰｓの存在によるＤＮＡ配列の相異が遺伝子の内部で起こると、その結果、タンパク質の機能が大きく変わり、病気に対する感受性や薬、食べ物、環境毒物に対する反応のような一群の個人の形質に影響を与える。

毒物ゲノム学は、一度に数千個の細胞の遺伝子の表現を研究するために、マイクロアレイまたは「遺伝子チップ」と呼ばれる新しい高性能処理技術を利用する。マイクロアレイは、ロボットによって小さなガラスまたはプラスチックのチップの上に置かれている、極微小の点状の蛍光表示されたＤＮＡからなる小さな格子状のものである。それぞれの点は、ゲノム内の遺伝子に一致する。細胞が環境内のストレス要因に曝されると、多くの遺伝子の「量」は上下し、それによって遺伝子のＲＮＡ鎖も多くなったり少なくなったりする。これらの細胞を破って開き、ＲＮＡを処理し、蛍光タグを付け、それからチップの上に置く。こうして、それぞれの点はある蛍光色を持ち、そして格子全体は、有毒物質に対する細胞の対応に応じたすべての遺伝子の「量」または表現に基づく蛍光パターンを持つようになる。こうして、毒物ゲノム学は人間の中の毒性を研究し理解するために遺伝子表現を利用する。(8)

メタボノミクスは、小さな生物分子、すなわち生物の代謝作用の副産物である「代謝産物」を調べる。細胞のタンパク質の多くは、食べ物を小さな生物分子に変える（分解経路）。さらに他のタンパク質は、DNA、RNA、脂質、炭水化物またはタンパク質のような複雑な生物分子を作るために、これらの代謝産物を用いる複雑な分解経路に関わっている。これらの代謝産物を研究するために開発されたのが、核磁気共鳴（NMR）分光法である。NMRは、代謝産物の中の原子の変化を研究するために非常に強力な磁場を用いる。こうして、それぞれの代謝産物は、尿、血漿（けっしょう）および唾液（だえき）のような様々な体液から出るそれ自身の特定の「NMRスペクトル」、すなわち指紋を産み出す。NMRは、有毒化学物質への曝露の後に生じる多くの代謝産物の特徴を表す「代謝プロフィール」を産み出すために用いられ、それを病気を示す攪乱と関連付ける。(9)

プロテオミクスは、細胞内の相互作用のネットワークに存在するタンパク質の複雑な集まりを研究する。細胞のタンパク質補体（プロテオーム[2]）は、それに対応するゲノムよりもずっと複雑で、約五〇万個のタンパク質が約三万個の人間の遺伝子から生じる。タンパク質は細胞の物理的質量の大部分を構成し、合成の後に修正される非常に特殊な三次元構造を有し、様々な仕事を遂行することが可能となる。タンパク質は協力して複合体を形成するので、多くのタンパク質同士の相互作用が細胞内で起きる。細胞が有毒な化合物に曝されると、これらの機能的なタンパク質のネットワークは変化する。(10) 人間のプロテオーム内の毒物による攪乱を研究するために、質量分析（MALDI—TOF(11)）やチップ関連の技術のような様々

[2] proteome：ゲノムの各遺伝子に対応するすべてのタンパク質を指している。

な高性能処理技術が用いられる。(12)

バイオインフォマティクスは、高性能処理のバイオテクノロジーの発展から生じる膨大な量のデータを分析するために生まれた。バイオインフォマティクスは、巨大なデータの寄せ集めを言わば「倉庫に入れ」、それらを調べてそれらの重要なパターンを掘り当てる。そうすることにより、私たちは生物の細胞の大規模な分子パターンを理解できるようになる。研究者は、このコンピュータによる作業を、「シリコン内での」[3]毒物学またはコンピュータを駆使した方法を用いて、「有毒化学物質や放射性物質への」曝露による健康への悪影響のリスクを予測する方法を開発するために必要だと見ている。(13)

新しいバイオテクノロジーの発展を展望して権利を強化する

他の新しい科学と技術に関する場合と同様に、環境主義者たちは、新たに生まれつつあるリスク評価の根底にある「オミクス」のデータを含めて、バイオテクノロジー革命の前進をすぐに彼らの研究に統合するだろう。それゆえ、環境主義者たちは、この新しい「オミクス」技術のほとんど知られていない諸結果に影響を与えることのできる独自の機会を得るだろう。次の四つの提案は、環境主義者たちが、この新たな技術の展望における「オミクス」の諸結果に関する彼らの影響の方向を定めるために、「遺伝子権利章典」の第五条をどのように利用するかの例である。

(1)「オミクス」のデータベースを公衆が利用できるようにすること――ヒトゲノムの配列が公的なものとされた［したがって、公開された］ように、(14)環境的健全に関連する「オミクス」のデータも公的にされなければならない。コミュニティは、リスク評価の再定式化における彼らの役割を考えると、意思決定のために「オミクス」のデータを利用する権利を持たなければならない。

(2)一般参加型の毒性に関する合意――「オミクス」のデータの誤った解釈から毒性に関する不正確な主張が生まれるという懸念が存在する。[15] これに対処するには、化学物質を分類するための「オミクス」のデータの使用に関する合意――この合意はコミュニティを含む、「オミクス」のデータの使用に関与するすべての部門の集団的な努力から生じるものでなければならない――を結ぶことが必要である。[16]

(3)機能ゲノムを知る権利――「人間家族［人類］のすべての構成員の基本的な統一の根底にある」[18]「人類の共通遺産の一部」[17]としてのヒトゲノムは、共有財産の決定的に重要な部分である。「機能ゲノム」とゲノムが環境と相互作用するための手段および経路である進化した機構もまた、共有財産の一部である。二十年近く前に、国会議員たちは、「すべてのアメリカ人は彼らが曝されるかもしれない化学物質を知る権利がある」[19]と主張した。この「知る権利」は、それを機能ゲノムに結びつけることによってその範囲を拡張することができるかもしれない。現在進行している「オミクス」の努力を考えれば、関連するデータベースの利用を増やすことにより、新しいリスク評価の力が大きくなるだろう。既存の「有害化学物質排出目録」の利用を民間の有害物質データから公的および民間の「オミクス」のデータベースに拡大すれば、政府はより大きな環境保護の力を持つようになり、市民も新しい情報に基づいて行動する権利をさらに持つようになるだろう。

---

[3] in-silicon：試験管内（in vitro）や生体内（in vivo）での実験に対し、コンピュータ利用によるシミュレーション等に基づくもの。

(4) **遺伝子型決定**――個人のゲノム解読または遺伝子型決定を発展させる現在進行している努力は、ますます複雑で速くそして安価になっている[20]。このような急速な発達を考えれば、個人の遺伝子型決定は、現存する民族的、人種的集団に関する新奇な情報を産出しながら、ますます共通になり、医学的実践、栄養的な実践および消費者の実践の一部を形成するだろう。最終的には、集団の遺伝子型決定が、感受性集団を特定することによって環境的健全の維持に役に立つだろう。現代の環境保護は人間集団の最も傷つきやすい遺伝子型を最小の安全基準として指定するだろう。

将来予想される変化

化学物質の使用は世界経済の重要な側面であるので、その適切な規制は非常に重要である。二一世紀におけるこの規制の基礎は変形を受けている。科学は規制のための健全な機構の土台となることが期待され、そこから規制の機構を形成する政策、立法および法律の施行が生じてくる。このように、ゲノムに基づいたバイオテクノロジーは、規制のための新しい基礎を据えつつあるが、その将来の組織の形はまだ分からない。

このバイオテクノロジーの規制の結果が不確定であることは、様々な部門に懸念を生じさせている。企業部門の懸念は、次のようないくつかの重要な戦略的な問題――これらは化学工業の将来を形づくるものとされる研究構想の基礎である――とともに明らかにされる。

・科学的な不確実性があると、それはあまりにも保守的な規制を結果として招く可能性があるが、私たちは、このような科学的な不確実性をどのように減らすことができるか。
・公衆により一層容易に理解され信頼される科学的リスク評価過程は、どのようなものが開発可能か。[21]

それに代わって、市民社会は、バイオテクノロジーに基づいた新しいリスク評価が化学物質に関する、より大きな規制緩和を許しはしないかという心配をしている。

遺伝子を損傷する化学物質に不当に曝されることなく生きるという人々の権利は、歴史の挑戦的な時期に出現している。この時期は、科学的知識と技術的な優れた能力の未曾有の増大、ならびに経済的な力と民主主義的な闘いのグローバル化によって特徴付けられる。民主主義的な権利の発展において、科学と技術はどのような役割を果たすだろうか。答は、市民と科学者がこのポストゲノム時代において人間の権利を拡大し保護する道を築くことができるかどうかに大部分はかかっている。[22]

注

(1) Council for Responsible Genetics (CRG), "The Genetic Bill of Rights," www.gene-watch.org/program/bill-of-rights.html.

(2) 私は「遺伝子権利章典」の第五条を改訂して、それを現実の環境により適したものにしたい。それは次のようになるだろう。「すべての人は、彼らの遺伝物質の構造と機能を損傷または変化させることのできる有害な化学因子または物理因子に不当に曝されることなく生きる権利を有する」。この改訂は、人間が、宇宙線や紫外線の照射、細胞による酸素ラジカルの生産およびある種の植物合成物と自然に存在する鉱物の体内への摂取のような突然変異原への曝露を本質的に避けることができないことを認識している。

(3) P.Montague, "Risk Assessment—Part 1: Early History of the Chemical Wars," *Rachel's Environmental and Health News* 194 (1990) ; P.Montague, "Risk Assessment —Part 1: The Emperror's Scientific New Clothes," *Rachel's Environment and Health News* 393 (1994).

(4) S.Brudnoy,"Pushung for a Paradigm Shift in Cancer Risk Assessment," *Scientist* 7 (1993) : 14.

(5) K.Olden and J.Guthrie,"Genomics: Implications for Toxicology," *Mutation Research* 473 (2001) : 3-10.

(6) M.D.Schena, D.Shalon, R.W.Davis and P.O.Brown,"Quantitative Monitoring of Gene Expression Patterns with a Complementary DNA Microarray," *Science* 270 (1995) : 467-70.

(7) K.Olden, J.Guthrie, et al., "A Bold New Direction for Environmental Health Research," *American Journal of Public Health* 91 (2001) : 1964-67.

(8) K.S.Ramos,"EHP Toxicogenomics: A Publication Forum in the Postgenome Era," *EHP Toxicogenomics* 111 (2003) : A13.

(9) J.P.Shockcor and E.Holms,"Metabonomic Applications in Toxicity Screening and Disease Diagnosis," *Current Topics in Medical Chemistry* 2 (2002) : 35-51.

(10) N.Plant,"Interaction Networks: Coordinating Responses to Xenobiotic Exposure," *Toxicology* 202 (2004) : 21-32.

(11) S.Kennedy,"The Role of Proteomics in Toxicology: Identification of Biomarkers of Toxicity by Protein Expression Analysis," *Biomarkers* 7 (2002) : 269-90; and R,W.Nelson, D.Nedelkov, et al., "Biosensor Chip Mass Spectrometry: A Chip-Based Proteomics Approach," *Electrophoresis* 21 (2000) : 1155-63.

(12) J.H.Ng and L.L. Ilag,"Biomedical Applications of Protein Chips," *Journal of Cellular and Molecular Medicine* 6 (2002) : 329-40; and H.Zhu and M.Snyder, "Protein Chip Technology," *Current Opinion in Chemical Biology* 7 (2003) : 55-63.

(13) M.D.Barrat and R.A.Rodford,"The Computational Prediction of Toxicity," *Current Opinion in chemical Biology* 5 (2001) : 383-88; and G.M.Pearl, S.Livingston- Carr, and S.K.Durham,"Integration of Conputational Analysis as a Sentinel Tool in Toxicological Assessment," *Current Topics in Medicinal Chemistry* 1 (2001) : 247-55.

(14) A.Pollack,"Scientist Quits the Company He Led in Quest for Genome," *New York Times*, January 23, 2002,C1.

(15) L.L.Smith,"Key Challenges for Toxicologists in the 21st Century," Trends in *Pharmacological Sciences* 22（2001）: 281-5.
(16) R.Tennant,"The National Center for Toxicogenomics: Using New Technologies to Inform Mechanistic Toxicology," *Environmental Health Perspectives* 110（2002）: A8.
(17) B.M.Knoppers,"Population Genetics and Benefit Sharing," *Community Genetics* 3（2000）: 212-4.
(18) UNESCO, Human Dignity and the Human Genome, Universal Declaration on the Human Genome and Human Rights（1997）.
(19) U.S.Environmental Protection Agency, "Emergency Planning and Community Right-to Know（EPCRA）," www.epa.gov/compliance/civil/federal/epcra.html; and U.S.Environmental Protrction Agency, "EPCRA Overview," yosemite.epa.gov/oswer/ceppoweb.nsf/content/epcraOverview.htm.
(20) E.Jonietz, "Personal Genomes: Individual Sequencing Could be Around the Corner," *Technology Review* 104（Octobor）1, 2001）: 30.
(21) Chemical Industry Institute of Toxicology（CIIT）, "Overview of CIIT," www,ciit. org/about/overview.asp.
(22) この問題のより広範な論及に関しては、Jose F. Morales, Genomic Justice, www.pibiotech.org. を参照。

第6部　優生学

「すべての人は、強制された不妊・断種から保護される権利、または選択された胚や胎児を中絶または操作することを目的とする強制的な遺伝子スクリーニングのような優生学的手段から保護される権利を有する」

「遺伝子権利章典」第六条

第15章 生殖の自律 vs 国家の優生学的・経済的関心

ルース・ハッバード

優生学的な手段に反対する（「遺伝子権利章典」の第六条に表現されている）権利は、その包括性のために、一見したよりもはるかに複雑な問題を提起している。米国の歴史上のこの時代においては、リベラルな考えの人々のほとんどは、強制的な避妊手術から免れ保護される権利を個人に与えるべきであることは当然だとみなすだろう。しかし、「すべての人」が本当に「誰をも含む」という意味であるかどうかについては、意見の不一致が生じる可能性がある。これは特に、知能が「低い」とか「精神的な病気に罹っている」と判断される人間に対して当てはまる。教育を受けた中流階級の人が、誰かの意思決定の能力を判定するよう求められて、「知能が低い」とか「精神的な病気に罹っている」とかの観念をどのように理解するかといえば、それは社会的サービス機関や医療機関や裁判所がその人を理性的思考能力がないと認定するのと同様である。したがって、強制的な避妊手術から免れ保護される権利の支持者の中には、この権利をそのような人［「知能が低い」とか「精神的な病気に罹っている」人］に拡大されることを望まない人がいる。おそらく、この権利をそのような人に拡大することを拒む理由は、この種のハンディキャップを持つ人は、性行為を行うときには十分先のことを考えることが期待できないという根拠に基づいている。このようなハンディキャップを持つ人は、自分が子供の世話も面倒も十分に見られない時に子供を生む可能性が平均的な人よりも高いと考えられているのかもしれない。こうなると議論は、社会はこのような人を不本意な避妊手術を「させないようにする」よりも、むしろ不本意な生殖をさせないようにする［つまり不妊・断種する］必要があるということになるだろう。

このような議論の方向は、真に自発的（voluntary）であるためには、行為が文字通り意図（will）されていなければならない（voluntary という言葉は、will を意味するラテン語の voluntas に由来する）ことを前提している。またそれは、ある種の精神的な障害を持つ人は、彼らの性行為の起こしうる結果を予想して、その意思決定が何を結果として伴うかを十分理解して子供を持つことを真に「意図する」ことは絶対にできないことを暗に想定している。社会は、この種の欠陥を持っている人々に直面して、彼らを生殖することを不可能にすること——言い換えれば、彼らを不妊にすることおよび断種すること——によって彼らをその欠陥から守る権利だけでなく義務をも持っていると言われるだろう。

このような議論の方向は、精神的に「欠陥のある」人々の強制的な不妊・断種を可能にする、それどころか命令する法律が、米国、ナチスドイツおよびスカンジナヴィア諸国で二〇世紀の大部分の期間の間に無力な人々に対して行使され実施されたという事実から見て、危険である。(1) この不幸な歴史は、民主主義的な社会にとっては、あらゆる人の生殖の自律[1]を主張することによって、生殖に関する「過剰な」寛大さの側に立って間違いを犯す［障害のある子供を多く生むことを指す―訳者］ことのほうが安全であることを示している。

さらに重要な点がある。強制的な不妊・断種を定めるすべての法律は、保護的な――時としてかなり過度に家父長的ではあるけれども――言い方でしばしば表現されているが、経済的な動機があることは間違いない。このような法律の支持者は、これらの法律が「遺伝的な欠陥」をもつ子どもの誕生を防ぐことによって、将来の世代の遺伝的素質を改善することを意図している、と主張するだろう。国家の側では、自分自身の世話ができない人々の世話をすることが財政的な「負担」を生じさせるという詳細ではあるが仮説的な予測がある。このような予測に基づいて、これらの法律が、自分自身の世話ができないとみなされている両親を持つ子供に対する経済的な責任を国家が引き受けないようにすることを大いに目的としていることは間違いない。こうした仮定そのものは、知能の「低い」人々または精神的な機能障害のある人々は、自分自身や彼らの子供をどう世話をするかが分からず、また分かるようにもならないという想定に基づいている。このような想定は、適当な社会的、経済的対策を行えば、広範囲の精神的または肉体的な障害・能力を持った人々でも自己自身と彼らの家族を支え、世話することができるという事実を無視している。

「強制的なスクリーニング［具体的には、生まれてくる子の選別―訳者］」の要求も同様に優生学的および経済的な考慮の具体化である。障害のある子供の誕生を防ぐという標準的な主張は、公然とまたは隠然にか、少なくとも一部は国家のサービスに頼る可能性のあるそのような子供たちの世話の費用を計算に入れている。しかし、これらの費用は障害の性質と両親の経済的および社会的な状況により非常に様々である。

それゆえ、公的な費用は決して正確には見積もることはできない。

「悪い遺伝子」が社会に脅威を与えるという主張も、必ずしも明確にはされていない。しかし、遺伝学者と小児科医は、合理的な社会的目標としてそれらの悪い遺伝子の存在を減少させる必要を認め、それらの遺伝子が将来子供の親となる人にどのようにして適切な情報を与えるかを正しく示す必要を認める傾向がある。その結果、将来親となる人は、予想できる「障害」または「欠陥」を持つ子供を生むのを避けるためにできることすべてを行うためには、医学的、家族的およびより広範な社会的圧力に抵抗する大きな決意が必要である。実際、ヒト遺伝学者たちはしばしば次のように主張してきた。たとえ遺伝的な「欠陥」を持つ幼児を生かせておく医学的な対策が行われたとしても、それは、子どもたちが少なくとも彼ら自身の「欠陥」を将来の世代に伝えないようにするために、彼らの誕生を防ぐことができなければ、またそれができるまでは、社会の利益にはならない、と。そして彼らの遺伝子構造を医学的に変更できるほど十分早くそのような「欠陥」を発見することができなければ、またはそれができるまでは、社会の利益にはならない、と。

技術の発達した国々に事実上行き渡っている医学的な見方からすると、遺伝子検査またはスクリーニングを（そして将来はたぶん遺伝子操作も）受ける経済的な能力のある人々の中で、出生前または出生後に遺伝子に関するこれらの介入によって予想される利益を受け取るのを拒む人はほとんどいないだろう。にもかかわらず、今のところ自由民主主義国家では、これらの介入を義務的とすることにはかなりの反対が

[1]生殖の自己決定権、すなわち「子を産むことを自分で決定できること」の意味。

あるだろう、と私は推測する。しかし、ここで再び、経済的議論が優生学的な不安の広がりと結びついて、状況は遺伝子検査やスクリーニングといった介入を法的に義務化することに有利に傾くだろう。というのは、遺伝子検査をはじめとするこれらの介入は、より習慣化し、より安価になっているからである。

さらなる問題は、このような介入を拒む親の選択を最後には制限するだろうということである。この問題は、卵子の採取と着床前または出生前の介入［スクリーニング（胚のふるい分け）、遺伝子操作また胎児の外科手術など——訳者］が標準的な医学的実践と見なされるようになる場合に、特にそれらが命を救うかまたは子供に将来重い障害が現れるのを防ぐために必要とみなされる場合に生じるだろう。実際、羊水穿刺（せんし）や胎児の外科手術の場合のように、治療の上で女性の身体を穿刺したり切開する必要がなければ、妊娠した女性の胎内に宿る胚や胎児のためにそのような着床前または出生前の介入を拒むことはできないだろう。米国では、治療しなければ、子供が死ぬかまたは取り返しの付かない損傷を受ける可能性があるという医学的な合意があれば、親の反対があっても子供を治療することを主張する医師を法律が通常支持している。同様な議論は、インビトロ［試験管内］の卵子、精子または胚に拡大して適用することも全く可能である。

一九七〇年代と一九八〇年代においては、胎児／新生児が普通分娩では生存できないと主治医が主張したときには、多くの女性は意に反して、法廷の指示した帝王切開を受けざるを得なかった(3)（問題となっている女性が、手術が予定されている時刻の前に、姿を隠したり、自然に陣痛が始まることによって、何とか帝王切開手術を免れたどの例でも、新生児が損傷を受けたことは実際全くなかったことは、注目に値する）。帝王切開手術に対して最後に法廷で異議が唱えられたときに、ワシントンD.C.の連邦控訴裁判所は、法廷が支持

した帝王切開手術の遂行に反対する判決を下した。(4)

妊娠した女性たちは、前述の介入が彼らの身体的な完全性を破壊することを意味するならば、おそらくこの判決を、彼らの胎児のために勧められる医学的検査や治療を拒否する根拠となる前例として利用することができるだろう。しかし、彼らはこの判決をインビトロの［体外の、すなわち試験管内またはシャーレ内の］胚のために利用しようとしたら、成功する可能性はないだろう。というのは、インビトロで生まれた胚を検査することが標準的な医学的実践とみなされるようになったとしたら、将来に親となる人が胚を切り取って調べることを拒否する権利を持つことになるかどうか疑わしいからである。親は「危険な状態にある」子供の場合にはいま医学的介入を受ける権利を持っているが、これから生まれてくる子供の健康と生存のためには手術が必要であると医師が主張すれば、この子供の場合にも同等の医学的介入を受ける権利を親は得ることができるだろう。将来に親となる人が、「遺伝子権利章典」に関するこの解説が議論している彼らのインビトロの胚のスクリーニング［選別］やディスカーディング［廃棄処分］[2]や遺伝子操作のような優生学的な手段を拒む権利を持つことができるのは、どのような根拠に基づいてであろうか。

私は、問題となっている権利は、健康問題での自律［自己決定権］だけでなく生殖の自律の本質的な部分を構成しているので、支持するに値すると考えるが、それが法的な課題に耐えるかどうかは確信がない。さらに親の地位、権利および義務を再定義している革新的な技術的・社会的状況から問題が生じる可能性がある。普通の状況では、米国の司法は、概して、生物学的な父親を確定するために行われる検査の結

[2]胚の遺伝子を検査して、悪い遺伝子が見つかれば、その胚を廃棄処分にし（ディスカーディング）、見つからなければ、そのまま胚を育てる（スクリーニング）ということ。

果に関係なく、妊娠している女性の夫を彼女の子供の父親であると考える。彼が子供の父親であるというその地位に異議を唱えたい男性がいたとしたら、彼はそうするためには法的な手段を取らなければならない。しかし、誰が父親であるかを識別することは、現在の遺伝子検査という生殖に関する介入を利用する以前に、ある程度可能である。可能性から言って、子供は五人までの潜在的な親を持つことができる。つまり、彼らは、自分たちの家族の一人として子供を持とうとともに決めた二人の人、インビトロの受精のために使われる卵子と精子を提供した女性と男性およびインビトロの胚を懐胎して子供を生んだ女性［いわゆる代理母］の五人である。カリフォルニア控訴裁判所は、この五人の中の誰一人として生まれた子供に対する父親としての責任を進んで引き受けようとしなかったこの種のテストケースに直面したときに、子供を持つために生殖技術を利用した夫婦がその子供の親であると考えられるという判決を下した。(5)

この判決は、この二人の人が胚または胎児の運命に関する適切な決定を行う権利を持つ唯一の人であるという意味であるのか。胚を採って調べるべきであると決め、数ある胚のどれが懐胎されるべきかを決め、それらの胚のいくつかは廃棄すべきであるかどうかを決めるのは彼らだけなのか。彼らは、そうすべき医学的理由があるなら、代理母が羊水穿刺を受けるべきであるとか、胎児外科手術を受けるべきであると主張することができるのか。法的に親と決められた人が複数の子供を持つつもりでなかったために、胎児の数を人為的に減らすことはできるのだろうか。おそらく、このような起こり得る事態はすべて、この種の取引を定めている契約書で扱われ、比較検討される必要があるだろう。しかし、ここで検討されている権利が不確実な法的根拠に基づいていることは、この決して仮想的ではない状況から見て明らかである。

このような状況を越えた問題、すなわち、妊娠を試みて残された人間の胚または商業的に産み出された人間の胚を科学的研究で利用する仕方、または治療目的で胚から「幹細胞」[4]を産み出すために利用する仕方に関する決定の問題にいたると、誰がこれらの決定を行う権利を有するのか、またはその権利をどのように行使するのかはまたもや決して明らかではない。

最後に、この権利は、「子を産むか産まないかという」生殖の選択を自ら行う女性の権利を支持する運動にとって大きな課題となるだろう。米国では、一九七三年のロウ対ウェイド（Roe v. Wade）の裁判の判決[3]で保証されている妊娠中絶に対する女性の権利——彼女の選択の理由に関係なく、またこの選択が医師との相談でなされたものであるかぎり中絶に関する彼女の決定が認められる権利——がこの権利を確立させている。確かに、この権利は、生殖——それは妊娠を終了させるかもしれないし、またしないかもしれない——に関する決定に適用されなければならない。

私たちの中には、科学的研究によってこの種の決定に関する優生学的な根拠がますます多く生み出されている事実を嘆く人が幾人かいるかもしれない。私たちはさらに、貧しい女性が、理由は何であれ、妊娠中絶手術を受ける可能性を奪われている一方で、妊娠中絶手術の代金を支払う余裕のある女性が、経済的またはその他の社会的な圧力により、「優生学的選択」を行うように仕向けられていることに怒りを感じるかもしれない。それにもかかわらず、優生学的介入を受け入れる決定が「自発的」なものであり、「選択」によってなされたものであるとすれば、妊娠中絶の権利の擁護者にとっては、理由は何であれ妊娠を

[3]女性が妊娠を終了させるかさせないかを決定する中絶の権利を認めた最高裁判所の判決。
[4]二九一頁の訳注[9]を参照。

終わらせる権利は、そのような優生学的介入に対する私たちの反対の立場を勝利させる決定打でなければならない。しかし、私は「自発的」と「選択」という言葉には引用符を付けないではいられない。なぜなら、このような決定には経済的やその他の社会的な圧力が作用しているからである。個人は、そして特に女性は、彼らの思いどおりにコントロールできない社会的な環境に基づいて優生学的な決定を行わざるを得ないと感じているだろう。にもかかわらず、そのような決定を行うのは、彼らであり、彼らだけである。

注

(1) Phillip R. Reilly, *The Surgical Solution : A History of Involuntary Sterilization in the United States* (Baltimore: Johns Hopkins University Press, 1992) ; and Daniel J. Kevles, *In the Name of Eugenics* (New York Knopf, 1985).

(2) Ruth Hubbard and Elijah Wald, *Exploding the Gene Myth* (Boston: Beacon Press, 1993, 1998)、邦訳『遺伝子万能神話をぶっとばせ』ルース・ハッバード、イライジャ・ウォールド著、佐藤雅彦訳、東京書籍、二〇〇〇年。

(3) Veronika E.B. Kolder, Janet Gallagher, and Michael T. Parsons, "Court-Ordered Obstetrical Interventions," *New England Journal of Medicine* 316 (1987) : 1192-6; and Janet Galagher, "Prenatal Invasions and Interventions: What's Wrong with Fetal Rights," *Harvard Women's Law Journal* 10 (1987) :9-58.

(4) *In Re A.C., Appellant*, 573 A.2d 1235 (D.C. Court of Appeals 1990).

(5) *In Re Marriage of Buzzanca*, 72 Cal. Rptr. 2d 280 (Ca. App. 4th Dist. 1998).

(6) *Roe v. Wade*, 410 U.S. 113 (1973).

第16章 障害者の権利から見た優生学

グレゴール・ウォルブリング

強制的な不妊・断種は、過去において障害のあるなしに関係なく広範囲の人々に課せられたが、現在でもまだ障害のある人、特にいわゆる「精神障害者」に押し付けられている。(1) しかし、議論は変わってきた。歴史的には、強制的な不妊・断種は、大部分は、より多くの障害者を生まないために課せられてきた。つまり優生学的な議論である。(2) 今日、障害者に対する不妊・断種を正当化するために普通に挙げられている理由は、強制的な不妊・断種は子を産む人の利益のために行われる、というものである。彼女または彼は子供の世話ができないだろうとか、障害のある人に育てられることは子供にとって有害だろうということは、道理のあることである。厳密に言えば、これは優生学的な議論ではないので、「責任ある遺伝学協会（CRG）」が出した「遺伝子権利章典」の第六条の対象とはならないだろう。それが優生学的な議論ではないというのは、遺伝子プール、民族さらには不妊・断種すべき人の能力の改善に焦点が置かれているのではなく、子供の生活の質の向上と不妊・断種すべき人の利益に焦点が置かれているからである。それは生活の質の議論と呼ぶことができるだろう[3]。

妊娠中絶をしたり選択された胚や胎児を操作することを目的とした強制的なスクリーニングは、社会的に望ましくないし、倫理に反している。そのようなスクリーニングが実施されるまでは、病気、欠陥および障害に分類されるあらゆる劣性を探すための強制的なスクリーニングは、行う価値があるかもしれない。しかし、手術が標準的な妊婦管理の日常的な部分となるにつれて、そのような包括的なスクリーニングに賛成する非公式の圧力が増している。世界中の遺伝カウンセラーとその他の遺伝医療の専門家へのアンケート調査では、次の見解が広範な同意を得た。「出生前診断が普通に行われる時代で、知っていながら重大な遺伝的障害を持つ幼児を産むことは、社会的に無責任である[4]」。「重大な（serious[5]）」という言葉の法的な定義はないが、南アフリカ、ベルギー、ギリシャ、ポルトガル、チェコ共和国、ハンガリー、ポーランド、ロシア、イスラエル、トルコ、中国、インド、タイ、ブラジル、コロンビア、キューバ、メキシコ、ペルーおよびベネズエラの回答者の五〇％以上はこの見解に賛同し、同様に米国の遺伝学者の二六％、米国の一般開業医の五五％、米国の患者の四四％もそれに賛同した[6]。この結果は、妊娠のスクリーニングと中絶または胚の選択に賛成する非公式の圧力が存在するという想定を立証しているように思われる。

「遺伝子権利章典の第六条」または少なくともＣＲＧによるこの条項の解釈に関しては、若干の問題があると私は思う。ＣＲＧが第六条を採用したことと非医学的な理由［例えば、男女の産み分け］による着床前遺伝子診断（ＰＧＤ）の禁止を要求する嘆願書をＣＲＧが支持したことは、首尾一貫性に欠けるように思われる。複数のグループの連合が署名したこの嘆願書は次のように述べている。

女性の権利、健康および生殖の自由を促進する活動をしている私たちの組織は、男女の産み分けのために着床前遺伝子診断の非医学的な利用を許せば、すでに論争の種となっている本質的に差別的な利用のための技術を推進することになるだろうと考える。特定の性の子供を望む動機は様々であるけれども、性に関連した重大な病気を防ぐ場合以外は、前もって特定の性を選択する性差別主義的な理由は全く成り立たない。これは、男の子を生むという経済的、社会的な圧力が他の国に比べて少ない米国でさえ当てはまる。(7)

この声明は、それ自体では、着床前遺伝子診断の（性格障害に対する利用を含む）医学的な利用は許されるということを意味している。重い病気の重度を数値化する方法はないということは私たちは皆知っているので、この声明は、本質的に、第六条が防ごうとしていること、すなわち、優生学的手段を許している。こうした議論の方向は、また遺伝子差別――これは「遺伝子権利章典」の第八条に一致しないように思われる――を増大させる。(8)また、人々は、いわゆる医学的な理由による着床前遺伝子診断の禁止には賛成するかもしれない。しかし、上述の嘆願書を支持することは、医学的な利用のために着床前遺伝子診断を用いることに関しては全く何も述べないということになる。言い換えれば、障害を持つ胎児は除去し、能力を持つ胎児を選択するための着床前遺伝子診断の禁止を要求するCRGの声明は存在しないのである。上述の声明に署名することによって、CRGは、公式には、今までのところ男女の産み分けのような「社会的な理由」による着床前遺伝子診断は禁止すべきだとしている。

「遺伝子権利章典」の第六条は、これまでの人生のなかで徐々に形成されてきた自らの偏見に基づいて行動する人々に対してだけでなく、先に挙げたような非公式の圧力に対しても、着床前遺伝子診断と出生前予測検査を利用すべきだとする確実な根拠を全く示していない。次の引用文は彼らのこのような偏見を分りやすく示す良い例となっている

〔サリドマイドの赤ちゃんが誕生した〕ショックに両親はどのように耐えたのか。命にかかわる大きな損傷もなく乗り越えた数少ない人々は、特殊な要求と障害を持つ子供のすべての親にとって必要である大きな勇気を出し、情熱を呼び起こさなければならなかった。それから、たぶん彼らはさらに大きな勇気を必要とした。なぜなら、最も同情心のある人でさえ、彼らの子供を見ると特殊で特有な恐怖心を抱いたからである。社会はこのような勇気に報いてはくれない。……なぜなら、これらの親たちの経験は、私たちが親自身になることを最初に想像して以来ずっと、私たち自身の最悪の悪夢となっているからである。新生児が与えた兄弟姉妹への影響はやはりゾッとするものだった。サリドマイドの赤ちゃんが生まれたことは――これからの彼らは財政的に大きな重荷を背負うことになることは今のところさておいても――彼らの家族の生活には決定的な試練であった。

障害者コミュニティの一部は、このような問題については驚くほど意識が進んでいる。数百万人の障害者を代表するグループである「障害者インターナショナル」の第六回世界大会の二〇〇二年の十月に出された決議の一つは、次のように述べている。「どんな親もまだ生まれていない子供を彼ら自身の希望に従

ってデザインし、また選ぶ権利は持たない。またどんな親も彼らの生まれた子供を彼ら自身の希望に従ってデザインする権利は持たないと私たちは考える」[10]。

障害者のトランスヒューマニスト〔超人間主義者〕[1]の最初のグループであるアセンダー・アライアンス[11]の要求と二〇〇〇年のソリフル生命倫理宣言もまた同様であり、後者は次のように述べている。

・「私たちは、生物医学的な方法による多様性の除去、市場の力に基づいた遺伝子選択および障害のない人が規範と基準を設定することを終わらせることを要求する」。
・「バイオテクノロジーが発展したことを、人間の状態と生物多様性の操作と管理との口実にしてはならない」。
・「強制的な遺伝子検査を絶対に禁止すること、また障害を持って生まれてくるかもしれないと考えられているまだ生まれていない子供を——生殖過程のどの段階においても——除去するよう女性に圧力をかけることを絶対に禁止すること」。
・「障害者は死ぬための援助ではなく、生きるための援助を受けるべきであること」。
・「障害のある子供を持っていることを、妊娠中絶を行う特別に法的な理由としてはならないこと」。
・「機能障害の程度と種類に関しては、どんな境界線も引くべきではないこと。このような境界線を引くことは、障害者に階層を作り、一般に障害者の差別の増大を引き起こす」。

[1] transhumanist：人間を人間以上の存在とするために、バイオテクノロジーや認知科学などの未来技術を用いて、寿命を延ばすことや肉体を強化することを目指している人。

またCRGの「遺伝子権利章典」の第六条は不十分である。なぜなら、同条項は、優生学は遺伝的特徴に基づいているとみなしているので、遺伝的特質だけに言及していて、非遺伝的な特質は排除しているからである。もちろん、同条項はそれ自体では、障害の子孫への遺伝問題の全体を扱っているわけではない。ところが、実際には、私たちは、遺伝的特質ではない手足の欠損や口蓋裂障害[2]を持って——これも公衆の偏見に基づいているのだが——そしてまたその他の非遺伝的な障害を持って生まれてくるかもしれない人間の誕生を超音波検査で防いでいるのである。

「遺伝子権利章典」がもし仮に次のように書かれていたら、それは障害者にとってよりいっそう効果的な表現となったであろう。すなわち、「すべての人は、遺伝的および**非遺伝的**素因に関して判断されることなく、身ごもられ、懐胎され、生まれる権利を有する」と。私の示した第六条の代替案は、生まれてくる人の誰ひとりとして親や社会の願望に基づいて工学的に操作されないことを保証している。この第六条の代替案は、生殖細胞の遺伝子操作の禁止を意味しているが、また子宮内での身体上の操作・介入および遺伝的、非遺伝的な操作・介入の禁止をも意味するだろう。それは、（着床前遺伝子診断の場合のように）出産前の期間の遺伝子選択[3]と（出生前検査後の妊娠中絶の場合のように）出産前の期間の遺伝的、非遺伝的な障害のある胎児の除去を禁止することを意味するだろう。

---

[2] 口と鼻を隔てている上あご（口の蓋）に亀裂が生じて生まれてくる障害のこと。
[3] genetic selection：良い形質を生む遺伝子を持つ受精卵を選ぶ場合と障害や病気を引き起こす遺伝子を持つ受精卵を除去する場合とがある。

注

(1) www.bioethicsanddisability.org/sterilization.html を参照。

(2) カナダ勲章の受章者で、カナダ遺伝学協会の前会長であるマーガレット・トンプソン（Margaret Thompson）博士は、レイラニ・ミュアー（Leilani Muir）の不妊裁判でカナダのアルバータ州政府側の被告証人として次のように述べた。「精神的な欠陥の原因のいくつかは遺伝し、また優生学委員会が設立されたときには、避妊の選択肢が限られていたので、これらの原因を伝える危険が本当にあったのです。今日では、ある欠陥を子供に遺伝させる危険のある人は、ピルやその他の避妊具が入手できます。人々は、子供が生まれる前に遺伝カウンセリングを求めることができますし、欠陥のある可能性のある子供は中絶することもできます」*Calgary Herald, June 29, 1995*; また www.bioethicsanddisability.org/submissi.html と www.bioethicsanddisability.org/sterilisation.html を参照。

(3) Dorothy C. Wertz, “Eugenics Is Alive and Well: A Survey of Genetic Professionals Around the World,” *Science in Context* 11, nos. 3-4（1998）: 493-510.

(4) European Commission, “The Ethical Aspects of Prenatal Diagnosis: Opinion of the Group of Advisers on the Ethical Implications of Biotechnology”（Brussels, 1996）, quoted in M. Pembrey, “In the Light of Preimplantation Genetic Diagnosis: Some Ethical Issues in Medical Genetics Revisited,” *European Journal of Human Genetics* 6（1998）: 4-11; point 67, Draft Report on Pre-implantation Genetic Diagnosis and Germ-line Intervention, presented at the Ninth Session of the International Bioethics Committee of UNESCO（IBC）in Montreal, Canada（November 27, 2002）, www.unesco.org/ibc/en/actes/s9/ibc9/draftreportPGD.pdf.

(5) Wertz, “Eugenics Is Alive and Well.”

(6) www.genetics-and-society.org/resources/cgs/2002_asrm_sex_selection.html を参照。

(7) European Commission, “The Ethical Aspects of Prenatal Diagnosis.”

(8) 嘆願書への署名自体は、ＣＲＧがいわゆる着床前遺伝子診断の医学的な利用を許していることを意味してはいないが、ＣＲＧは医学的利用と非医学的利用を区別しているようだと結論するのが公平であると私は思う。というのは、着床前遺伝子診断の医学的利用の禁止を要求するＣＲＧの声明は存在しないからである。

(9) T.Stephens and R.Brynner, *Dark Remedy: The Impact of Thalidomide*（Cambridge, MA: Perseus, 2001）: 65-6.

(10) テキストは dpi@dpi.org 宛に請求次第、「障害者インターナショナル」から入手できる。

(11) groups.yahoo.com/group/Ascender_Alliance/files/ASCALLI-07JAN02-MANIFESTO-2.doc と groups.yahoo.com/group/Ascender_Alliance/files/ASCALLI-06SEP02-ANTIEUGENICS-RACISM%20POLICY.doc を参照。

(12) www.johnnypops.demon.co.uk/bioethicsdeclaration/index.htm を参照。

(13) C. Stoll,C.A. Wiesel, A. Queisser-Luft, U. Froster, S. Bianca, and M. Clementi, "Evaluation of the Prenatal Diagnosis of Limb Reduction Deficiencies," *EUROSCAN Study Group Pretanal Diagnosis* 20（2000）: 811-18; 四肢欠損（両手足がない状態で生まれる障害―訳者）の七〇・八%は中絶され、アザラシ肢症の一〇〇%は中絶された。www.ncbi.nlm.nih.gov:80/entrez/query.fcgi?cmd=Retrieve&db=PubMed&list _uids=11038459&dopt=Abstract; Z. Blumefeld, I. Blumenfeld, and M. Bronshtein, "The Early Pretanal Diagnosis of Cleft Lip and the Decision-Making Process," *Cleft Palate Craniofacial Journal* 36, no.2（1999）: 105-7.

第7部 遺伝的プライバシー

「すべての人は、彼らの自発的なインフォームド・コンセントなしに遺伝情報を得るために身体の試料を採取または保管することを防ぐ権利を含む遺伝的プライバシーに対する権利を有する」

「遺伝子権利章典」第七条

第17章 医療制度における遺伝的プライバシー

ジェルー・コトヴァル

遺伝子検査が行われるようになったことに伴い、遺伝情報の無許可の拡散に関する懸念、特にこの情報が保険や雇用のような分野での差別に利用されることについての懸念が生まれた。保健医療の領域では、これらの心配は、コンピュータ化された医療記録［カルテ］と市場主導型の医療制度を作り出そうとする戦略によって拡大した。本章は、秘密保持が医療制度で伝統的に果たしている機能を再検討し、遺伝情報が懸念を引き起こすのが当然である理由をさぐる。次に、本章は、遺伝情報がいま置かれている制度的な背景を簡単に吟味する。また遺伝情報は、遺伝的プライバシーの伝統的な概念を脅かしているが、その理由を調べる。議論は医療制度に関する人々の懸念に限定される。その理由は、遺伝情報が発生し最初に利用される可能性が最も高いのが医療の場であるからだけではなく、医療制度に関連して述べられた問題は、その他の制度での遺伝情報の利用と誤用に容易に当てはまるからでもある。

プライバシー

医療におけるプライバシーは、積極的に保護されてきたが、まだ十分な議論で正当化されているとは言えない。その理由は、ひとつにはプライバシーが誰にも受け入れられる定義を持たない複雑な概念だからである。理由はそれだけではない。複雑で自由な民主主義社会では、プライバシーは当然のこととみなされていることも、主な理由である。つまり、今日、市場主導型の医療の出現に伴ってゲノム・テクノロジーが発展し、コンピュータ化が進展してきたが、それによってプライバシーが脅威に曝されなければ、プライバシーは当然のこととみなされるはずである。アニタ・アレンは、医療の場におけるプライバシーの概念を次の四つの明確な次元に分けて説明した(1)。

・身体的プライバシーは、他の人との望まない不当な接触を免れるための隔離、孤独および自由の観念に関わる。
・情報のプライバシーは、他人に曝される個人情報の利用を制限する実践と私たちが秘密保持とみなす行為に表現される。
・決定に関するプライバシーは、個人は第三者による介入または強制を受けないで確実に個人的決定を行うことができなければならないことを意味する。
・所有者のプライバシーは、貯蔵された個人の生物試料とそれから得られる情報に関する個人の権利を主張する。

ここでの議論の大部分は情報のプライバシーに関係する人々の懸念に限られる。というのは、このプライバシーは、最も多くの人々にとって最も大きな関心事だからである。医療の場におけるプライバシーの実践は広範囲の領域にわたっている。それは、診察中にカーテンを閉める行為や権限のない人がベッドサイドにいることを禁止することから始まって、プライバシーを医療倫理に成文化することや医療記録の秘密保持のための規則を作成することにまで至る。この範囲の広さは、医療においてプライバシーに対する関心がいかに中心的な問題であるかを示している。上述の実践は、信頼、安寧、尊敬および看護の雰囲気を作り出すのに役立っている。

プライバシーは、自分の個性と社会的、経済的および政治的な関係に対する私たちの関心を守ってくれる。プライバシーに関するすべての観念は、公的な領域と対比された個人の領域を意味し、他人が人の身体と精神に近づくことを制限する考えを含み、さらに権限のない人の不当な侵入を免れることを意味する。たとえプライバシーの定義が価値中立的であるとしても、プライバシーは、医療の場では有益であるとしばしば見られている。プライバシーに関するすべての定義は、プライバシーが個人に必要であり、私たちの人格の正しい発達にとって必要な価値であることを承認している。ジェフリー・レイマンが次のように述べるときには、このような主張をしているのである。すなわち、「プライバシーは、個人の存在に対して道徳的な権利が与えられる社会的な儀式である。プライバシーは、社会的な集団が、個人の存在は彼または彼女自身のものであることを認め、そしてそれを個人に伝える複雑な社会的実践の本質的な部分なのである」[2]。

秘密保持

私たちは秘密保持とプライバシーについて、それらが交換可能な概念であるかのように大まかに語っているが、それらは文献ではしばしば区別されている。医療の場では、秘密保持はプライバシーの一つの形態である。すなわち、情報のプライバシーである。そして、秘密保持は、数百年前から職業上の誠実さ、効果的な治療および公衆の健康と安全に関する私たちの実践と方策を人々に知らせる上で中心的な概念である。

秘密保持は、医療の専門家のような個人情報の受け手が、通常はその情報を第三者に漏らさないことが期待されているときに、私的な個人情報をある人から別の人に伝達することであると概念化されるだろう[3]。プライバシーと秘密保持との間の区別は、人は、秘密保持が行われはじめる前に自分の情報を誰かに漏らせば、プライバシーを手放したことになる、という点に表わされている。秘密保持は、肯定的な治療結果を達成するために、限られた範囲でプライバシーが手放される安全地帯を作り出すとともに、少なくとも二人の人の間に信頼に基づいた関係が存在することを意味する。秘密保持は、どんな情報を誰に、いつ、どのように漏らすべきかを決めることを患者に認めることによって、患者がそのプライバシーに対する支配権を持つことを保証している[4]。それゆえ、プライバシーは、患者に人間関係をどうやりくりするかの判断を任せることによって、自由と自己決定の手段を患者に与える。医療の専門家は、専門家と患者との関係を育むために必要なことを行うべきなので、秘密保持が正当化されるのは、患者の関心が秘密保持を要求するからである。

上述の議論は、今日の医療の実践が医療におけるプライバシーの理論的な検討と一致していることを示すのを意図したものではない。実は、先の議論は、理想の出発点となるものを実践から引き出すことを目指したものである。医療におけるプライバシーは、共通の利益に役立つプライバシー以外の関心と常にバランスを保っている。これらの関心に含まれるのは、公衆の健康への関心だけでなく、良質な医療の保証と金銭面での配慮を求める関心である。しかし、今日の医療制度では、プライバシーはまた、市場主導型、利益主導型の医療機関への投資者の利益を常に考慮するというような、良質な医療とは疑わしい関係にある関心ともバランスを保っている。(5)

なぜ私たちはケアすべきなのか

遺伝子検査の利用が拡大しているため、遺伝情報はますます医療記録［カルテ］の一部となるだろう。遺伝子検査による恩恵はいくつかあるが、その中にはより優れた診断力と予測力による生殖選択をさらに巧みに行なうことが含まれている。個人に関する遺伝情報を得る主要な方法は、おそらく治療を追求する過程でのＤＮＡやＲＮＡの分析だろう。その際の研究目的としては、法律関係のもの[1]とＤＮＡバンクに貯蔵された生物学的標本の分析の二つが考えられる。しかし、家族歴のようなより伝統的な遺伝子検査の手段は、ゲノム科学が進歩しても一つの役割を果たし続けるだろう。

遺伝情報が他の医療情報に比べて独特なものなのか例外的なものなのかどうかに関する議論にとらわれなければ、私たちは少なくとも次のように言うことができる。

・遺伝情報は個人独自のものであるだけでなく、それはまた個人の近親の家族の構成員に関する個人情報をも表している。
・いくつかの遺伝情報――特に将来の健康状態について進んだ情報を提供する遺伝子検査の結果――は、それがとりわけ雇用と保険の分野で差別を引き起こす力を持つ点で、ものすごく大きな社会的な力を持っている。そして、ほとんどの人が彼らの職を通じて健康保険を得ている私たち［米国民］のような医療制度では、いくつかの種類の遺伝情報は、何人かの人を失業させるだけでなく、無保険にしてしまうだろう。
・遺伝情報は社会的な力を持っているが、それは、私たちの遺伝子は私たちである――これらの遺伝子は私たちについて深い、基本的な、最終的な何かを表している――という私たちの文化に広く行き渡った信念から力を得ている。遺伝情報は敏感な情報である。なぜなら、私たちの生物的な自己に対する関係は、文化的に条件付けられており、個人的意味をはらんでいるからである、また遺伝情報に対する私たちの態度そのものが文化的に形作られているからでもある。遺伝情報が敏感な情報であるのは、またそれが、非常に不正確であるにもかかわらず、ある民族集団に属するとの烙印

[1]容疑者のＤＮＡ鑑定や親子関係を証明するＤＮＡ鑑定などを指す。

を押すのに役立つからでもある。しかし、一定の民族集団に偏って現れている遺伝子構成の一覧表を作成すると、それはおおまかな民族系統図となって、大きくなり続ける。遺伝情報の社会的な悪用の歴史を考えると、人々の間に不安が生じるのは当然である。教育はこの力をある程度一掃することに役立つかもしれないが、この力の源泉は教育的手段により一掃できないほど深い。要するに、遺伝的プライバシーを冒すことは、民族や人種や社会階層によって異なる影響を人に及ぼすだろう。

・医療記録のプライバシーは極めて大きな価値がある。なぜなら、もしこのプライバシーが保証されなければ、人々は遺伝子検査を受けるのをためらうだろうし、したがって、遺伝子検査の恩恵を利用しなくなるだろう。

しかし、二つの点が承認されなければならない。第一に、すべての遺伝情報が同じレベルの社会的な力を持っているわけではない。例えば、個人が皮膚の変色する病である白斑（はくはん）を発症する可能性を予測する遺伝情報は、ハンチントン舞踏病、アルツハーマー病またはある種の精神病のような深刻な障害が残る金銭的負担の大きい病気を予測する情報と比べると、それと同じ程度の力は持っていない。第二に、ある種の非遺伝的な医学的情報も、性感染症（ＳＴＤ）の記録または銃弾による負傷や麻薬の過剰摂取などで救急処置室に運ばれてくることのような大きな社会的力を持っている。

にもかかわらず、遺伝情報は、それがいわば寿命が長いという点で、非遺伝情報とは異なる。このように言えるのは、ＤＮＡが安定的な分子であるからではなく、むしろ、遺伝情報が――ほとんどの性感染症や銃弾による負傷とは違って――病気のように回復したり忘れることのできるものではないからである。遺伝情報は、当人が死んだ後でもその直接的な親族に関わり続ける。特にその遺伝情報が、医療機関に保存されていて、その人と関わりのあるかもしれない他人〔親族〕と交差結合[2]している電子的な医療記録の一部であるときにはそうである。記録が医療機関に保存されている期間は、数世代にわたるだろう。

遺伝情報をその他の医学的記録から分離して、それとは別に保存することはできない。その理由としては、(1)病状の遺伝的な原因と非遺伝的な原因の区別がますます曖昧になっていること、(2)遺伝情報の定義を適切に行っても、必ずそのような定義の中に遺伝情報と適切に呼べるものが過剰に含まれるか過少に含まれることになること、また最も重要な理由としては、(3)遺伝情報をその他の医学的記録から隔離すれば、必ず遺伝子検査の恩恵を無にすることになること、が挙げられる。解決法は医学的情報全体の秘密保持を守ることである。

[2] cross-linked：受精卵では卵細胞（卵子）と精細胞（精子）からそれぞれ一組の染色体（Cn本）が供給される。受精卵が分割して形成される体細胞は母親由来と父親由来の対の染色体（2n本）を持っていることになる。この対になっている染色体同士のことを、相同染色体と呼ぶ。受精にあずかる精子・卵子（これらを配偶子という）の染色体は、体細胞の染色体の数の半分である。つまり、有性生殖を行う生物では、配偶子の染色体数は、体細胞の半数になっている。これを減数分裂という。減数分裂の時に、母方・父方からの染色体は交差・結合・再分離して、染色体上の対立遺伝子の組合せが変化するのが普通である。交差とは、減数分裂の過程でおこる相同染色体同士の部分的な遺伝子の入れ換え現象のことである。交差結合とは、このように受精卵形成時に父親由来と母親由来の相同染色体同士が結合して一つの相同染色体を作ることをいう。

市場主導型の医療についての懸念

医学的情報が存在する制度的な背景を検討することは重要である。というのは、技術がどのように利用されるかは、しばしば、この技術を利用する医療機関がどのような責務に直面しているかにあるからである。市場主導型の医療環境の中で利益優先型でない健康保険から利益優先型の健康保険へと加入者が急激に移動するので、私たちは、将来の医療コストに関して得られる事前の情報をこの制度的環境の中でどのように利用できるかをより綿密に見ることが必要である。

医療においてコスト削減の精神を持つことは、患者の健康を回復させても金銭的見返りが得られず、そのため浪費的な医療実践を無くすことが問題となる場合には、賞賛すべき目標である。しかし、投資家が支援する利益優先型の医療機関は、その財政の健全性を確保するためには利益を出さなければならない。それゆえ、この制度の構造そのものからは、医療に関係する組織的決定はもっぱら患者の利益のためになされるのではないかもしれないという疑いを人は抱く。

遺伝子検査は、症状［遺伝子検査で見つかった将来発症する可能性のある病気の症状——訳者］が全く現れる前に病気に関する情報を提供することができる。この情報は蓋然(がいぜん)的なものであり、また当分の間はそうである可能性が高いけれども、それは確かに被験者に病気のリスクを示してくれる。コスト削減の意図からしても、賢明な保険会社は、このように遺伝子検査は仮に陽性の検査結果が出た場合でも［単に将来病気になる蓋然性しか示していないため］将来病気になる確実性に欠けるので、そのような人でも手ごろの価格で保険の利益に与かるようにするだろう。一九九六年の「医療保険の相互運用性と責任に関する法律」とその後に制定された「プライバシー規則」は、団体健康保険への加入者が遺伝情報に基づく健康保険への加入を拒否されることからある程度保護してくれる。個人取引の保険への加入を希望する人は、その人の属する州の法律が保護してくれなければ、法外な保険料に苦しむか、または保険の利用を拒否される場合が今でもある。しかし、法律のもたらす恩恵とその限界の詳細な分析は本章の範囲を超えている。

秘密保持という理想から出発すべきことは明らかである。先に本章で述べたように、医療に関する秘密保持の意図するところは、患者が医療を受ける過程でその秘密を漏らすことにより自分が害を受けるのではないかと不安にならないように保証することである。秘密保持は、人が自由にその秘密を医療の専門家に明らかにできるように、また医療提供者が医療を提供する前に正確な評価を行うことができるようにするために信頼を確保することを意図したものである。私がこれまで詳しく議論してきたように、今では医師に対する信頼は、医療制度に対する信頼によって複雑にされている事柄である［というのは、医療制度に対する信頼が揺らいでいるからである――訳者］。しかし、今日の米国の医療制度は、コスト削減の文化を――それをもたらす全ての方策［例えば、高価な検査や麻薬の使用を避けるなど――訳者］を講じて――作り出す力を持っている。(7)

注

この研究は米国エネルギー省の保健環境調査局から助成を受けた（認可番号：DE-FG02-97ER62430 to Jeroo S. Kostval）

(1) Anita Allen,"Genetic Privacy: Emerging Concepts and Values," in Mark A. Rothstein, ed., *Genetic Secrets* (New Haven: Yale University Press, 1997).

(2) Jeffrey H. Reiman,"Privacy, Intimacy, and Personhood," *Philosophy and Public Affairs* 6, no.1 (1976) : 26-44.

(3) William J. Winslade,"Confidentiality," inWarren T. Reich, ed., *Encyclopedia of Bioethics* (New York: Simon and Schuster Macmillan, 1995), 452.

(4) Alan F. Westin, *Privacy and Freedom* (New York: Atheneum, 1967). ウェスティンのプライバシーに関するしばしば引用される定義は、「プライバシーは、自らに関する情報をいつ、どのように、そしてどの程度他者に伝えるか」を自ら決める個人、集団または機関の要求である（七ページ）。

(5) Jeroo S. Kostval,"Market-Driven Managed Care and Confidentiality of Genetic Tests: The Institution as Double Agents," *Albany Law Journal of Science and Technology* 9, no.1 (1998) :1-25.

(6) Dorothy Nelkin,"The Social Power of Genetic Information," in Daniel J. Kelves and Leroy Hood, eds., *The Code of Codes: Scientific and Social Issues in the Human Genom Project* (Cambridge, MA: Harvard University Press, 1992).

(7) Kostval,"Market-Driven Managed Care and Confidentiality of Genetic Tests."

第18章 個人のプライバシーに対するバイオテクノロジーの挑戦

フィリップ・ベリアーノ

「プライバシーの権利」は、もともとルイス・ブランダイス[1]によって単に「そっとしておいてもらう権利」と定義されたが、彼がこの考えを百年前に提出して以来ずっと、この権利は人間の完全性、尊厳および自律性のようなより哲学的な要素を含むように十分に練り上げられてきた。これらの四つの側面のすべては「遺伝的プライバシーの権利」を明確化することにとって必要不可欠である。基本的に応用的な技術としての現代のバイオテクノロジーは、人間関係のより古い観念に挑戦し、言語、映画、文学および法的な所有観念のような現代文化のすべての側面に浸透している。しかし、この技術が新たに出現した結果、個人のプライバシーに対して大いなる挑戦が行われている。

[1] Louis Brandeis（一八五六〜一九四一）：米国の法律家で、はじめて「プライバシーの権利」の法理を主張した。

技術の社会的な性質を説明するためには、いくつかのパラダイム［理論的枠組み］を用いることができる。これらのパラダイムを私たちが理解すれば、新しい優生学の人間に対する影響を分析する手助けになるだろう。第二次世界大戦が終結するまでは、技術は「進歩」と同等とみなされ、こうしてそれ自体で良いものと考えられた。人々は、技術より複雑な関係を求めようとはしなかった。米国の文化は、ためらうことなく技術の「進歩」を祝った。しかし、技術の「外在性」[2]が増大し、ますますその「外在性」が認識された結果、またラルフ・ネーダー[3]やレイチェル・カーソン[4]のような分析家――彼らは、人々が日々の生活の中で経験しはじめた技術の機能喪失を認め、それについて明確に述べた――が提供する批判的な見方の結果として、この「進歩」という古いパラダイムは崩壊した。

ある人々は、私たちは「十分な」技術を持っているとの見方、あるいは新たな技術的な可能性は放棄すべきであるという過激な「グリーン化[5]」または「反テクノロジー」の見方を唱えた。このような見解はある人々には理想主義的なアピールを与えたが、しかし、これらのパラダイムは、［理想主義的であるがために］社会的な現実にあまり合致しなかったので、限られた範囲にしか広まらなかった。

進歩という広範囲に普及した古いイデオロギーに代わって、リベラルな批評家たちは「利用―悪用」モデルという現在支配的な見方を展開した。すなわち、それは、技術はそれ自体は中立的であり、価値自由であるが、良いことにも使用できるし、またそれを使うと社会に損害を与えかねないこともあるという考え方である。したがって「技術の革新的な変化」は、一般的には有益な目的のために企てられるが、私たちは、それ［変化した技術］が悪用されないことを保証するために社会的な規制を必要とするだろう。こうした考え方は、「ノヴァ[6]」のようなテレビ番組、主要新聞の科学報道、ならびに「米国科学振興協会」とその雑誌『サイエンス』の政策文書のような行動意欲を喚起する専門家組織が支持している曖昧な見方である。

もちろん、ある人々が経験する技術（例えば、健康保険に加入できない人々を発生させる遺伝子検査技術）は彼らに否定的な影響[7]を与えるが、遺伝子検査は彼ら以外の社会的な機関や組織［保険会社、政府および一般企業］が意図的に彼らに課したものである。このような理解――私たちは皆このような理解で意見が一致しているわけではないが――の結果、技術と社会の関係を問題とする「社会関係」パラダイムが発展してきた。この見方では、技術が（研究開発計画、公的資金および特に技術推進法などにより）発展するのは、それらが社会の中の財力のある階層の要求と目的を反映しているからである。これらの要求と目的の項目の中には、財力の少ない人々を社会的に管理・支配することが含まれている。

さらに、「責任ある遺伝学協会（CRG）」の多くの人が示してきたように、バイオテクノロジーは遺伝子決定論という特殊なイデオロギーに基づいている。遺伝子決定論とは、遺伝子の構造が人の将来を決定

[2] externality：技術が人間にとって親和的ではなく疎遠な存在であること。
[3] Ralph Nader（一九三四〜）：米国の社会運動家で、環境問題や消費者問題に携わっている。一九九六年と二〇〇〇年に緑の党から大統領に立候補した。
[4] Rachel Carson（一九〇七〜一九六四）：農薬などの化学物質の有害性を告発した著書『沈黙の春（Silent Spring）』（新潮文庫）で知られる米国の生物学者。
[5] greening：緑は環境保護またはエコロジーを象徴する色なので、「エコロジー化」の意味に解釈することができる。
[6] Nova：アメリカで人気のある科学報道番組。
[7] 遺伝子検査の結果、遺伝病や遺伝的疾患を将来発症させる遺伝子が発見されたために健康保険に加入できなくなることを指す。

し、人が実際には誰なのかを決めるという見方である。この見方が現在の資本主義とグローバル化の強欲さと一体化すると、実際のヒトゲノムの断片に対する支配力と制御能力（power and control）を企業に与える遺伝子特許という著しく過激な考え方が生じる。またこの見方が全社会層を遺伝子検査しようとする検査狂（それは力関係のあからさまな表明である）と結びつくこともある。そのような場合には、社会の主な有力者たちが、優生学的に「民族を改善する」目的で、私たちを種別・分類し、操作し、階層化し、褒章または処罰を与え、「欠損品［障害者のこと］」を取り除くために、私たちのプライバシーを完全に侵犯して、私たちのほとんどから遺伝情報を獲得しようと懸命になっている。しかし、そんなことは決して驚くことではない。このようなわけで、遺伝的プライバシーを守る権利を明確に述べることは、現在、急を迫られている。現代のバイオテクノロジーが社会関係パラダイムを反映していることは明らかである。このパラダイムは、自然、人類およびあの社会の有力者という手に負えない個人たちをどのように制御・管理するかに関するものである。

「米国障害者差別禁止法」の一節[8]があるにもかかわらず、障害者は、一連の最高裁判所の判決の後退と新しい「リベラルな」[9]生物学に基づく優生学運動によって守勢に立たされてきた[10]。生物学者は、クローニングと幹細胞研究を行うことが認められれば、奇跡的な治療法がきっと行われるようになると仰々しく主張する[11]。しかし、このような主張は、女を男の金儲けのための手段とする見方を再び強調することにほかならない。遺伝子データバンクに登録するために不本意ながらＤＮＡの採取に従わなければならない人たちの予備要員を拡大するために、新しい法律が可決されている。こういうわけで、遺伝学はますますテクノクラット［技術官僚］層の政策の一つの構成要素となっている。

一九九〇年代に、米国司法省が各州に――統合DNAインデックス・システムの下で――DNA鑑定データバンクの設立を促しはじめたときに、このデータバンクを広めるために用いられた根拠は、強姦犯から女性を保護すること――たとえ強姦犯が女性に特別な関心を示している経歴を何も持っていなくても、また現実にはFBIに強姦犯の大部分の身元が知られて（親族かボーイフレンド）いても――である。しかし、データバンクは、実際には、決して性的な犯行の場合の利用に限られていなかった。CRGが予想し

---

[8]「障害を持つアメリカ人法」ともいう。一九九〇年に制定され、公的機関や民間企業が雇用の際に障害者を差別することを禁止する次のような条項を指すものと思われる。
「第一章　雇用、第一〇二項。
(a)一般規定―いかなる適用事業体も、求人手続き、従業員の採用、昇進、解雇、報酬、職業訓練、及びその他の雇用条件と特典に関して、資格のある障害者を障害のあることを理由に差別してはならない。」(http://www.ada.gov/archive/adastat91.htm#Anchor-48213)

[9] stem cell research：幹細胞は、いろいろな組織や臓器に発生・分化する細胞のことである。幹細胞のうち、万能性のある細胞はES細胞（胚性幹細胞）であり、初期胚（受精卵）から作られる細胞で、どの種類の組織にも分化することができる。またips細胞（人工多能性幹細胞）は、体細胞に数種類の遺伝子を導入して、ES細胞のようにどんな細胞にも分化できる能力を人工的に持たせた細胞である。幹細胞は成長した組織や臓器の中にも存在するので、これを取り出して人工的に培養して目的の臓器や組織に分化・発生させることができる。それを再生医療に利用する研究を幹細胞研究という。

[10]奇跡の治療法が約束されるとは、次のことを指している。細胞が死滅してしまって生じるどの病気――心臓疾患、パーキンソン病など――の治療も約束される研究。すなわち、この研究は（病人から採取した）「病気の細胞」を科学者が作り出し、その「病気の細胞」が薬でどうのように治療できるか、その方法を研究するのに役立つと期待されている。

たように、これらのシステムに固有のテクノクラティック［技術官僚的］な論理は、その他の重罪犯、それからすべての受刑者を含むようにデータバンクの範囲を拡大し、今ではすべての逮捕者を含むようにせよとの要求がある。いくつかの州では、すでにそのような対策が実施されている。CRGは、マサチューセッツ州の公選弁護人とともにこのようなバンクに反対するために努力奮闘したが、裁判で負けた。[1]ブッシュ政権による反テロ法（パトリオット［愛国者］法Ⅱ）の最近の提案には、米国のほとんどすべての人からのDNAの採取が盛り込まれているだろう。[2]

これらのデータバンクを設立する基本的な理由は将来の犯罪を減少させることである。しかし、歴史上の米国の公共政策は、これとは違った考え方により、警察による住民の厳重な取締りが制限されることを認めている。例えば、「合衆国憲法修正第四条」は、不合理な捜査と拘束から米国民を保護し、「合衆国憲法修正第五条」は、黙秘権を保護している。(1)犯行率の高い犯罪と、(2)前例となる可能性の高い犯罪で有罪の判決を受けた犯人のデータバンクだけが理性的に正当化されるべきである。かくして、データバンクの拡大は、社会的な管理・統制と遺伝子決定論のイデオロギーの前では、DNAプライバシーが無きに等しくなっていることを示している。

一九九二年以来、国防総省は、このような遺伝子登録をすれば、これからは「無名戦士」は決して生じないことが保証されるという作り話に基づいて、DNA鑑定データバンクを維持している。これを正当化するための理由は曖昧であるが、その理由とは、実際には、軍事行動や血みどろの災難・攻撃で死んだ人たちの体の部分を埋葬のために収集することだった。しかしながら、初めからこのデータバンクは軍属［軍隊に所属する軍人以外の者―訳者］も対象者としていた。またデータはもともと七五年間保存されることになっていたが、異議が出された後にしぶしぶ五十年間に短縮された。CRGは、遺伝的プライバシーを保護することを望み、最初の二つの登録簿を含むデータバンクに含まれないことを希望した数多くの軍務に就く人々とともに活動した。[3] その結果は、次の人々を除いては、すべて不成功に終わった。すなわち、成功した人々とは、宗教的な議論の自由をもっともらしく主張することのできた人たちであり、その中には先住アメリカ人［インディアン］の儀式を実践したために周囲の人たちに苦しめられ、数年後にやっと国防総省が、国民の注目が集まったために静かに問題を白紙に戻したあと、やっとその苦しみから解放された一人の船員が含まれていた。明らかに、エホバの証人とキリスト教徒の科学者たちは自動的にデータバンク登録を免除されたのである。CRGやその他の組織からの圧力があったにもかかわらず、国防総省は、

[11]著者は、幹細胞研究では女性の卵子が必要であるという事実のことを言っていると考えられる。卵子は売られており、幹細胞研究の結果生じた産物は特許化されている。したがって、金がほしくてたまらない貧しい女性は、自分の卵子をかなり安く売ることになる。そのような女性に夫や恋人がいれば、その男は女性を金儲けの手段としてしか見ない。科学者たちは、女性の卵子を研究することによって、「再生医学」を実現する約束を果たすことができると主張している。一方クローニングには主として二つの形態がある。一つは、クローン羊のドリーのような人間クローニングで、もう一つは、治療型（治療のための）クローニングである。この型のクローニングでは、Xという人（男性でも女性でも可）の成人の体細胞から採取したDNAを核を取り除いた受精卵（卵子はどの女性から取り出したものでもよい）の中に移し入れる。それから、このようにしてできた新しい卵細胞は、（人物Xの成人細胞から採取したDNAと）同一のDNAを持つ細胞を複製してそれらをさらに多く産出する。つまり、治療型クローニングとは、受精卵の中で成人の体細胞のDNAを複製して、そのDNAを持つ細胞をさらに多く作り出すことを言う。つまり、治療型クローニングとは、胚性幹細胞を作り出すための方法の一つである。だから、それは幹細胞研究のための重要な研究手段であると言っていい。

ファイルの中のデータの保護に関する規則――例えば、データの第三者への漏洩はあってはならないという規則――を発布することを拒否した。

遺伝情報の侵犯は、孤立的に存在する現象ではない。私たち米国人以外の人々に対する強い関心によって調査と管理・統制のその他の技術がますます配備されている。このような技術は、具体的には、公共の場所を撮影するテレビカメラ、（司法の許可のない）盗聴およびインターネット・コミュニケーションとインターネット・サーフィンを監視するための装置である。人々は、言わば情報の詰まった袋――調査、分類、操作すべき対象および社会的な力によって制定された規範から逸脱したかどで処罰すべき対象――として概念化されている。

明らかに、私たちは今やもう「そっとしてもらって」はいない。生物学的試料［体液を含む人体の一部――訳者］の強制的な採取は、人々の完全性を侵している。私たちを管理・統制の対象として操作することは、私たちの尊厳を侵している。私たちをますます無力にすることは、私たちの自律性を侵している。このように、技術の完全主義のイデオロギーは、ただいま絶好調である。

ＣＲＧの創立者の一人である故トニー・マッツォッキが二年前に説明したように、「いかなるスクリーニングと遺伝子調査の計画にしても、問題は、この検査計画の成否は誰がそれを統率し、管理するのかにかかっていることである。完璧な世界では、遺伝子スクリーニングは非常に十分な［職業安全衛生上の］調査手段である。つまり、それは人々を保護するために用いることができるだろう。しかし、この世は完璧な世界ではない」[4]。あたかもマッツォッキの洞察を裏付けるかのように、ノーマン・ブラッドソー対ローレンス・バークレー研究所裁判[5]およびＥＥＯＣ対バーリントン・ノーザン・アンド・サンタフェ鉄道社裁判⑹という最近行われた裁判は、雇用者が、彼が雇っている労働者全体に対する不適切な管理・統制を行うために、労働者に知らせることなく遺伝子スクリーニングを利用していることを示している。これらの行為は（支配的な企業のリベラルな典型例が示すように）単に技術の「悪用」であるだけでない。そうした行為はまた、雇用者が、社会関係モデルに合致して、彼らの力を表明するための技術としてのその性質に固有のものでもある。

「米国自由人権協会」は、最近、これらのプライバシーに関する懸念を概括し、遺伝情報に適用できるデータベースと市民的自由に関する次のような新しい政策を発表した。

> 個人情報は、現代の強力なコンピュータシステムによって、簡単に探索され、大量に維持され、急速に相互に関連付けられ、集約・分散される。このような個人情報の組織的な収集は、市民的自由にとって多くの有害な意味を持つ困惑させる現象となっている。個人にとってセンシティブな「他人に知られたくないために取り扱いに神経を使わざるをえないという意味で敏感な」個人の遺伝情報のこのような組織的な収集、貯蔵、拡散によって、政府、企業、社会的機関および個人が犯罪や他の手続きにおけるプライバシー、自律性、平等、公正さのような権利を侵害する力を著しく強めることができる……個人にとってセンシティブな個人情報を政府が収集、維持および利用することに対して個人が自律的な支配力を行使する（exercise control）ことができるということは、個人の完全性と人間の尊厳にとって中心的なことである。個人の自律性が脅かされるのは、政府や企業が個人情報の大規模な収集、相互の関連付け、複製および利用を容易にする現代的な技術を擁しているときで

ある。

……一般的な原則として、個人情報はインフォームド・コンセント無しに個人から収集すべきではない。個人情報の強制的な収集は、合法的な公共政策目的を達成するために必要な最小限度に制限されなければならない。インフォームド・コンセントの原則に対する例外は、重要な合法的公共政策目的を促進させる場合に生じる。しかし、それは特別な法的権限によってのみ認められるべきである。これらの状況下で収集された情報は、その収集の合法的な直接的理由が満たされれば、すぐに破壊されまたは匿名にされなければならない。

個人情報を収集する政府省庁やその代理人または企業は、可能なかぎり、第三者よりも直接個人から情報を収集すべきであり、可能なかぎり最も押し付けがましくない方法を採用すべきである。

トーマス・ジェファソンは、「警戒は自由の永遠の代償である」と私たちに注意した。新しい技術が発展してくるにつれて、私たちが必要とする警戒の形態も進化しなければならなかった。プライバシーは、ますます「テクノロジー化した」世界で紛争の舞台となる大きな領域になった。私たちの遺伝子はプライバシーの最も最近の戦場である。

注

(1) *Landry v. Attorney General*, 429 Mass. 336 (Supreme Judical Court of Massachu-setts, 1999).
(2) Domestic Security Enhancement Act of 2003 (Draft Legislation).

(3) *Mayfield v. Dalton*, 109 F.3d 1423 (9th Circuit,1997).

(4) Quoted in Terri Goldberg,"Genetic Power to the People: An Interview with Tony Mazzocchi," *GeneWatch* 15, no.1 (2003) : 15.

(5) *Norman-Bloodsaw v. Lawrence Berkeley Laboratory*, 135 F.3d 1260 (9th Circuit, 1998).

(6) *EEOC v. Burlington Northern and Santa Fe Railway Co.*, No.01-4013 (N.Iowa filed Feb. 9, 2001).

第8部 遺伝子差別

「すべての人は、遺伝子差別を受けない権利を有する」
「遺伝子権利章典」第八条

第19章 遺伝子差別禁止法を超えて

ジョゼフ・アルパー

一九八〇年代半ばのある時、科学の社会的な意味に関心を持っている（私を含む）科学者と他の学者のグループが「遺伝子スクリーニング研究グループ」を結成した。私たちは、分子遺伝学がほとんど信じられないほど急速に進歩すれば、多数の人々に有害な影響を及ぼす可能性のある技術的応用が不可避的に行われることを認識していた。私たちは、特に「遺伝子差別」と呼ばれるものが起きる潜在的な可能性に不安を持つようになった。

遺伝子差別は現実のしかも重大な問題である

私たちは遺伝子差別を「遺伝子型に基づく差別」と定義した。この定義を定式化する際に、私たちは遺伝子差別を、実際に不健康である結果として、または不健康であると感じられる結果として経験する差別と区別したいと考えた。遺伝子差別を経験している人々は現在健康である。すなわち、彼らは自分たちが保持しているかもしれない変化した遺伝子と関連のある病気の症状は全く示していない。

遺伝子差別が存在したかどうか、または存在したとしたらそれは現実の問題だったかどうかを確定するために、私たちは予備調査からはじめ、それから遺伝子診断を受けたことがあるかまたは遺伝医学者や遺伝カウンセラーのような専門家である約二万七〇〇〇人の人々に広範囲な調査を行った。私たちのアンケートと追跡電話インタヴューは、遺伝子差別の事件についての情報を引き出すことが目的だった。

私たちの調査結果は、二つの論文となって発表された。それらは、Billings et al.（1992）(1)とGeller et al.（1996）(2)である。これらの論文は、遺伝子差別の存在を立証した最初の文書だった。私たちは、人々が生命保険と健康保険への加入を拒否され、雇用を拒否され、学校への入学を拒否されたケースを見つけた。遺伝子差別の特に明らかで繰り返された例には、ヘモクロマトーシス［血色素症］が含まれていた。この病気は、治療しないと身体に過剰な鉄分が蓄積される劣性の遺伝子疾患である。瀉血療法（しゃけつりょうほう）[1]（採血）で治療すると、ヘモクロマトーシスに罹った人は普通の健康な生活を送ることができる。ヘモクロマトーシスの治療を受けている人の罹患率と死亡率は、一般の人の割合と同じくらいしかない。

私たちが調査から得た結論は、遺伝子差別は、特に健康保険の分野で、現実のますます増大していく問

[1]人体の血液を外部に排出させることで症状の改善を求める治療法の一つで、注射針を血管に穿刺（せんし）してチューブを通し吸引機を使用して血液を抜き去る（この訳注の作成に際しては、以下のサイトを参照した。http://ja.wikipedia.org/wiki/%E7%80%89A1%80）。

題であるということである。私たちは、これからは癌や心臓病のような普通の病気に対する遺伝的感受性〔遺伝的に罹りやすい性質——訳者〕の検査が発展するだろうと予見した。また私たちは、保険会社が、検査結果が陽性の人の健康保険への加入を拒むために、これらの検査の結果を利用したくなるだろうと予測した。さらに、私たちは、重病ではあるが治療可能な病気を起こす変化した遺伝子の存在をつきとめる遺伝子検査を、症状が現れる前に受けて、それによって恩恵を受けるかもしれない人々が、彼らの加入している保険を失うことを恐れて遺伝子検査を受けないことを決定するようになることを懸念していた。最も過酷な形態でのこの問題を要約すれば、次のようになる。現在健康な人でも遺伝子検査の結果が陽性であれば、保険に加入できないか、もしくは加入する金銭的な余裕がないことになるだろう。そして、遺伝子検査を受けていれば、その情報のおかげで将来の健康管理もうまくいく人々でも、このような遺伝子差別を恐れるあまり検査を受けられないだろう。

私たちは論文の中で、遺伝子差別問題の唯一の現実的な解決策は国民皆保険制度であると指摘した。しかし、米国における国民皆保険制度の導入の見通しが暗いことを考えると、私たちはまた、遺伝子差別を禁止する法律を制定すべきであると提案した。この要求が他の人々に取り上げられて、現在は米国の州の大多数が何らかの形態で遺伝子差別を禁止する法律を持っている。

近年、「遺伝子スクリーニング研究グループ」の数人のメンバー、特にジョン・ベックウィズと私は、遺伝子型を違法な差別のカテゴリーとして選び出すことが望ましいかどうか再検討している。その結果、私たちが達した結論は、遺伝子差別に焦点を定めることは、科学的に間違っているだけでなく、また政治的にも問題があるということである。私たちの見方では、差別のカテゴリーとしての遺伝的特徴に焦点を定めることは、遺伝情報の誤用によって起こった問題を緩和させるどころか、むしろ激化させる可能性がある。私たちの主張のより詳細な内容は、Alper and Beckwith（1998）[3]とBeckwith and Alper（1998）[4]に示されている。

遺伝子差別禁止法には欠陥がある

遺伝子差別禁止法は、遺伝情報と非遺伝情報、遺伝子検査と非遺伝子検査および遺伝病と非遺伝病をはっきり区別できるということを前提としている。これらの三つのカテゴリーのすべてにおいて、「遺伝（子）の（genetic）」と「非遺伝（子）の（non-genetic）」の二つの概念の間に区別があると主張するのは難しい。州の法律での遺伝情報の定義の仕方は州によって異なる。遺伝情報は、ＤＮＡとＲＮＡのような現実の遺伝物質そのものに関する情報に限定することができる。または遺伝情報は、遺伝子そのものではないが遺伝子による指示によって合成されるタンパク質を含むようにその範囲を拡張することができる。いくつかの州では、遺伝情報の定義は、家族歴に基づいた情報をも含むように範囲が拡張されている。

同様に、医学的な遺伝子検査と非遺伝子検査との間の区別も明確ではない。遺伝子検査とみなされない臨床検査の中にも、実際には変化した遺伝子の存在を示すものとして役立っているものもある。高コレステロールや便の潜血の陽性の検査結果も、心臓病や大腸癌に罹りやすい性質を人にもたらす遺伝子の突然変異の結果である場合がある。次のように主張する人もいるだろう。すなわち、本質的にすべての医学的検査は遺伝子検査であるが、その理由は、医学的検査は遺伝子の指示によって直接的もしくは間接的に合成された生化学的な物質を見つけることを目指しているからである、と。

医学的検査を分類するのは困難であるが、このことは、遺伝病と非遺伝病の違いもまた明確ではないこと示している。嚢胞性線維症(のうほうせいせんいしょう)[2]とハンチントン舞踏病が遺伝病であることは明白である。ほとんどすべての場合、この病気の遺伝子型が存在すれば、そしてその場合にのみ、個人は遺伝病に罹るだろう。しかし、癌や心臓の病気のような多因子遺伝病の場合には、遺伝子はその病気の発生と進行過程に影響を及ぼすかもしれないが、単一遺伝子がその病気の必要または十分な原因であることは決してない。環境とそのような遺伝子との間に相互作用があることはまだあまり良く分かっていない。

私たちの結論は、遺伝情報と非遺伝情報、遺伝子検査と非遺伝子検査および遺伝病と非遺伝病との区別に上述の曖昧さがあることを考えると、遺伝子差別禁止法で遺伝情報を特別扱いすることを正当化することは難しいということである。たとえ「遺伝(子)の」と「非遺伝(子)の」の概念の間に区別があると主張することができたとしても、遺伝情報に基づいた差別は禁止するが、医学的な非遺伝子検査に基づいた差別は禁止しない法律の公平さについては重大な疑義が生じる。具体的な例で考えてみる。遺伝子検査によって大腸癌に罹りやすい性質をもたらす遺伝子の保有者だと分かったが、現在はその病気に襲われてはいない誰かある人を想像してみよう。今度は、時には大腸癌を引き起こすこともあるという前癌状態(これは一般的には遺伝しない)を指示する非遺伝子臨床検査を受けた別のある人を考えてみよう。例えば、この状態は食事のような環境要因によって生じたかもしれないだろう。この人はおそらく遺伝子差別禁止法で保護されることはないだろう。両人とも大腸癌に罹るリスクは等しいかもしれない。そうしたら、人は、その人が受けた診断検査が非遺伝子検査であるよりもむしろ遺伝子検査であるという理由だけで遺伝子差別禁止法により保護されるべきだというのは公平であるのか疑問である。

遺伝的本質主義

遺伝子差別禁止法は、遺伝子は、私たちが何者か［私たちの正体、すなわち、私たちの本質的な性質―訳者］を決定する際に基本的な役割を果たしているとの間違った信念に少なくとも部分的な動機を持っているように思われる。このような信念は、「遺伝子本質主義[5]」と呼ばれている。もし遺伝子が私たちの本質的な性質を決める際に決定的な役割を果たしているということが真実ならば、他のいかなる種類の情報よりも私たち自身に関する遺伝情報の方に多くのプライバシーの保護を与えるべきだと主張することは容易なことである。それに加えて、遺伝子本質主義は、遺伝的特徴は、非遺伝的特徴と違って、先天的であり、また変更できないという意味を含んでいる。遺伝子差別禁止法の支持者は、人々は彼らの先天的で変更できない特徴で非難されるべきではないと主張する。この主張には、もし私たちが非遺伝的な病気に罹れば、それは自らに責任があるという不当な意味合いを伴っている。

ヒトゲノムの塩基配列の解読の完了とともに、遺伝子本質主義者の考えは支持できないことは、今やほとんど誰にも明らかとなった。ほぼ毎日のように、遺伝学者たちは、人間の形質の発展と病気の進展において遺伝子と環境が複雑な相互作用を行っていることを見い出している。相対的にまれな単一遺伝子病は

[2] Cystic Fibrosis：常染色体劣性遺伝を示し、白人に高い頻度で存在する。特に、米国の白人を死に至らしめる最も多い遺伝性疾患である。肺や膵臓（すいぞう）などに粘液がたまり、呼吸や消化が困難になる。

おそらく例外として、特定の病気に「対応する遺伝子」は全く存在しないということは今では明白である。私たちが「おそらく」という修飾語を付けたのは、単一遺伝子病と推定される病気でさえ顕著な複雑性を示すからである。変化した同じ嚢胞性線維症の遺伝子は非常に多様な症状を引き起こす可能性がある。ハンチントン舞踏病の変化した遺伝子を持つ人々の中には発病しない人もいる。

遺伝子差別禁止法を再起草する

私たちは、遺伝子差別禁止法を、予測的な医学情報に基づく差別を禁止するように書き直すべきだと提案する。このように再起草された遺伝子差別禁止法は二つの目的に役立つだろう。第一に、それは既存の遺伝子差別禁止法にある弱点を克服するだろう。第二に、それは国民皆保険制度という目標に向かっての重要な一歩となるだろう。

遺伝子差別禁止法について考えるときに、私たちはあるジレンマに陥る。一方では、遺伝子差別禁止法が必要なのは、遺伝子差別は、新たな遺伝子検査が利用可能になるにつれて確実に悪化するように思われる現実的な問題であるからである。他方では、ほとんどの州の遺伝子差別禁止法に欠陥があるのは、(1)それらの法が、遺伝情報と非遺伝情報、遺伝子検査と非遺伝子検査および遺伝病と非遺伝病との区別に関する間違った観念に基づいているからであり、(2)それらの法が、私たちの遺伝子が私たちの本質的存在を決定するという遺伝子本質主義的な信念に依拠しているからであり、(3)それらの法が不公平だからである。

遺伝子差別禁止法は、遺伝情報だけの利用から生じる差別よりも深くて広い根本的な問題に取り組もうとしているので、重要な機能を果たすと私たちは信じている。問題はただ単に遺伝的特徴に基づいた差別だけでなく、むしろすべての種類の予測的な医学的情報に基づく差別である。歴史的には、米国の保険制度はこれまで常に、自身の病気が遺伝子となんらかの関係があるかどうかに関係なく、既にある病気の症状を示している保険契約の申し込み者を差別してきた。しかし今では、遺伝情報や他の予測的な医学的情報を利用して、無症状の人々を[3]——たとえ彼らが病気の症状を示さず、決して発病しない可能性があるとしても——「病気である」とレッテルを貼ることが可能になってきている。

遺伝子差別禁止法は、ある人の遺伝子型に基づく差別だけを禁止することとは対照的に、すべての種類の予測的な医学的情報に基づく差別を禁止することの重要性を暗に認めている。私たちが既に述べてきたように、ある法律における遺伝情報の定義には、遺伝物質そのものに関する情報だけでなく、家族歴についての情報が含まれていた。ある州の遺伝子差別禁止法[4]は、このような遺伝情報を拡大して定義した結果、無症状の病気状態——これは、分子遺伝学の技術や遺伝子の存在にさえ基づかない多くの種類の予測的な情報の利用の結果として生じる——に対する差別を既に禁止している。

このように法律において遺伝情報の定義が拡大されていることは、遺伝子差別禁止法が主として遺伝的特徴それ自体の利用についての心配に突き動かされているのではないことを示唆している。そうではなく、人々は医療制度の危機についてますます懸念を抱いている。彼らは病気の治療の費用が驚くべき額になる

[3] asymptomatic：将来病気になる遺伝子が見つかっているが、現在はその病気の症状が出ていない状態のこと。
[4] 米国では、約二〇州で遺伝子差別禁止法が制定されているが、二〇〇八年五月二一日にジョージ・W・ブッシュ大統領の署名によって連邦レベルでも「遺伝子情報差別禁止法」が制定された（「日本語版序文」を参照）。

可能性がある時代に医療保険を喪失することについて不安を感じている。彼らはまたコンピュータによって情報の伝達がますます容易になるときに、彼らの医療記録のプライバシーについても心配している。もし遺伝子差別禁止法によって禁止される情報の種類の範囲が、すべての種類の予測的な医学的情報を含むように拡大されれば、これらの不安の或る重要な部分は軽減されるだろう。

この点から見ると、遺伝子差別を規制する法律は、医療制度の包括的な改革の方向で努力がなされていることを表している。残念ながら、これらの法律の大部分は、その現在の形態では、不明瞭で、曖昧で不公平のように思われる。遺伝学についての誤解から生じるこれらの欠陥を克服するためには、これらの法律の多くを再起草することが必要だろう。

現在健康な人々をすべての種類の予測的な医学的情報に基づいて「病気である」とレッテルを貼ることを禁止するように法律が再起草されれば、その法律は、公衆が非常に恐れる「無症状な病気状態」というレッテル張りに対する差別の多くを除去するという目的を達成するだろう。もちろん、このような法律は、既に病気で、健康保険に加入できない個人たちの利益にはならないだろう。にもかかわらず、遺伝情報は特殊なものではなく、遺伝情報の利用から生じる問題はその他のすべての種類の医学的情報の利用から生じる問題と切り離しがたく結びついているという認識がされれば、それは国民皆保険制度という目標に向かっての大きな一歩をしるすだろう。

注

(1) Paul R. Billing et al.,"Discrimination as a Consequence of Genetic Testing," *American Journal of Human Genetics* 50 (1992) : 476-82.

(2) Lisa Geller et al.,"Individual, Family, and Societal Dimensions of Genetic Discrimination: A Case Study Analysis," *Science and Engineering Ethics* 2 (1996) : 71-88.

(3) Joseph S. Alper and Jonathan Beckwith,"Distinguishing Genetics from Non-genetic Medical Tests: Some Implications for Antidiscrimination Legislation," *Science and Engineering Ethics* 4 (1998) : 141-50.

(4) Jonathan Beckwith and Joseph S. Alper,"Reconsidering Genetic Antidiscrimination Legislation," *Journal of Law, Medicine and Ethics* 26 (1998) : 205-10.

(5) Dorothy Nelkin and Susan Lindee, The DNA Mystique: *The Gene as a Cutural Icon* (New York: W.H. Freeman, 1995).

第20章　職場での遺伝子差別を分析する

ポール・スティーブン・ミラー

現代の二一世紀において、人類は私たちが生きている世界を理解し、変化させ、制御するためにますます増大する力を行使している。私たちの遺伝子コードは、その神秘をはがされ、それによって私たちの独自の人間的特質への驚くべき新たな洞察がもたらされた。情報技術の急速な発達により、新しいデータの巨大な宝庫に容易にアクセスすることが可能になった。情報時代は既に定着し、遺伝子革命は今が最高潮である。オルダス・ハックスレー[1]には申し訳ないが、私たちは今や「すばらしい新世界」の絶頂に立っている。

ワトソンとクリックによる画期的な「二重らせん[2]」の発見以来、まだ五〇年しか経っていない。彼らの生存期間中に遺伝の科学に起きた根底的で広範囲に及ぶ発展は、まさに驚くべきものである。さらに驚くべきは、彼らの研究のもたらす潜在的な利益と無限の展望および彼らの研究の約束されてはいるがまだ想像もされていない応用可能性、ならびにヒトゲノムの塩基配列の解読に従事している多くの献身的な科学者たちの研究である。人類の向上への確固とした断固たる献身的な姿勢が、この疲れを知らない努力に刺激となっている点については、私は心の中に全く疑いを持っていない。

ＤＮＡ技術は、犯罪、無実および実父の確定のような問題で疑いもなく通用する力を急速に獲得してきた。この技術をさらに職場を含む社会的、法的な状況に応用すると、いくつかの切実な倫理的問題が現れてくる。他の技術の進歩の場合と同様に、ＤＮＡ技術の場合でも、常に技術の誤用のリスクが存在する。歴史が教えるところでは、科学の驚異は、人間性の方向を揺さぶり、誘惑し、何度も堕落させる独自の力を保持している。ジェームズ・ワトソンは、遺伝学の進歩は、それが誤用される可能性があるという確固たる認識を伴わなければならないと指摘した。

「合衆国雇用均等委員会」の委員として、私はこの「進歩」によって職場で無用の者として扱われる可能性のある人々の保護に関心があった。私の仕事は、すべての人の完全性、個性および存在そのものが科

[1] Aldous Huxley（一八九四～一九六三）：イギリスの作家で、後に米国に移住した。その作品『すばらしい新世界（Brave New World）』というSF小説のなかでは、胎児が人工授精によって人工子宮の中で育てられ、生まれた人々は皆平等で満足な暮らしをしている理想的な文明社会が未来社会として描かれている。この社会はあくまで想像上の社会であるが、著者はこのような社会が今や現実となったとして、これをユートピアとしてしか知らなかったハックスレーがうらやましく思っているのではないかと考えている。

[2] ＤＮＡの立体構造で、二本の鎖が平行したらせん状の形をしていること。ジェームズ・ワトソン（James Watson：一九二八～）とフランシス・クリック（Francis Krick：一九一六～二〇〇四）は、一九五三年に分子模型を構築する手法を用いて、ＤＮＡが二重らせんの立体構造を成していることを提唱した。二人はこの功績で後にノーベル賞を受賞した。

学の名で決して脅かされないようにすることだった。私たちが自らの新たな進路を心に描くときには、私たちの可能性と個人の権利を尊び賛嘆する変らぬ心を持っていなければならない。要するに、私たちは自分たちの遺伝子のプロフィール〔遺伝子の構成とその特徴〕を——それがどんな形をとろうと——依然として自分たちのものであり続けること、またそれは決して私たちの人としての権利を侵害するために利用されるべきではないことを主張しなければならない。

遺伝の科学が爆発的な進歩を遂げるにつれて、そしてこの技術がさらに利用しやすくなるにつれて、いかに社会がその科学者を遺伝情報の誤用から守るかという問題はさらに重要になるだろう。またこの分野での法律と政策の発展はさらに切実なものになるだろう。もし雇用者が人事決定を行うに際して、遺伝情報を考慮することが許されるならば、人々は彼らの仕事を遂行する能力には全く関係ない理由で、不公平にも雇用から排除または除外されるかもしれない。

専門家の予測では、これから十年後までには、一〇〇ドル〔約八〇〇〇円〕という手ごろな金額で多種多様な病いと病気の予兆となる遺伝子マーカー[3]を効果的に同定する検査を受けることができるだろう。雇用者が無症状の遺伝的疾病素質に基づいて人事決定を行う何らかの事例証拠[4]はあるが、どの程度、あるいはどんな目的で、雇用者が現在彼らの従業員または求職者に関する遺伝情報を求めているかを知る確かな経験的証拠は全くない。にもかかわらず、遺伝子差別の可能性は現実のものであり、ただ単にサイエンス・フィクション上の事柄ではない。雇用者は、遺伝子検査、企業内の医学検査、家族の病歴情報または医療記録によって、被雇用者の遺伝情報を知ることができる。さらに、特定の病気の発症可能性を同定することができる遺伝子検査がますます多種多様になっているなか、人々はただ単に差別が怖いだけでこうした検査を利用することをためらうだろう。

米国の職場差別禁止法にとって不可欠なものは、求職者と従業員は彼らの仕事をする能力と仕事をしたい意欲に基づいて選択され評価されるべきであって、人種、民族、性別、年齢または障害のような要因に基づいた作り話や不安や固定観念といった先入見によって選択は行われるべきでない、という原則である。「米国障害者差別禁止法（ADA）」は、障害を持つが職業資格のある個人に対する差別を禁止している。ADAは、遺伝子差別の特定の問題には対処しない。とはいっても、また最近の最高裁判所の判決にもかかわらず、ADAは、明らかな遺伝子関連の機能障害を持つことは、実質上は「人生における重大な活動」を制限するとみなして、そのような障害を持つ個人を対象としていることは自明のことである。同様に、ADAは、ほぼ間違いなく、癌が治った人のような遺伝子関連の障害の記録のある個人をも対象としている。より難しい問題は、遺伝病と診断されたが症状の出ていない病気――したがって、実質上は「人生における重大な活動」を制限しないが――に基づく差別をADAは禁止するかどうかである。

一九九五年に、「米国雇用均等委員会（EEOC）は、法的拘束力に欠ける政策指導においてではあるが、ADAは遺伝子構成に基づく労働者の差別を禁じる見方を採用した。EEOCの政策は、遺伝情報に基づ

[3] genetic marker：その存在が認められれば、将来特定の病気に罹るという発症可能性を事前に示す遺伝子。
[4] anecdotal evidence：事例証拠は、その言葉の表現が想像させるように、「実際に起こった事例に基づく信頼しうる証拠」という意味ではなく、逸話や風聞などの形態をとる形式的でない証拠という、むしろそれとは正反対の意味に用いられる（この訳注の作成に際しては、次のサイトを参照した。http://ja.wikipedia.org/wiki/%E4%BA%8B%E4%BE%8B%E8%A8%BC%E6%8B%A0）。

く差別が、「障害」という言葉の法定定義の第三項の下で適用対象とされ、この条項は実質上行動を制限する機能障害を持つ**とみなされる**個人の保護に取り組む、と明確に述べている。傷害についての偏見と誤解から障害者を保護することを目指しているＥＥＯＣのこの条項は、機能障害または知覚障害に対する他の人々の反応は、実際の機能障害と全く同じくらい深刻であるかもしれないというアメリカ連邦議会の認識を反映している。

このような議論があるにもかかわらず、裁判所は、ＡＤＡは遺伝的素因による差別は対象としていないのではないか、またはＡＤＡが十分な保護の枠組みを提供している伝統的な障害による差別とは非常に異なると考えているのではないか、と心配する人もいる。しかし、雇用における遺伝子差別は禁止されるべきであるとする原則は、広い超党派の支持を得ている。遺伝子情報に基づいた雇用者による差別を特に禁止する法律は、米国連邦議会で民主党員と共和党員の両党の議員によって可決された。さらに、ジョージ・Ｗ・ブッシュ大統領は遺伝子差別禁止法を支持することを表明した。二〇〇三年の十月十四日に上院は、九五対〇の投票結果で、雇用者と健康保険会社が個人の遺伝子のプロフィールに基づいて差別することを禁止する遺伝子情報差別禁止法を可決した[1]。国会に上程された法案は、連邦政府が雇用、昇進、解雇、およびその他のすべての人事決定で遺伝子差別を行うことを禁止する――クリントン大統領が彼の任期末に署名した――大統領命令に少なくとも一部は基づいている[2]。最後に、様々な内容の州法は、形式と適用範囲の広さで大きく異なるが、何らかの追加的な保護を定めている。

科学の進歩が止められないことを考えると、雇用の場における遺伝子検査が現在または将来もずっと適切かどうかという問題は簡単には答を得られない。新しい法律が無いかぎりは、ＡＤＡは、従業員の障害に関係のある問診と健康診断――それらが仕事に関係したものであり、仕事上の必要性と関連したものであるときには、遺伝子検査が含まれる――を許可している。これは、雇用者は次のような客観的な証拠に基づく合理的な信念を有するときにのみ、その従業員についての医学的情報を得ることができるということを意味している。すなわち、その証拠とは、(1)従業員は医学的疾患があるために自分の仕事の本質的な機能を果たすことができないだろうという証拠、または(2)従業員は医学的疾患があるために雇用者に直接的な脅威を与えるだろうという証拠である。

雇用者が従業員に仕事に関係する基準を設けた歴史的な前例は、仕事をする能力があるにもかかわらず、障害を持つ個人を排除、さもなければ差別するために、従業員の身体的または精神的な状態についての情報を雇用者が利用することである。仕事に関係する基準を設けることにより、雇用者は、特定の遺伝子マーカーを探す検査を行うことが従業員の人事決定に関連があり適切であることを証明する義務を負わされる。無症状の遺伝病が問題となる場合には、これを証明する義務を果たすことは難しいだろう。

このような議論の根底にあるのは、従業員の健康問題における雇用者の役割に関する問題、ならびに長い間個人の権利を擁護してきた私たちの社会が職場における温情主義[5]を許すべきかどうか、またはどの程度許すべきかという問題である。十年以上前に、最高裁判所は、子を産むことのできる年齢の女性従業員の権利に対する雇用者の義務を扱った訴訟でこの問題に関するある見解を提示した。一九九一年の「国際

[5] paternalism：もともと「家父長主義」を意味するが、職場での差別に関しては、普通は「温情主義」と訳される。というのは、雇用者が、病気を理由に求職者を採用しないのは、病気を抱えて仕事を行うことは本人にとって決して利益になることではないとする雇用者の父親に似たような温情によるものであるとする見方があるからである。

労働組合対ジョンソン・コントロールズ裁判」で、最高裁判所は、子供を生む能力を持つ女性が有害な鉛に曝される可能性を生じさせる機会が絶対に無いようにすると定めたある化学企業の政策は、「遺伝子差別禁止法」の性差別に関して定めた第Ⅶ章に違反しているとの見解を示した(3)。最高裁判所は、自らに潜在的な不法行為の責任[6]が及ぶのではないかと懸念してこの政策を講じた雇用者の意図を認めず、仮定に基づいた雇用者の善意［温情主義のこと―訳者］は明らかに差別的な実践を正当化する理由にはならないとの見解を述べた。

ＡＤＡをめぐる或る訴訟、すなわち、「シェブロン対エシャザベル（二〇〇二年）裁判[7]」では、私たちの現在の最高裁判所は、職場の温情主義に対してますます寛容な見解を示した(4)。この裁判は、二五年以上にわたってカリフォルニアの石油精油所で請負人として働いていたある個人に関するものである。シェブロン社は、彼の肝機能障害――最終的にはＣ型肝炎と診断された――は精油所にある溶媒と化学物質に曝されることにより悪化するかもしれないとの結論を下して、彼を永続的に雇用することを二度拒否した。

米国第九裁判所[8]は、ＡＤＡの法律としての歴史とジョンソン・コントロールズ判決に基づいて、雇用者に有利な地方裁判所の判決を覆した。というのは、同裁判所は、シェブロン社はエシャザベル氏の健康に対する不適切な温情主義的な関心に動機付けられており、従業員が職場に復帰して化学物質に曝されるというリスクを敢えて負う[9]権利は企業ではなく個人の側にのみ属すると考えたからである(5)。

最高裁判所は、満場一致で第九裁判所の決定を覆した。最高裁は、「自己に対する直接的な脅威」という積極的な抗弁に雇用者が依拠していることを支持して、ＡＤＡにより雇用者が「自己に対する直接的な脅威」を考慮することは不可能であるとの第九裁判所の見解を拒否した。こうすることで、最高裁は、職場の温情主義を従業員に対するリスクから区別して十分に認める余地があるとした。最高裁は、「雇用均等委員会（ＥＥＯＣ）」の健康への直接的な脅威に関する条文から引用して、雇用者は、従業員の仕事の遂行能力を評価し、リスクの切迫性と潜在的な害の激しさ――これらは妥当な医学的判断に基づいていなければならない――を考慮に入れる従業員個々人の分析を行わなければならないことを強調した。

遺伝的雇用差別に関する裁判は、米国連邦裁判所でも州の裁判所でもこれまで一度も判決が下されたことはない。二年前に、ＥＥＯＣとバーリントン・ノーザン・アンド・サンタフェ鉄道社が、ＡＤＡの下で遺伝的雇用差別を申し立てる最初の訴訟で和解した[7]。この裁判では、ＥＥＯＣは、バーリントン・ノーザン社が、その従業員の間で反復性のストレス障害が高い頻度で偶発的に発生した事態に対処するために、

[6] tort liability：故意または過失によって他人の権利を侵害し、その結果他人に損害を与える行為。この場合には、子供を生む能力を持つ女性に有害な鉛に曝すことによって、その女性が妊娠した場合に鉛が胎児に悪影響を与えることを指す。

[7] Chevron v. Echazabal：シェブロン社（カリフォルニア州サンラモンに本社を置く石油関連企業）の傘下の独立契約請負人の企業に雇われて長らく同社の下で働いてきたエシャザベル氏は、シェブロン社に直接雇用されることを希望したが、健康診断でC型肝炎に罹っていることが判明し、これが元で同社に不採用とされただけでなく、一九九六年にはそれまで勤めていた会社もこれを理由に解雇された。そこでエシャザベル氏は、シェブロン社が同氏を不採用にしただけでなく、同社の精油所での勤務をも認めなかったことは、「米国障害者差別禁止法（ＡＤＡ）」に違反しているとして、同社を提訴した。

[8] Ninth Court：米国にある一五の地方裁判所に対する上訴管轄権をもつ連邦の控訴裁判所［日本の高等裁判所の中の最高機関に相当する―訳者］。カリフォルニア州のサンフランシスコに本部があり、二九人の裁判官を擁する。

[9] resume personal risks：ここでは、労働者が健康を害してまで職場に復帰するリスクを負うのを決定するのは、労働者個人にあるとされている。

従業員に極秘の遺伝子検査を受けさせたと主張した。ＥＥＯＣは、さらに、少なくとも一人の従業員が検査を受けることを拒否したために懲罰を与えられ、解雇の可能性に言及されて、脅かされたとも主張した。この裁判は判決が下る前に和解したので、裁判所は労働者の訴えに示されている状況にＡＤＡを適用できるかどうかに関して一度も判断を下さなかった。特に、バーリントン・ノーザン裁判［前頁参照］に関して人々が安心したのは、この裁判によってＡＤＡの下での遺伝的雇用差別問題が一気に注目度が高まった中で、従業員の遺伝子検査は認められるべきであると提案した人は誰もいなかったからである。

以上をまとめれば、遺伝学は実父の確定や有罪か無罪かの確定に適しているかもしれないが、遺伝情報は仕事をする資格のある労働者を職場から排除するために利用されるべきではないということである。遺伝子型は決して資格証明書の代用ではないし、また雇用者は人の履歴書と並んで遺伝的記録を見ることは決してすべきではない。

注

(1) United States Congress, Senate, S. 1053, Genetic Information Nondiscrimnation Act of 2003.
(2) Executive Order 13145 to Prohibit Discrimination in Federal Employment Based on Genetic Information.
(3) *International Union v. Johnson Contorols*, 499 U.S. 187 (1991).
(4) *Chevron v. Echazabal*, 536 U.S.73 (2002).
(5) *Echazabal v. Chevron*, 226 F3d 1063 (9th Cir. 2000).
(6) *Chevron v. Echazabal*, 536 U.S.at 78-87.
(7) *EEOC v. Burlington Northern and Santa Fe Railway Co.*, No.01-4013 (N. Iowa filed Feb. 9, 2001).

第21章 障害者の権利と遺伝子差別

グレゴール・ウォルブリング

「すべての人は遺伝子差別を受けない権利を有する」——これは「責任ある遺伝学協会」の「遺伝子権利章典」の第八条の主張である。それは、遺伝子操作と予測の能力の進歩によって遺伝子差別が生じるのではないか、という全世界的な懸念を反映したものである。もし人々が、民族、性およびその他の特徴に基づく差別を受けない権利を有するならば、人の固有の遺伝子構成に基づく差別を受けない権利を要求することも成り立つ。多くの国は遺伝子差別禁止法を制定しており、また、ユネスコの「ヒトゲノムと人権に関する世界宣言」のような多くの国際的な文書は、遺伝子差別の禁止を要求している。しかし、障害者の権利の視点からすれば、次の三つの問題が生じる。すなわち、「遺伝子差別」という言葉の意味は何か。遺伝子差別禁止法は何を対象としているか。遺伝子差別禁止法は誰を対象としているか。

遺伝子差別の意味

私にはこれを定義することは簡単である。すなわち、遺伝子差別は、私たちが特定の遺伝子や遺伝子活動または遺伝子産物を持っているという結果に付随して生じる知識や認識または現実に基づいて、差別的な仕方で人間または潜在的な人間〔胎児や胚や受精卵などを指す――訳者〕を扱う場合に、発生する。[1] 差別は細胞、接合子[1]、胚、胎児または生まれた人間[2]に関連しているのではなく、またそれらに直接向けられているのではない。差別は、細胞、接合子、胚、胎児または生まれた人間のある特徴に関連し、それに向けられている。すぐに明らかになることではあるが、私の簡単な定義は、準備中の法律と現存する法律が考えていることとは違っている。

遺伝子差別禁止法は誰を対象としているか

遺伝子差別禁止法は、細胞、接合子、胚、胎児または生まれた人間のある**特徴**に向けられた差別を禁止することができる。これらの法律は、ハンチントン舞踏病のようなある種の病気を起こす遺伝子を持って生まれた人間――彼らがその病気の臨床的な症状を示しているかどうかに関わりなく――に対する差別を禁止することができる。そしてこれらの法律は、この病気の臨床的な症状が現れるときまでは、その病気の遺伝子を持っている人々の差別を禁止することができる。このような場合には、ハンチントン舞踏病の遺伝子を持つ人がその病気の臨床的な症状をいったん示せば、その人を差別することは合法的だろう。言い換えれば、人が病気の遺伝子を持っていても、無症状であれば、人は差別から守られる。人が有症状であるとみなされれば、すぐに差別はもう禁止されなくなる。

私の定義は、有症状の段階にあることで差別される人と無症状の段階にあることで差別される人とを区別しない。また遺伝子差別がいつ行われようと違いはない。ともかく遺伝子差別は間違っている、議論はこれでもうおしまいだ、と私は言いたい。しかし、法律と様々な提案および議論は、遺伝子差別の概念とその違法性を無症状の段階にのみ結びつけている。そして、それによって、それらの法律や議論は、遺伝子差別の概念を限定的に狭く解釈する〔障害者の差別を遺伝子差別の概念に含めないこと―訳者〕ためにこの無症状の段階を特別に設定する。しかし、こうした解釈は、障害のある人々には少しも役に立たない。[3] このように、他の特徴と対比した〔障害や病気の原因遺伝子による〕標準的能力の欠如（それは臨床的な症状とみなされる）に基づく差別を容認することができるとする見方には様々な相違点がある。そして、このような見方の違いは容易に承認され、どうも米国自由人権協会（ACLU）もこれを支持しているようである。というのは、同協会は、遺伝子差別禁止法の制定に向けたそのキャンペーンの中で、次のように言っているからである。「連邦議会は遺伝的プライバシーを保護するために直ちに対策を講じるべきである。……〔なぜなら〕人の能力を制限しない〔障害や病気の原因遺伝子による〕不変の特徴に基づいてその人を

〔1〕zygote：「接合体」ともいう。多くの真核生物（有性生殖を行う生物）では配偶子（父系の生殖細胞と母系の生殖細胞が接合してできる個体を作るもの、ヒトの場合は精子と卵子が配偶子である）を形成するが、父系の配偶子（例えば、精子）と母系の配偶子（例えば、卵子）が接合してできた細胞（例えば、受精卵）のこと。

差別することは本質的に不公平であるからである。[4]」

もちろん、米国やその他の場所にいる障害者は、無症状の人だけが遺伝子差別禁止法の対象になっているという事実には承服しない。[5]そして、アメリカ遺伝医学大学は、米国の全国障害者協会と同じ意見を持っているようである。[6]さらに、提案されているこれらの新しい法律は、有症状の障害者を人権運動から締め出し、さらに差別的な活動スタイルを定着させている。しかし、そのような活動は、（障害を症状と見る）障害の医学的な見方により正当化されるだけであり、もちろん、多くの障害者によって非難されている。[7]

遺伝子差別とは何か？

遺伝子差別禁止法は、大部分は、雇用と保険問題に関連して、無症状の人々に対する差別を防止するために制定されている。[8]これは無症状な人々には十分な法律であるかもしれない。しかし、遺伝子差別は雇用と保険以外のより多くの分野でも行われている。最も明白なものは、遺伝的障害――ここでは「障害」は、「病気」や身体的・知的「欠陥」のような言葉と同じ意味で用いられている――と呼ばれる遺伝子の変化を見つけるために、出産前の予測的遺伝子検査を差別的に利用することである。[2]この場合には、検査の後に、遺伝子修理や異常な遺伝子を除去する技術を用いて、この変化した遺伝子を取り除くことが患者に強く勧められる。例えば、このような除去技術を利用して、（着床前遺伝子診断を目的とする）体外受精の処置のために、望ましい遺伝子構成を持つ胚を選択することができる。または、もし出産前の予測的遺伝子検査によって胎児が望ましくない遺伝子構成を示していることが判明した場合には、妊娠中絶を行うことができる。遺伝子差別の概念の範囲を出産前の段階にまで拡大することは、男女の産み分けを禁止する根拠とするためには容認できるが、遺伝子検査に基づいて障害や身体的・知的欠陥および病気と呼ばれるような特徴を人為的・医学的に除去することを禁止するための根拠としては認められない。[9] 一方で、障害や病気または身体的・知的欠陥と呼ばれるような特徴を見つけるために、「医学目的」のための出産前の予測的遺伝子検査の活用と利用が増えている。そして私たちは、この同じ技術を男女の産み分けのような「非医学的目的」のために利用することは禁止しようと努めている。言い換えれば、社会は、人間のいくつかの（例えば、男女の別のような）特徴は、技術の誤用（男女の産み分け）を免れるよう特別に保護するに値するが、その他の特徴は特別に保護する必要はない——したがって、障害や病気および身体的・知的欠陥の除去は容認される——と信じている。

また遺伝子差別とこれに関連した差別は、「不法行為による出産」と「望まれずに生まれた命」をめぐる訴訟[3][10]で生じ、また医学的な理由による遺伝子治療とエンハンスメント[4]が受け入れられることによって発生する。[11] そして、このように受け入れられるようになったことにより、エンハンスメントは新しい遺伝子

[2] このように言えるのは、障害の原因遺伝子やその遺伝子を持つ胚や胎児は除去されるから、そのような胚や胎児を除去することはある意味では差別であると考えられるからである。しかし、著者はこのような見方に反対しているようである。

[3] wrongful birth and life suits：先天的な障害や病気を持って子供が生まれてきた場合に、医師があらかじめそのような異常を妊娠前にもしくは妊娠中に知っていたにもかかわらず、親に知らせず出産を行ったとして、親がこれを医師の過失（これを「不法行為」と認めるかどうかが重要な争点となる）ではないかと主張して、その医師に損害賠償を求める訴訟のこと。

規範[5]の設定とみなされるだろう。現在考えられているような遺伝子差別の禁止はあまりにも狭く解釈されており、障害のある人々や障害、病気および身体的・知的欠陥と呼ばれる特徴を排除しているように思われる。こうした状況は障害者の助けにならないだけでなく、それどころか彼らにとってむしろ害になる。というのは、障害者を排除した遺伝子差別禁止という運動は、障害者がその他の人々（健常者）に対置させられるもう一つの分野としてあるからである。

[4] enhancement：正式には、"human enhancement"という。一般的には、人間の身体的、精神的な能力や特徴を人為的手段を用いて向上させることを意味する。消極的な意味では、着床前遺伝子検査によって障害や病気の原因遺伝子を除去すること、積極的な意味では、遺伝子組み換え技術によって知能の向上や肉体の強化をもたらす遺伝子を受精卵に導入したり、体外授精で優秀な人の精子や卵子を結合させて身体的、精神的な能力の高い人間を誕生させることを指す。

[5] genetic norms：「理想的で模範的な遺伝子構成」の意味で、理想的な特徴を持った人間の模範的な遺伝子型のこと。優生学では、すべての人間がこの遺伝子型に一致するように人間を改造することを意図しているとされている。ヒトゲノムの解読が完了した現在では、民族や人種や性の区別を捨象した標準的な人間の遺伝子型が確定されつつある。この遺伝子型も一つの"Genetic Norm"であるといえる。著者がこの言葉に「新しい」という形容詞をつけたのは、エンハンスメントが社会に受容されたことにより、標準的な遺伝子型に身体的、精神的な能力を人間に先天的に具備させる遺伝子を加えて、人間の「生物的な改善」を行うことが可能となったと考えたからだろう。

注

(1) 例えば、死産を招くかまたは普通でない身体組織を持つ人々を生む原因となるサリドマイド剤に曝された胎児の発育に違いが生じるのは、胎児の発育中に遺伝子と遺伝子の産物の活動を変化させるサリドマイドの作用のためであると考えられている。

(2) 私は、「人（person）」という言葉と「生まれた人間（born human beings）」という言葉を区別している。なぜなら、ときおり、「人」という言葉を認識能力のようなある種の力能に結び付けようとする試みがあるからである。例えば、いく人かの生命倫理学者は、新生児は、その精神の中に力能が欠けているからという理由で、新生児を人（person）という言葉で表さないだろう。私は、「生まれた人間」という言葉を採用することにより、このような「人」のオルターナティブな生命倫理学的定義を正当化はしないが、承認している。「人であること（personhood）」をめぐる議論に関する詳細な背景については、www.bioethicsanddisability.org/Personhood.html を参照。

(3) M.S.Yesley,"Protecting Genetic Difference," *Berkeley Technology Law Journal* 13（1998）: 662; and see Trude Lemmens,"Selective Justice, Genetic Discrimination, and Insurance: Should We Single Out Genes in Our Laws?" *McGill Law Journal* 45（2000), available at www.journal.law.mcgill. ca/arts/452lemme.pdf.

(4) "ACLU Renews Calls for Congress to Ban Genetic Discrimination," February 13, 2002, available at www.aclu.org/WorkplaceRights/WorkplaeRights.cfm?ID=9688&c=180.

(5) National Council on Disability,Position Paper on Genetic Discrimination Legislation（2002）, available at www.ncd.gov/newsroom/publications/geneticdiscrimination_positionpaper.html.

(6) Michael S. Watson and Carol L. Greene,"Points to Consider in Preventing Unfair Discrimination Based on General Disease Risk: A Position Statement of the American College of Medical Genetics," *Genetics in Medicine* 3, no.6（2001）: 436-7, available at www.acmg.net/resources/policies/pol-025.pdf.

(7) 以下を参照。International Centre for Bioethics Culture and Disabikity, www. bioethicsanddisability.org/disability and perception.html; www.bioethicsanddisability.org/dislawstatistic.html

(8) Comments to the natinal conference of insurance legislators on the proposed genetic discrimination act, Sophia Kolehmainen, Peter Shorett, Sara Gambin, and Paul Billings, San Francisco, July 28, 2002 www.gene-atch.org/programs/privacy/insurance.html; see also Council for Responsible Genetics, www.gene-watch. org/programs/privacy/summary2001.html.

(9) James Grifo, quoted by Gina Kolata in"Fertility Ethics Authority Approves Sex Selection," *New York Times*, Sepetember 28, 2001, accessed January 26, 2003, at www.genetics-and-society.org/resorces/items/20011028_

nytimes_kolata.html; G. Wolbring,"Disability Rights Approach Towards Bioethics," *Journal of Disability Policy Studies* 14, no.3 (2003) : 154-80; G. Wolbring,"Science and the Disadvantaged" (2000), www.edmonds-institute.org/wolbring.html; "Eugenics, Euthanics, Euphenics" (1999), a shorter version appeared in *GeneWatch* 12, no.3 (June 1999) ; www.bioethicsanddisability. org/Eugenics,%20 Euthanics,%20Euphenics.html; Adrienne Asch and Eric Parens,"The Disabiity Rights Critique of Prenatal Genetic Testing," *Hastings Center Report*, September/October 1999; R. Mallik, *A Less Valued Life: Population Policy and Sex Selection in India Center for Health and Gender Equity* (2002), accessed January 26, 2003, at www.genderhealth.org/pubs/MallikSexSelectionIndiaOct2002.pdf.

(10) G. Wolbring, expert opinion for the Study Commission on the Law and Ethics of Modern Medicine of the German Bundestag, with the title"Folgen der Anwendung genetischer Diagnostik fuer behinderte Menschen" (Consequences of the application of genetic diagnostics for disabled people) (2001), www.bundestag.de/ gremien/medi/medi_gut_wol.pdf; and "Disability Rights Approach to Genetic Discrimination," in Judit Sandor, ed., *Society and Genetic Information Code and Laws in the Genetic Era* (Central European University Press), www.bioethicsanddisability.org/wrongfulbirth.html.

(11) International Bioethics Committee of UNESCO, Report of the IBC on Preimplantation Genetic Diagnosis and Germ-Line Intervention, SHS-EST/02/CIB-9/2 (Rev. 3), April 24, 2003 (Paris: United Nations Educational, Scientific, and Cultural Organization), p.9, paragraph 68, available at http://unesdoc.unesco.org/images/0013/001302/130248e.pdf; and"Disability Rights Approach to Genetic Discrimination," in Sandor, *Society and Genetic Information Codes and Laws in the Genetic Era*; G. Wolbring,"Science and Technology and the Triple D (Disease, Disability, Defect)," in *Converging Technological for Improving Human Performance: Nanotechnology, Biotechnology, Information Technology and Cognitive Science* (Netherland: Kluwer, 2003), 206-15; www.wtec.org/Converging Technologies/.

第9部 無実を証明するＤＮＡの証拠

「すべての人は、刑事手続きにおいて自らを守るためにＤＮＡ鑑定を受ける権利を有する」

「遺伝子権利章典」第九条

第22章　有罪判決後にＤＮＡ鑑定を受ける基本的な権利

ピーター・Ｊ・ニューフェルド／サラー・トーフテ

不当に有罪を宣告されたと主張する囚人たちに司法の門を開けるよりも、少数の無実の男たちが牢屋に留まるか処刑された方がはるかにましだ。

――上級検事補の連邦議会スタッフへの助言

犯罪科学上の証拠として用いられるＤＮＡ鑑定は、それが一九八〇年代後半に合衆国の裁判所に導入されて以来、刑事司法制度の真実を追求する機能を著しく向上させている。連邦捜査局（ＦＢＩ）によると、検査のために捜査局の検査室に送られたＤＮＡサンプルの二五％は、サンプルＤＮＡの保持者である人物を容疑者ではないとする結果を示した。[1]このようにサンプルＤＮＡの保持者である人物を犯罪容疑者から除外する割合は、他の司法当局ならびに警察と検察が傘下に持つ民間の犯罪科学捜査研究所による報告でもさらに高くなっている。最近十年間だけでも、ＤＮＡ鑑定が裁判過程のなかに存在しなければ、数千人の事実上無罪の人たちが有罪を宣告されただろう。また何人かは死刑判決を受け、他の多くの人は長期間の懲役刑を科されただろう。ＤＮＡの分析結果だけでは必ずしも結論を決定づけるものではないけれども、状況は決定的になる。すなわち、強姦および強姦殺人事件では、生体物質（精子、血液またはその他の体液や細胞）とそれが回収された場所は、有罪か無罪かを決める決定的な証拠となる可能性がある。

公判前にＤＮＡ鑑定が行われることにより、警察と検察が間違って人を容疑者とする場合が予想外に多いことが明らかになった。それと全く同じように、犯罪科学上の証拠として用いられるＤＮＡ鑑定を行うことが可能になったことにより、誤って有罪を宣告された人の潔白を証明することができるようになる以前に審理された裁判でも、有罪宣告後のＤＮＡ鑑定を行うことができるようになった。その結果、おそらく真犯人が特定され、間違った有罪宣告の原因が明らかになるだろう。[2] この小論を書くまでの時点で、一四〇人の男性と一人の女性が有罪宣告後のＤＮＡ鑑定により無罪であることが明らかとなった。[3] 彼らは、延べで一五五〇年間刑務所に入れられていたことになる。すなわち、彼らのうち一三人は死刑判決を受け、処刑を待っていたときに思いがけなくＤＮＡ鑑定が彼らのために行われた。[4] 彼らの審理が間違った有罪判決を導いただけでなく、これらの有罪判決を再検討した州と連邦の控訴裁判所もまた、しばしば彼らの有罪を示す決定的な証拠に関して見解を述べて、これらの間違った有罪判決を支持したのである。

これらの潔白の証明は、実際には「氷山の一角」にすぎない。なぜなら、私たちの無罪証明計画が関与した裁判の七五％において、私たちは、決定的な証拠が失われ破棄されたために、受刑者のために何もできないほど自らを無力であると感じたからである。証拠が実際に存在する場合でも、私たちの扱った裁判の半分では、警察は私たちがその証拠の場所を探す手助けをするのを拒否し、検察はそれを検査することに反対した。(5) 無実の人々が逮捕され、裁判にかけられ、有罪判決を下され、これからもこのような仕打ちをされ続けていく動かぬ証拠があることを考えると、彼ら警察と検察が被告に不当な判決を免れる機会と能力を与えないようにしようとする姿勢は、良心に照らして受け入れ難い。このような姿勢を彼らがとることで、私たちはいく人かの役人が道理に反した優先権を行使するのを見る機会が何回かあった。彼らにとっては、真実を追求することよりも、有罪判決を維持することの方が重要なのである。にもかかわらず、彼らの立場がどんなに嫌われるものであっても、このような姿勢は、少なくとも彼らの視点から見れば理解できる。というのは、私たちが不当な判決をあばくたびに、受刑者は再び攻撃され、コミュニティは混乱したからである。こうして警察と検察の組織的な失敗の汚物と残骸がさらされることになる。すなわち、無実の男の自由（または命）が奪われ、真犯人はたいていは捕まらないままになり、彼はおそらくコミュニティを食い物にしつづけ、そして警察、検察、鑑識技術者、または指定弁護人による不正行為と過失が誤審の一因であることが曝露される。

私たちの敵［検察と警察］は、機知に富み人気がある。つまり、彼らは伝統的に自らを「正義の味方の男たち」として示し、収賄の疑いをかけられて必死にそれを否定しようとする政治家のように、必死になって有罪判決後のＤＮＡ鑑定に反対する。検察が協力することを拒んだときには、私たちは、すべての受刑者が実際には自分たちが無実であることを証明する効力を持っているＤＮＡの証拠を利用して、その鑑定を受ける権利を持つことができるようにするために、法律と裁判所に救いを求めた。

有罪判決の後に潜在的に無罪を証明する証拠を利用することを非常に難しくすること――特にその証拠を警察が握っている場合にそうであることが多い――が、米国の刑事司法制度の一般的な政策と原則である。ところが、人々が司法の能力が不十分だとして裁判所を非難し、さらに陪審員団は最初にきちんと決着をつけたのだと人々が思い込んだ結果、再審への数多くの法的障害が生じ、それが裁判所が再審を行う道へ進むのを阻む障害となってしまった。またそれによって、遺伝子検査のために生体証拠を利用するという非常に限られた目的のための再審でさえも認められないようになってしまった。[6]

しかし、州法のなかには、上述の一般的な原則［すなわち、有罪判決の後に潜在的に無罪を証明する証拠を利用することを非常に難しくすること］に対する法律上の例外を作りだすために、DNA鑑定の未曾有の力を利用したものもある。このような法律を採用した最初の州は、ニューヨーク州（一九九四年）[7] とイリノイ州（一九九五年）[8] である。一九九九年には、多くの州がそれに続き、二〇〇四年の一月の時点では三五の州が有罪判決後のDNA鑑定法を制定した。[9] 法律の条項は州によって様々であるが、典型的には、次のような状況においてDNA鑑定を認めている。すなわち、(1)犯罪に関係するDNAの証拠が存在し、それが検査可能な状態にあること、(2)そのような証拠が、以前にはDNA鑑定を受けていなかったか、またはDNA鑑定を受けていても現在求められているDNA鑑定よりも初歩的な検査形態であったこと、(3)証拠が、分析過程の明確な管理によって、犯罪現場から採取されて保存され、さらには犯罪科学捜査研究所に送られるという道をたどることができること、(4)審理の前にＤＮＡ鑑定が利用されていれば、被告が有罪判決を受けなかっただろうという合理的な可能性があること、そして、(5)ＤＮＡ鑑定の請求が処刑を遅らせる目的でなされたのではないこと、である。[10]

これらの州のどれ一つも、ＤＮＡ鑑定を絶対的な権利として与えているのでは決してない。しかし、これらのＤＮＡ鑑定法は、州によって範囲と内容が非常に様々である。いくつかの州では、無実の受刑者を救うために州費で賄われている包括的なプログラムが提供されている。そして、このプログラムは、無実であるとの合理的な主張をしている有罪判決を受けたすべての人たちに開かれている。しかし、他の州では、ＤＮＡ鑑定を受ける権利は厳しく制限されている。例えば、(1)ＤＮＡ鑑定に関する決定を検察の裁量だけに任せることによって、(2)ＤＮＡ鑑定を裁判の限られた種類にのみ制限することによって、そして、(3)ＤＮＡ鑑定を不当に厳しい時間制限の下で行わせることによって、この権利を制限している。ほとんどの法律は、極刑を受けるリスクを避けるために嘆願が行われたとしても、いったん罪を認めた被告には接見する機会を与えない。ＤＮＡ鑑定で無実の罪を晴らした一四〇の事例のうち三五の事例では、もともとの自白は、部分的に偽りの告白に基づいており、またいくつかの事例は実際に罪を認めたものだった。[11]そのために、被告に接見する権利を与えないことにより、多くの無実の人々は刑務所に留めておかれるかまたは処刑される結果となるだろう。いくつかの州では、ＤＮＡ鑑定を受けていれば、その証拠により、被告が有罪判決を受けなかっただろうという合理的な可能性が生じるという必要条件が設けられているが、しかし、それが狭く解釈されている。[12]このような州の裁判所は、ＤＮＡ鑑定が受刑者を容疑者から除外する結果を導くので、他のほとんどの有罪につながりかねない証拠に打ち勝つ切り札となっている、という事実を無視している。かくして、もし被告人の自白があるならば、または多数の目撃者が存在するならば、または仮に検察官が公判での被告人の証言にさえ矛盾する新しい有罪の理論を作り出したとすれば、これらの州の裁判所のいくつかは、受刑者の再審請求を不十分だと判断するだろう。

その他の州では、「日没条項〔嘆願書の提出期限を日没時にすること――訳者〕」を伴って成立した法律がある。これらの法律は、DNA鑑定嘆願書を準備し提出する時間を非常に短くするように定めているので、有罪判決を受けた人の中でDNA鑑定を利用できる人はほとんどいないという。[13] 実際、これらのうちの三つの法律は既に有効期限が終了しており、それら法律の制定のたった一年後には、各州ではほんの一握りの嘆願書しか提出されていなかった。

このように、州がその場しのぎの対応しかしなかったため、国は、DNA鑑定を受ける権利を連邦議会によって成文化されたものにしようとする努力をさらに推し進めるようになった。二〇〇三年の十月一日に、「二〇〇三年の無罪保護法（IPA）」が、「DNA技術による正義促進法」というより大きな法案の一部として連邦議会で可決された。[15] この画期的な法案は、連邦が定める犯罪で有罪判決を受けたすべての受刑者に、無実の主張を裏付けるDNA鑑定を求める嘆願書を連邦裁判所に提出する権利を与えるだろう。IPAは、連邦の様々な犯罪正義支援金を受けているすべての州に、とりわけ、連邦の受刑者のための法案の基準を満たすか、またはその基準を上回る「有罪判決確定後のDNA鑑定法」（仮称）を制定させることを要求するだろう。IPAの基準はかなり包括的なので（DNA鑑定だけでなく生体証拠の保存の必要条

---

[1] H. R. 3214 : H. R. は "House of Representative〔下院〕" の略語で、その後の番号は、下院に提出された法案の番号を示す。すなわち、「DNA技術による正義促進法」の略式表現。

件をも含む)、それが可決されれば、現在成立している州のDNA鑑定法の大部分は、かなりの修正を要求されるだろう。二〇〇三年の十一月には、「DNA技術による正義促進法」(HR3214)が下院で三五七対六七票の圧倒的多数の賛成で可決された。この小論を書いている時点では、この法案を超党派が強く支持しているにもかかわらず、上院では可決を引き延ばされている。(16)

裁判所:有罪判決後にDNA鑑定を受ける憲法上の権利

伝統的な法律上の手法では、受刑者は、無実を示す新たに発見された証拠がある場合に、あるいは州または連邦の裁判所の人身保護令状の命令によって、裁判のやり直しを求めることができる。しかし、人がこの救済を達成することができる期間はきわめて短い。例えば、ヴァージニア州では、その期間は有罪判決を受けた日からの二一日間にすぎない。ほとんどの州では、陪審員の評決後三年を越えてから新たな証拠が発見された場合には、無罪の証明を求める受刑者の嘆願は期限切れである。理論上は、どちらの必要条件も満たすことができない場合には、州知事の恩赦の授与が司法の最悪の誤審に対する安全弁になる。しかし、州知事はいわば政治的人間なので、選挙の際の相手候補に犯罪に甘いと烙印を押されて「デュカキス」[2]されるのを恐れて、刑務所から一人でも出させるのを嫌がる。有罪判決後の釈放の期間を短くする政策的な理由は、「最終決定原則」[3](17)に由来している。この原則の下では、訴えが出し尽くされた後は、裁判は終了したとみなされる。有罪判決を受けた無実の受刑者と州には審理の終結が言い渡される。そして数年が経過すると、目撃証人もいなくなり記憶は薄れていく。

DNA鑑定が行われる以前の時代には、裁判所の事実認定者[4]は主として証言を頼りにしていた。そのような時代には、評決が無効にされ、裁判が差し戻されても、再審の評決が正しくなるという可能性はもはやなかっただろう。しかし、DNA鑑定が導入されたことにより、最終決定原則が適用される心配は、すべてではないにしても、大部分は取り除かれる。目撃者の証言とは違って、DNA鑑定は時間の経過とともに効力が弱くなることはない。実際、DNA鑑定で疑いを晴らした数十件の事例は、有罪判決を受けてから十年以上経過しても、DNA鑑定の結果は、目撃者、自白および第一審で導入された問題のある犯罪

[2]"Dukakis-ed"：デュカキスとは、ジョージ・W・ブッシュ元米大統領が一九八八年に行われた大統領選で当選したときの民主党の大統領候補だったマイケル・デュカキスのことである。彼は長年マサチューセッツ州の知事を務めてきたが、任期中に殺人犯の一時帰休を認めるなど、受刑者に甘い政策をとってきた。これがブッシュ陣営の反デュカキスのキャンペーンに利用されて、テレビコマーシャルで、刑務所のドアが開けられて囚人が続々と刑務所を出てくる映像が放映された。これが大きく影響して、デュカキス氏は大統領選に大差で敗れた。このように、政治家が受刑者に甘い政策をとったために選挙人の支持を失うことを「デュカキス」されると著者は言っている。

[3]"doctrine of finality"：行政活動が完了していないかぎり、また行政機関でなすべきことが何も残されていないかぎり、裁判所に対するいかなる訴えも認められないという行政上の原則。

[4]fact-finder："finder of fact"または"trier of fact"とも言う。裁判で事実を認定する人またはそのグループのことで、具体的には陪審団と裁判官のこと。事実を認定するとは、何かが存在したか、何らかの出来事が起きたかどうかを、証拠から決定すること、具体的には、原告が主張する事実の有無とその是非を判断し、有罪か無罪かを決定することである。米国の裁判制度では、事実認定者とは、通常は陪審裁判のように全員が民間人の場合（その場合には彼らを陪審員jury という）と職業裁判官（judge）だけの場合がある。そして陪審裁判では、陪審員団が下した評決（verdict）を参考にして裁判官が量刑と損害賠償額を含む判決（ruling）を下す。裁判官だけが行う裁判では、裁判官が事実認定を行い判決を下す。

捜査よりも信頼性が高いことを証明している。犯罪で不当な有罪判決を受けた無実の受刑者たちは、疑いを晴らした多くの事例についての記事を読んで、自分たちの評決が完全であったかどうかについて疑いを持つようになる。ＤＮＡ鑑定は、評決の正しさを確証することができるし、または無実の人の釈放のきっかけを作り、警察を真犯人の追跡に向かわせることができる。

ＤＮＡ鑑定は、限られた状況下で、最終決定原則に代わって確実性の原則を犯罪審査過程に適用させることができる。このようにＤＮＡ鑑定により確実性を達成する可能性がある以上、私たちは法律の枠を超えて、有罪判決後でもＤＮＡ鑑定を受ける権利を確立すべきである。すべての無実の人たちが監禁状態や州の命令による処刑から解放される道徳的および法律的権利があることを考えれば、裁判所は、このような権利を明確に認識して、すべての被告人が有罪判決後にＤＮＡ鑑定を行うことによって無実であることを要求する手続きを彼らに保証しなければならない。

法的な権利を別とすれば、無実の人が――彼が有罪判決を受けた犯罪を犯していないときには――牢獄から解放される普遍的な権利が存在する。これは、公正、自由および正義という私たちの観念にとって非常に基本的な概念であるので、被告人たちが無実であるとの要求を行うことを妨げつづける警察・捜査・司法などの法執行機関当局者以外の人にとっては、特に述べるまでもないほど当たり前のことである。法律問題としては、米国連邦憲法修正八条は、残酷で異常な処罰を禁止している。もし州が、無実の男女を処刑または刑務所に収容しつづけることが許されるのならば、それはこの憲法修正第八条に違反している。

米国憲法修正五〇条と一四条の適正手続きに関する条項は、「政府の行動は、どの省庁を通じてであれ、私たちのすべての市民的、政治的機関の基礎にあり、往々にして、『国法』として指定されている自由と正義の基本的な原則に一致していなければならない」[18]と要求している。無罪を証明する証拠の隠蔽と破棄を憲法が許すことは、良心に照らして受け入れられない。これらを憲法が許せば、無実の人々を保護することはできない。また有罪の人々の逮捕を手助けすることもできない。そして、真実の究明のために遂行されるものとして司法手続きを守ることもできない。

現在までのところ、有罪確定後のＤＮＡ鑑定によって、米国で一四〇人の受刑者の無実の罪が晴らされただけでなく、また多くの真犯人――彼らの多くは連続殺人事件の犯人であり、強姦者である――が特定された。[19]それは全くもって立派な法律の遂行である。強姦者からのみ採取することのできた生体試料の分析が問題になっている事例では、ＤＮＡ鑑定の導入のおかげで、目撃者の信用度と無実の受刑者の記憶の不完全性を比較考量することによって決定を下す必要は無くなった。これにより、私たちは確実にまっすぐと真実に進むことができる。

このような努力を地方検事が妨害することは、真実を追求し、犯人を逮捕し、そして無実の人の不当な投獄を防ぐという検事の使命と基本的に矛盾しているので、ときには混乱を引き起こす。「ブレーディ対メリーランド州裁判」[5][20]で最高裁判所は重大な決定を行った。その決定によって、被告人

---

[5] Brady v. Maryland：メリーランド州がブレーディとその仲間のボブリットを殺人容疑で起訴した事件の裁判。ブレーディは、実際に殺人を実行したのはボブリットだと主張し、ボブリットは自分が実行したことを認める文書を提出したが、検察はその文書を法廷に出さず、その結果、ブレーディは有罪判決を受けた。控訴審では、控訴裁判所は提出されなかった被告人に有利な証拠は、提出されても有罪判決を覆すことはできないが、処罰のレベルを下げることはできるという見解を示し、最高裁はこの決定を支持した（この訳注の作成に際しては、次のサイトを参照した。http://en.wikipedia.org/wiki/Brady_v._Maryland）。

に有利な証拠を検察側が隠すこと――とりわけ、その証拠の提出が被告人により特に要請されたときにその証拠を隠すこと――は、その証拠が罪または処罰の程度の決定に関連がある場合には、適正手続きに違反していることが確定された。ブレーディ裁判の伝統的な分析では、被告人は、適正手続き違反を確定させるためには、次の三つの条件が満たされることを立証しなければならない。それらは、(1)検察側が証拠の提出をしなかったかまたは証拠を隠したこと、(2)証拠が被告人に有利なものであること、(3)証拠が被告人に重要な関連を有するものであること、である。一番目と三番目の条件は容易に満たすことができる。しかし、DNA鑑定の唯一の欠点は、検査が行われないかぎり、証拠が「有利」であるかどうかを確かめる方法がないということである。

しかし、検察には、彼ら［検察］が証拠の利用を拒むときに、疑いを晴らす証拠の能力がまだ明らかにされていないという理由だけで、彼らの適正手続き遵守義務を無視する自由はない。最高裁判所は、警察が、不誠実にも、「検査結果次第では被告人の無罪を証明したかもしれないDNA鑑定の証拠資料を保存する」[21]ことを怠ったときには、適正手続きに違反することを明確にした。強姦で有罪判決を受けたラリー・ヤングブラッドは、この事件の犠牲者から取られた直腸綿棒が破棄されたことに異議を申し立てた。綿棒が保存されていれば、ラリー・ヤングブラッドが綿棒に関する科学的検査を行う憲法上の権利を有することはまったく議論の余地はなかった。なぜなら、綿棒は潜在的に疑いを晴らす証拠だったからである。実際、ヤングブラッド裁判で、検察が彼の疑いを晴らす潜在的な価値が明々白々であるような現存する証拠の利用を阻止したことは、その証拠を破棄することと全く同様に不誠実である。

それにもかかわらず、有罪判決後のＤＮＡ鑑定を受ける憲法上の権利が確定されても、受刑者は、彼らの嘆願を裁判所で聞いてもらう手段を必要とする。伝統的な人身保護令状の命令は期限が切れるだろうから、私たちが選んだ手段は、黒人の市民権を守るために黒人に裁判所を利用する権利を与える目的で南北戦争の終結時に可決された合衆国法律集の「一九八三項」[6](22)という連邦市民権法である。

もし受刑者が、彼の拘禁の事実または期間に異議を申し立てるか、または釈放を求めた場合には——それによって彼の有罪判決は無効にされるか、または彼は自動的に即時または速やかに釈放されることになるだろうが——、裁判所は、一九八三項に基づく嘆願を人身保護令状の命令を求めるものとして解釈することができる。また裁判所は、有効期限が切れている時には、それを一九八三項に基づく行動として手続きを進めることを認めるのではなく、むしろそれを却下することができるだろう。しかし、一九八三項に基づく行動は証拠の利用を求めるだけなので、受刑者に対する判決は必ずしも自動的に有罪判決を破棄して彼を釈放させる結果を導くことにはならない。それはただ彼にＤＮＡ鑑定を受ける機会を与えるだけである。ＤＮＡ鑑定の結果は、受刑者の有罪を確証する場合もありうる——有罪判決後の場合のほぼ半分はそうである——ので、受刑者の一九八三項に基づく行動は、人身保護令状の嘆願とみなされるべきではない。このようなわけで——つまり、一九八三項に基づく嘆願は有罪判決の無効かまたは受刑者の釈放を導くが、一九八三項に基づく行動は単に彼にＤＮＡ鑑定を受ける機会を与えるだけであるので——彼は一九八三項に基づく行動を起こして、その結果却下されることは回避すべきである。私たちはこれらの問題

[6] Section 1983:「一八七一年の市民権法」のことで、合衆国法律集の一九八三項の四二章に掲載されているので、このように通常は呼ばれている。同法は、州の法律または地方の法律を口実に、ある人から合衆国憲法で保証された諸権利を奪う者は誰でもその人に対して責任を負うと述べている。

を裁判所に提起してわずかな成功を収めはじめたばかりである。

犯罪科学上の証拠として用いられるＤＮＡ鑑定は、私たちが有罪か無罪かを決定する方法を革命的に変えた。公判前または公判後のＤＮＡ鑑定によって無実の罪を晴らす事例がますます多くなっていることは、無実の人々に有罪判決を下すことがまさに現実的な危険であることを証明している。無実の罪を晴らした事例の研究は、不当な有罪判決を生じさせる制度的な原因にスポットライトを当てている。しかし、またいく人かの検察官は、ＤＮＡ鑑定の利用を求める受刑者の請求に対して拒絶反応を起こしており、そのことが、無実の人々の解放に反対して有罪判決の維持を促進させる考え方に人々の目を向けさせてしまっている。何が何でも有罪判決を維持することは、良心に照らして受け入れ難く、公正、正義および真実の原則に一致しない。現実には無実の人々を犠牲にして、拘束力のない判決の前例、事実上の法の抜け穴および時代遅れの原則に盲目的に従うことは、もはや受け入れることはできない。私たちはもっと上手くできるはずだ。

追記

本章を書いた後に、連邦議会は「万人のための司法手続法（the Justice for All Act H.R.5107）」［または「全ての者に対する正義法」と訳される場合もある━訳者］を可決し、ブッシュ大統領も同法に署名して成立させた。同法は、もう一つの連邦法の「無罪保護法」の主要な構成要素を含んでいる。「無罪保護法」は、とりわけ、連邦の犯罪で有罪判決を受けたすべての受刑者に、無実の主張を裏付けるために連邦の裁判所に

ＤＮＡ鑑定を受けることを求める嘆願を行う権利を与えるものである。また「万人のための司法手続法」は、財力のある州には証拠を保存し、無罪を証明することを求めている受刑者が有罪判決後のＤＮＡ鑑定を利用できるようにするよう勧めている。

その他の条項に含まれていることは、死刑判決を下すことのできる全国の四〇の司法管轄区域にある州に、被告側と検察側の双方のためのより良い訓練と監視を提供するとともに、資格のある訴訟代理人〔通常は弁護士がなる―訳者〕の任命と遂行のための効果的なシステムを作り出す手助けをすることである。「万人のための司法手続法」は、新しい犯罪調査でＤＮＡ鑑定への依存が増したために、州へ実質上すべての資金を提供するとともに、不当な有罪判決を受けた連邦の受刑者が入手できる賠償額を増やしている。重要なこととしては、この法案はまた、同法の多くの条項の下で資金を求めている州に対して、不正行為と重大な過失が行われているとの申し立てのある州と地方の科学捜査研究所に対して、外部からの独立した調査を行うことのできる政府組織の存在を認めることを要求している、という点が挙げられる。

注

(1) United States Department of Justice, National Institute of Justice, *Convicted by Juries, Exonerated by Science: Case Studies in the Use of DNA Evidence to Establish Innocence After Trial*, Pub. No. 161258 (June 1996), xxvii; confirmed by phone conversation with Paul Bresson, FBI public information officer, January 22, 2004.

(2) 一般的には以下を参照。H. Patrick Furman, "Wrongful Convictions and Accuracy of the Criminal Justice System," *Colorado Lawyer* 32 (2003): 11, 12 (identifying causes of wrongful convictions as mistaken identification, ineffective representation, police and prosecutorial misconduct, perjured testimony, corruption of scientific

evidence).

(3) www.innocenceproject.org を参照。

(4) www.innocenceproject.org を参照。

(5) 以下を参照。Stephan F. Smith,"Cutural Change and'Catholic Lawyers'"*Ave Maria Law Review* 1 (2003) : 31, 48 (再選挙〔検察官の——訳者〕と裁判の勝敗記録を心配する検察官は有罪判決後の釈放に反対する) ; Milton Hirsh,"Small-Town Florida 1963: Time It Was and What a Time It Was." *Champion* 27 (2003) :42 (検察と法執行機関は、彼らが受け取る大量の嘆願書から混乱が生じる可能性を主張して、DNA鑑定を提供する法律に反対した) ; Jennifer L. Weiers and Marc R. Shapiro,"The Innocence Protection Act: A Revised Proposal for Capital Punishment Reform," *NYU Journal of Legislation and Public Policy* 6 (3003) :615, 622 , (検察は、いつもどおり、死刑囚のDNA鑑定に反対した)。

(6) 一般的には以下を参照。Margaret Berger,"Lessons from DNA: Restriking the Balance Between Finality and Justice," in David Lazer, ed., *DNA and the Criminal Justice System: The Technology of Justice* (Cambridge, MA: MIT Press, 2004) ; Deanna F. Lamb,"Timely Justice: The Balance Between Claims of Actual Innocence and Finality of Judgments," *Lincoln Law Review* 228 (2000-2001) : 17 (おそらく判決 の正確さを犠牲にしながら、勤勉さと公正さを支持する最近の判決に光を当てている)。

(7) N. Y. Crim. Pro § 440. 30 (McKinney 1994).

(8) 725 Ill. Comp. Stat. Ann. 5/116 (1995).

(9) www.innocenceproject.org/docs/IP_Legislation_Memorandum.html.

(10) www.innocenceproject.org/docs/IP_Legislation_Memorandum.html.

(11) www. innocenceproject.org.

(12) 例えば、以下を参照。N. Y. Crim. Pro.§ 440. 30 (1994)(「評決は被告にもっと有利だっただろうという合理的な可能性」を要求している) ; Aritz. Rev. Stat § 13-4240 (2000)(「もしDNA鑑定によって無実の罪を晴らす結果が出たら、嘆願者は起訴または有罪判決を受けていなかっただろうという合理的な可能性が存在する」) ; N. J. Stat. Ann. § 2A:84A-32a (「公判時にDNA鑑定の結果が利用され ていれば、評決または判決はもっと有利だっただろうという合理的な可能性」を提起しなければならない)。多くの州法はもっと厳しい。例えば、ケンタッキー州の法律は、死刑判決を受けた嘆願者だけにしか適用を認めていない：Ky. Rev.Ann. § 422.285（2002）。オハイオ州の法律は、「その犯罪で受刑者を有罪であると考えた合理的な事実認定者が誰もいなかっただろう」という点で、ＤＮＡ鑑定は結果の決定要因であるべきだと要求している：Ohio Rev. Code Ann. § 2953. 71（2003）。

(13) 例えば、以下を参照。Ohio Rev. Code Ann. § 2953.73（2003）（オハイオ州は、二〇〇四年十月二十九日を期限とする一年間だけＤＮＡ鑑定の利用を認めている）；Mich.Comp. Laws § 770.16（2001）（ミシガン州のＤＮＡ鑑定の利用期限は二〇〇六年一月一日である）；2001 Or. Laws 697（オレゴン州の期限は二〇〇六年一月一日である）。

(14) Idaho Code § 19-4902（b）（2001）. アイダホ州の州法によるＤＮＡ鑑定の利用期限は、二〇〇二年七月一日かまたは判決の日から一年後のうち遅い方である。Fla. Stat.Ch. 925.11（2001）. フロリダ州の最初の法律では、ＤＮＡ鑑定の利用期限は、二〇〇三年十月一日である；二〇〇三年九月の後半に出されたフロリダ州の最高裁判所の緊急命令は、期限を延長した。現在は最終判決は行われておらず、また期限を延長／廃止する法案が可決された。N.M. Stat. Ann. § 31-1A-1（2001）. ニューメキシコ州の地方裁判所は、二〇〇二年七月一日以降は嘆願を受け入れようとしなかった。また以下も参照。Cragg Hines, "There Should Be No Deadline for Justice," *Houston Chronicle*, September 30, 2003, available at www.chron.com/cs/CDA/print story.hts/editorial/2129849（不当な有罪判決を受け、死刑服役中に癌で死亡した男性のフランク・リー・スミスについて、有罪判決後のＤＮＡ鑑定の有効期限を二年間としたフロリダ州を批判している）；and "Issue a Stay of Injustice ," *Palm Beach Post*, September 24, 2003, 10A（「無実の日とは、時計がある日の午前一時を打ったという理由だけで有罪にはならない」）。

(15) Advancing Justice Through DNA Technology Act of 2003, H.R. 3214, 108th Cong. § 3（2003）.

(16) "Justice Through DNA," *Washington Post*, October 7, 2003, A24を参照。

(17) 以下を参照。Berger, "Lessons from DNA: Restriking the Balance Between Finality and Justice" and Lamb, "Timely Justice: Balance Between Claims of Actual Innocence and Finality of Judgments." また以下も参照。Anne-Marie Moyes, note, "Assessing the Risk of Executing the Innocent: A case for Allowing Access to Physical Evidence for Posthumous DNA Testing," *Vanderbilt Law Review* 55, no. 3（2002）：953, 995（最終決定の原則を、有罪判決に異議を申し出る被告人の権利を制限するとして批判している）。

(18) *Hebert v. Louisiana*, 272 U.S. 312, 316-17（1926）.

(19) 全米の少なくとも二六の裁判で、無実の人の疑いが晴らされた結果、真犯人が発見された。ロナルド・コットンの裁判では、犠牲者の膣綿棒と下着から採取されたＤＮＡを国の保有する有名な重罪犯人のデータベースと照合したときに、以前同様な犯罪で自白したある男が真犯人として浮かび上がった：www.innocenceproject.org/case/display_profile.php?id=6. ニューヨーク市のセントラルパークのジョガー［ジョギングしている人］に関する裁判は、ＤＮＡ鑑定が真犯人の犯罪を認める自白を導いたもう一つの例である。すでに強姦と殺人の罪で服役中のマティアス・レイエスは、ニューヨーク市のセントラルパークでのジョガーの強姦を自白したとき、彼のＤＮＡは、犠牲者の片方の靴下から見つかった精液のＤＮＡと一致することが決定された。また現場で発見された髪の毛のＤＮＡ鑑定でもレイエスと一致した："It's Time': New Confession Casts Doubt on Convictions in 1989 Central Park Attack," abcNEWS.com, Septemebr 26, 2002.

(20) *Brady v. Maryland*, 373 U.S. 83 (1963).

(21) *Arizona v, Youngblood*, 488 U.S> 51, 57 (1988).

(22) 42 U.S.C. ∞ 1983.

第23章 犯罪科学上の証拠としてのDNA——独立の専門家の補助を受ける刑事被告人の権利

ジョン・トゥーヘイ

カール・ユング[1]は、かつて科学について次のように述べた。科学は「完全な道具……ではないが、目的そのものとして受けとられるとき以外には有害に作用しない、素晴らしい、計り知れないほど価値がある道具である」(1)。法廷で利用されるDNAの科学は、完全な道具ではないが、それはしばしばそのような道具であるとみなされている。人はこのような見方が生じる理由を容易に推測することができる。おそらく、その理由は、法廷で利用されてきた多くの方法（例えば、血液検査または組織検査）が過去にはできなかったこと——すなわち、証拠の微小なサンプルを採取すること、ならびに容疑者として適合する者の範囲をわずかな人数に絞り込むこと——をDNAができるからであろう(2)。犯罪現場で発見される血液や精液の証

[1] Carl Gustav Jung（一八七五～一九六一）：スイスの精神分析医で、分析心理学の創始者。

拠について、それが被告人以外の者に一致する可能性は一〇億分の一であると専門家が説明すると、それは陪審員にとって非常に説得力があるものになる。ある作家が書いているように、「あなたが一〇億人の中の一人の声を聞いたときには、……その人は、起き上がって真犯人を指さして、『彼がそれをしたのだ』と言っている死人［間違って死刑に処された無実の人を指す］とほとんど同じである」[3]。

上述のように、法廷で利用されるＤＮＡの科学をほとんど完全な道具であるとみなす考えが行き渡っている理由としては、ほかに次のことが考えられる。それは、メディアが、法廷で利用されるＤＮＡの証拠能力に関する記事または報道を、陪審員になる可能性のある人に提供していることだろう。全国的なメディアは、ＤＮＡ鑑定の利用によって死刑囚または長期刑受刑者が釈放されたことに関する記事または報道を、釈放された瞬間とほとんど同時に公衆に向かって洪水のように流している[4]。例えば、ＣＮＮは二〇〇〇年の六月に、ニューヨーク州では有罪判決を受けた犯罪人がＤＮＡ鑑定の利用によって無実の罪を晴らした事例が少なくとも七つある、と報道した[5]。もっと人を引き付けたのは、イリノイ州で起きた出来事で、それは、ＤＮＡ鑑定の結果、イリノイ州の死刑囚官房に三年間服役したローランド・クルーズが釈放され、その話が広く公表されたことである[6]。ＤＮＡ鑑定がローランド・クルーズの裁判やその他の死刑囚の裁判で利用された結果、イリノイ州ではすべての死刑判決の一時停止、全面的な見直しおよび最終的には減刑が行われることに道が開かれた[7]。ＤＮＡが効力を持つ理由が何であれ、刑事訴訟でＤＮＡ鑑定を法廷で利用することは、陪審員に有罪か無罪かの確信を得させる素晴らしい能力をそれ自身に与えてくれる。それはまた、ハリソン対インディアナ州の裁判で、インディアナ州の最高裁判所が示したように、裁判官を確信させる同様の能力を持っている。この裁判で最高裁は次のような見解を示した。「［ＤＮＡの］専門家の証言には正確な物質的な計測と化学検査という性質が含まれており、それらの結果は議論の余地のないものであった」[8]。これらの強い信念があるために、かえって犯罪科学上の証拠としてのＤＮＡの利用は、ユングが述べたように、その検査を受けた人に対して「有害に作用する」ことがあり得る科学的な道具でもある。例えば、二件の強姦事件を起こして間違って告訴された男のラザーロ・ソトラッソンの裁判を考えて見よう。ソトラッソンは、科学捜査研究所の技術者が誤って彼の名前を別の男のＤＮＡの分析結果に貼り付けた後に起訴されたのである[9]。この例が示すように、犯罪科学上の証拠としてのＤＮＡは、それ以前に行われていた従来の伝統的な犯罪科学上の証拠の形態と同じような不公正な判断と過失の影響を受けやすいために、有害な作用をもたらす場合もある。

Ｏ・Ｊ・シンプソンに対する裁判［2］で、高額の報酬を受け取っている弁護団は、ロサンゼルス郡によるＤＮＡの証拠の利用に異議を申し立てたが、その理由は、ＤＮＡの証拠のこのような有害な作用のためである。Ｏ・Ｊ・シンプソン裁判の結果にあなたがどのような見方を持っていても、弁護団が、十分な説得力をもって、ＤＮＡ鑑定でそれに固有の不公正な判断と過失があったことを示したことを人は認めなければならない[10]。しかし、多くの犯罪被告人が、このような弁護人を立てる同じような財力を持っているわけではない。また彼らは、彼らに対するＤＮＡ鑑定がますます広範に利用される可能性[11]があるという事態に直面している。ＤＮＡ鑑定がこのように広範に利用され、またＤＮＡ鑑定により上述の有害な作用がもたらされるリスクがあるために、すべての被告人は、手段を顧みず、ＤＮＡ鑑定の証拠が自らに対して用いられるときには、ＤＮＡの専門家に助けを求める必要がある。残念ながら、多くの州は、犯罪被告人が州政府の資金により雇われたＤＮＡの専門家と接触することを認めないか、またはそれに対して高いハードルを設けている[12]。

支援を求める権利

被告人を起訴するために専門家の証言が利用される場合には、一連の条件さえそろえば、被告人は「独立の」科学的専門家の助力を得る権利を有するべきだが、これは十分に確立した法の原則である。[13] この権利は、「法律の適正手続き無しには、いかなる人も**生命**、**自由**または財産を奪われてはならない」と述べている米国憲法修正第五条に由来する。裁判所は、個人には適正手続きに対する憲法上の権利があるので、「適正手続き条項の意味の範囲内で個人から『自由』または『財産』の利益を奪う[14]」政府の決定には制限を加えることができると考えた。ただし、生命と自由が危険に曝されているということを示すだけでは、人は彼自身の専門家の助力を得るには不十分である。もし個人から「自由」と「財産」を奪う政府のそのような決定が、ある種の状況から導かれるとすれば、その状況には次のような分析が当然含まれていなければならない。それらの分析とは、(1)その状況に個人の利益が含まれているかどうかに関する分析、(2)その状況に対する予防対策を追加する価値がある可能性があるかどうかということ、それとともにそのような個人の利益が誤って奪われるリスクに関する分析、(3)政府の利益に関する分析、である。[15]

個人の利益

「エイク対オクラホマ州裁判(一九八五年)[3]」では、最高裁判所は、きわめて自明のことだが、州政府の手続きで個人の利益が危険に曝されているかどうかを判断する際には、自由が奪われていることが「比類ないほど説得力がある」と考えた。最高裁によると、「無罪であるとの推定を打ち負かそうとするオクラホマ州の努力の結果の中に個人の利益が認められていることは明らかであり、私たちの分析においても個

---

[2] the case against O.J.Simpson：正式名は、"*People of the State of California v. Orienthal James Simpson*"で、ロサンゼルス郡のカリフォルニアの上位裁判所［第一審］で一九九五年の一月二十九日から開かれた刑事裁判のこと。アメリカンフットボールのスター選手で俳優だったO・J・シンプソンは、一九九四年六月に彼の前妻のニコール・ブラウン・シンプソンと彼女の友人のロナルド・ゴールドマンが死亡した後に、二件の殺人容疑で裁判にかけられた。シンプソンは、ロバート・シャピロ、その後にジョニー・コクランに率いられた有名な弁護士からなる弁護団を雇った。ロサンゼルス郡は、これは確実に相手に勝ち目のない起訴事例であると信じたが、コクランは、DNAの証拠（その当時は裁判で利用されるものとしては比較的新しいタイプの証拠だった）に関する疑い――申し立てによると、科学捜査研究所の科学者と技術者が血液サンプルの証拠の取扱いを誤ったということを含む――と他の証拠物件をめぐる状況に関する合理的な疑いがあることを陪審員に確信させることができた。シンプソンの高い知名度と長期にわたり裁判がテレビ放送されたことにより、いわゆる「世紀の裁判」に国民の注目を引き寄せた。全国的な調査では、刑事裁判の終結時までには、シンプソンの罪の評価で、ほとんどの黒人とほとんどの白人の間には劇的な相違が示されたという（この訳注は、英語版の"Wikipedia, the free encyclopedia at http:// en.wikipedia.org/wiki/O._J._Simpson_murder_case"による）。

[3] *Ake v. Oklahoma*：グレン・バートン・エイクが、一九七九年にある夫婦を殺し、その夫婦の子供に重傷を負わせた容疑で逮捕、起訴された事件をめぐる裁判。罪状認否で、彼の奇怪な行為から裁判官は彼に精神鑑定を行うよう命じた。この結果、エイクは妄想癖があると、鑑定を担当した精神分析医は報告した。彼は、妄想型統合失調症であると診断され、彼が裁判の公判に耐えられるかどうかを決定するために引き続き精神鑑定が行われることとなった。このように、この裁判で合衆国の最高裁判所は、貧しい刑事被告人は、彼が必要とする場合には、被告人の利益のために州に精神分析医による精神鑑定を行わせる権利を持っているという見解を示した（この訳注では、"Wikipedia, the free encyclopedia at http:// en.wikipedia.org/wiki/Ake_v._Oklahoma"を参考にした）。

人の利益は重視されている」[16]。このように、DNA鑑定の証拠を検察側に利用させる意志を持ち、そのようにして起訴された結果、懲役刑または死刑に直面する刑事被告人にも個人の利益はある。

訴訟手続きの間違いのリスクと可能な予防策

公判の段階で科学的な証拠が利用されたときに間違いが生じるリスクが存在する、と裁判所が判決で述べた例が数多くある。影響力の大きい事例として、利用された科学的証拠が精神医学の証拠である「エイク対オクラホマ州裁判」[3]が挙げられる。この裁判で、最高裁は、「弁護側が精神異常を理由に弁護することが実行可能かどうかを決定する手助けをするために、また証拠を提出するために、さらにオクラホマ州側の証人に対する反対尋問を準備するのを補助するために、弁護に関連する問題に関する専門的な調査を行う精神科医の補助がなければ、精神異常問題に関して正しくない解決が行われるリスクはきわめて高くなる」と判決で述べた[17]。

「エイク対オクラホマ州裁判」の場合と同様に、証拠を提出し、州側の証人に対する反対尋問を補助するDNA専門家の補助がなければ、有罪か無罪かに関して正しくない解決が行われるリスクは高くなる。被告の弁護人は、DNAと犯罪捜査上の手段としてのDNAの役割に関する初歩的な知識を得る上で補助を必要とする。弁護士は法律上の事柄では教育を受けているが、DNAの複雑な性質に関しては教育を受けていない。提出された証拠に関する初歩的な知識がなければ、弁護士は証拠も証拠を批判する方法も理解することができない。DNAの証拠は、統計的確率──例えば、犯罪現場から得られた証拠は、Y分の

Xの割合で被告人以外の誰かに一致するという見込み――を示して陪審員団に提出される。これらの統計的確率が提示される仕方は、陪審員団に対して非常にさまざまな影響を与える傾向がある。テキサス大学で行われた研究によると、ほとんどの人々は、「統計一般から結論を出す段になると、直観力が乏しくなる」という。[18]またこの研究により、統計がどのような仕方で提示されるかによって、陪審員の結論の結果が大きく異なることが分かった。この研究から得られた統計的確率を提示する仕方の二つの例は、次のとおりである。

1「血液検体が容疑者のものでなければ、彼がその血液検体と一致する確率は〇・一%である」
2「血液滴の持ち主ではないヒューストン市民の千人のうちの一人は、その血液滴と一致するだろう」

この研究で分かったことは、第一例では、陪審員の大多数は容疑者が証拠［血液検体］の持ち主であると九九パーセント確信しており、第二例では、彼がそうではないと九九パーセント確信している、ということである。提示されている統計確率が全く同じであることを考えると、この結果は驚くべきである。このことが良く説明しているように、DNAの証拠は、検査を受けていない検察側の証人により陪審員団に提出された場合には、有罪か無罪かに関して正しくない決定を導く可能性があるだろう。

さらに弁護人は、州政府が行った実際の検査に間違いがあったかどうかを理解することができなければならない。ソトラッソン裁判で示されたように、間違いは検査中に起きる。科学的方法がどんなに良いものであっても、それを用いる人間の能力以上には力を発揮できない。米国学術研究会議は、次のようにこのことを要約して述べている。「〔ＤＮＡ〕の基本的な科学的原則については実質的な論争は全くない。しかし、実験室内での手順が適切であるかどうか、ならびに証言する科学者の能力が十分であるかどうかについては、依然としてまだ疑いを向けるべきである」[19]。これらの検査の間違いが起きる正確な割合は、明らかではない。しかし、ある研究所は、制限酵素断片長多型（ＲＦＬＰ）[4]検査という古い技術を用いた場合には、間違いの割合が五十分の一であることを明らかにした[20]。いくつかの研究は、これらの間違いは、ブラインド・テスティング〔盲検法：目で見ないで検査をすること―訳者〕の訓練不足を含む実験室検査手順の拙劣さの結果であると推測した。検査サンプルの多くは、容疑者の名前と行われた犯罪の生々しい記述とともに検査室に送られるが、このことが明らかに影響して、検査技師がサンプルと適合する者がいないのにいると間違って判断させたり、単に適合者であるとの確率を誇張したりする可能性がある[21]。ＰＣＲ[5]検査というより新しい技術により、これらの懸念のいくつかは無くなった。しかし、ＰＣＲ検査はこれらの方法のうちで最も間違いを起こしやすい。ＰＣＲ検査による間違いは、サンプルの取り違えである[22]。英国の研究所が明らかにしたように[23]、間違いの割合が五十分の一であろうと、百分の一であろうと、間違いが実際に起こることに変りはない。そして、これらの間違いはほんの数回しか起こらないかもしれないが、一つの間違いが犯罪被告人にとっては生死を分ける違いとなる可能性があるのである。

法廷で用いられるＤＮＡの科学に関して知識のある被告側の専門家は、ＤＮＡとの適合の統計的確率を最も上手く表現する方法〔上述の二つの例を参照―訳者〕を決定するに際して、被告の法定代理人を補助することができる。専門家はまた、自らと法定代理人自身の検査を行う際にも彼を補助する。このような検査を行うのは、州政府の検査が正確であることを確かめるためである。この専門家は検察側の証人をチェックする役割を果たすだろうが、それと同程度に、被告の法定代理人は検察をチェックする役割を果たすだろう。このようなチェックは、不適切な自由と生命の剥奪を防ぐ手助けになるだろう。

政府の利益

弁護側にＤＮＡ専門家の補助を提供することは、第一に、政府の利益に財政的な影響を与える。精神科医の補助を必要とした「エイク対オクラホマ州裁判」を担当した裁判所は、一人の専門家の補助の提供が州に与える財政的影響はごくわずかであると考えた。(24) 法廷で用いられるＤＮＡの証拠の鑑定にかかる平均的な時間は、一時間あたりの費用がほぼ一五〇ドル［約一万二〇〇〇円］で――この金額は精神科医による精神鑑定に匹敵する――、四～六時間だろうということがＤＮＡ専門家たちの調査で分かった。(25) そして精神科医の場合とほぼ同様に、鑑定により更なる検査が必要だと分かれば、時間と費用はそれに従ってさらにかかるだろう。こうした点を基にすると、ＤＮＡの専門家が州に与える財政的な影響は、精神科医の補助を必要とした「エイク対オクラホマ州裁判」の場合よりも大きいだろうという裁判所の見方は現実に

[4] Restriction fragment length polymorphism：制限酵素によって切断されるＤＮＡ断片の長さが個体や種によって異なること。これを利用して、ウィルスやその他の生物の同定に利用する技術をＲＦＬＰ法という。
[5] polymerase chain reaction：「ポリメラーゼ連鎖反応」と訳される。ＤＮＡポリメラーゼによる酵素反応を利用して、ヒトの遺伝子のような長大なＤＮＡ分子の中から自分のほしい塩基配列だけを取り出して、増幅させるための原理。それを応用してＤＮＡのある一部分だけを選択的に増幅させる方法をＰＣＲ法という。

合わない。

さらに、州政府は、公判段階で裁判官が適正に役目を果たしているのを見ることに、より高い財政的な関心を抱いている。以前に有罪判決を受け、州の費用で何年も投獄され、今は釈放されている多くの被告人たちにかかった費用を考えて見よ。

財力を持たない被告人は、州政府の資金援助を受けているDNA鑑定の専門家を利用する権利を持つべきである。しかし、刑事被告人に専門家の補助を付けるために多くの州が現在設けている要求事項は、これを支持していない。インディアナ州では、州は単にDNA鑑定の専門家が「中立な」関係者であることを要求しているだけである。[26] 連邦控訴裁判所レベルで「エイク対オクラホマ州裁判」の後に下されたいくつかの判決は、被告人の専門家は被告人の側に付かなければならず、州から独立していなければならない[27]としている。またこれらの判決のひとつは、「まず第一に、被告人は専門家の補助という必要不可欠な利益を受けるべきであるが、医師の務めが検察側と共有されなければならないときには、そのような利益は被告人には与えられない[28]」との見解を述べた。または、ニュー・ハンプシャー州では、刑事被告人に専門家の補助を付けるために必要な条件が、被告人による貧困であることの申し立てであるという事実を考えて見よ。[29]「エイク対オクラホマ州裁判」の判決は、被告側がそれ自身の専門家を持たないままにされたときには、州政府が利用するいかなる専門家の証言でも裁判を基本的に不公正なものとする可能性がある、ということを示している。[30] それゆえ、裁判の場でのDNAの存在そのものが、必要物としての資格を得るべきである。DNA専門家の補助を受ける金銭的な余裕のない人にもDNA専門家の補助を一律平等に利用する権利がなければ、この科学的な手段は、結局はユングが恐れた有害な作用を引き起こすだろう。

注

(1) Carl JUng,"Introduction" (1) to Commentary in Cary F.Baynes, trans., *The Secret of the Golden Flower* (New York: Causeway Books, 1961).

(2) Jonathan J. Koeler,"The psychology of Numbers in the Courtroom: How to Make DNA-Match Statistics Seem Impressive or Insufficient," *Southern California Law Review* 74 (2001) : 1275, 1277.

(3) 以下を参照。Harriet Chian,"Court Evidence Controversy: Jury Still Out on Effectiveness of DNA Analysis," *San Fransisco Chronicle*, July 5, 1994, A1, noted in Koehler,"The Psychology of Numbers in the Courtroom," 1275, 1277.

(4) 例えば、以下を参照。C. Thomas Blair,"Comment: *Spencer v. Commonwealth* and Recent Development in the Admissibility of DNA Fingerprint Evidence," *Virginia Law Review* 76 (1990) : 853; Maurice Possley,"Prisoner to Go Free as DNA Clears Him in Beauty Shop Rape," *Chicago Tribune*, February 25, 1999.

(5) "Capitol Hill Debates DNA Testing in Capital Crimes," *CNN.com*, June 13, 2000, available at robots.cnn.com/2000/ALLPOLOTICS/stories/067/13/dna.hearing/.

(6) "For Rolando Cruz and Alejandro Hernandez, the Third Time Was a Charm," available at www.IllinoisDeathPenalty.com/cruz.html.

(7) "Illinois Governor Pardons Rolando Cruz, Two Others Wrongly Convicted of Murder," *SFGate.com*, December 19, 2002, www.sfgate.com/cgi.bin/article.cgi? file/news/archive/2002/12/19/national1348EST0.

(8) *Harrison v. Indiana*, 644 N. E. 2d. 1243,1253 (Ind. 1995).

(9) Glenn Puit,"Changed Proposed in DNA Handling," *Las Vegas Review-Journal* online edition, May 15, 2002, available at www.lvrj_home/2002/May-15-Wed-2002/ news/18751101.html.

(10) 一般的には以下を参照。Ronald J. Allen,"The Simpson Affair: Reform of the Criminal Justice Process and Magic Bullets," *University of Colorado Law Review* 67 (1996) : 989.

(11) Laurel Beeler and William R. Wiebe,"Comment: DNA Identification Tests and the Courts," *Washington Law Review* 63 (1988) : 903,908 n.21.

(12) 一般的には以下を参照。*Cade v. Florida*, 658 So.2d 550,555（Fla. Dist. Ct. App. 1995）; *Roseboro v. State*, 258 Ga. 39, 41 (3)（d）（365 S.E. 2nd 115）（1988）concurred in *Mosier v. State*, 218, Ga.App. 586, 587（1995）; *People v. Sims*, 244 Ill. App. 3d 966 noted in *Cade v. Florida*, 658 So.2d at 555; *Coleman v. Mississippi*, 697 So.2d 777,782 (Miss.1997) *State v . Stowe*, 620 A.2d 1023, 1027（1993）noted in *Cade v. Florida*, 658 So.2d at 555; *State v. Mills*, 420 S.E.2d 114, 117-19（N.C. 1992）; *Ohio v. Kent*, No. 72435 at 15（Ohio App. 1998）concurring in *State v. Scott*, 41 Ohio App. 3d 313,315（1987）.

(13) 一般的には以下を参照。*Ake v. Oklahoma*, 470 U.S. 68, 71（1985）; *Cowley v. Stricklen*, 929 F.2d 640（11th Cir. 1991）; *Smith v. McCormick*, 914 F.2d 1153 (9th Cir. 1990).

(14) *Mathews v. Eldrige*, 424 U.S. 319, 332（1976）.

(15) *Goldberg v. Kelly*, 397 U.S. 254, 260-71（1970）noted in *Mathews v. Eldrige*, 424 U.S. 319, 325 n.4.（1976）.

(16) *Ake v. Oklahoma*

(17) *Ake v. Oklahoma*

(18) 例えば、以下を参照。Robin Hogarth, *Judgment and Choice*, 2nd ed.（Hoboken, NJ: Wiley, 1987）, 15; Daniel Kahneman and Amos Tversky,"On the Psychology of Prediction," *Psychology Review* 80（1973）: 237; Michael J. Saks and Robert F. Kidd,"Human Information Processing Adjudication: Trial by Heuristics," *Law and Society Review* 15（1980-1981）: 123, 127. Referenced in Koehler,"The Psychology of Numbers in the Courtroom," 1275, 1277.

(19) National Research Council, National Academy of Sciences, *DNA Technology in Forencic Science*（Washington, DC: National Academy of Sciences Press, 1992）, 158. Quoted in Edward Connors et al.,"Convicted by Juries, Exonerated by Science: Case Studies in the Use of DNA Evidence to Establsih Innocence After Trial," *U.S. Department of Justice Research Report* 25（June 1996）.

(20) Jay A. Zollinger,"Defense Access to State-Funded DNA Experts: Consideration of Due Process," *California Law Review* 85（1997）: 1817.

(21) Craig M. Pease and James J. Bull, *DNA*, www.utexas.edu（2000）, available at www.utexas.edu/course/bio301d/Topics/DNA/text.html.

(22) Pease and Bull, *DNA*.

(23) Nick Paton Walsh,"False Result Fear over DNA Tests," *Observer*, February 2002.
(24) *Ake v. Oklahoma*, 78-9.
(25) Zollinger,"Defense Accesss to State-Funded DNA Experts," 1833.
(26) *Indiana v. Harrison*, 644 N.E.2d 1253.
(27) *Cowley v. Stricklin*, 929 F.2d 640 (11th Cir. 1991).
(28) *United States v. Sloan*, 776 F.2d 926, 929 (10th Cir. 1985).
(29) *State v. Stowe*, 620 A.2d 1023,1027 (1993) noted in *Cade v. Florida*, 658 So.2d at 555.
(30) *Ake v. Oklahoma* を参照。

第10部 出生前の遺伝子改変

「すべての人は、遺伝子操作されずに身ごもられ、懐胎され、生まれる権利を有する」

「遺伝子権利章典」第十条

第24章　人間の発生が修正される危険

スチュアート・A・ニューマン

「遺伝子権利章典」の第十条［「すべての人は、遺伝子操作されずに身ごもられ、懐胎され、生まれる権利を有する。」］は、それがパラドックスを含んでいるように見える点で、この権利章典のすべての原則の中で最も独特なものである。人は［遺伝子操作という］通常とは異なる条件の下で誕生すれば、別人に生まれてくるかもしれないが、はたして人はそのような通常とは異なる条件の下で生まれない権利を有するということはどういう意味なのか。第十条はまた、権利は胚と胎児に帰属するものと読むことができる（私はそのような読み方は正しくないと主張する）が、それはこの文書の起草者の意図するところではない。

第五条は、「すべての人は彼らと彼らの子孫の遺伝子構成を損なう可能性のある毒素、他の汚染物質または活動から保護される権利を有する」と述べている。そして、第十条は、このように非の打ちどころがなく、論争の余地のない原則を示した第五条に関連して考察されるときには、「遺伝子権利章典」にとって不可欠なものとみなすことができる。しかし、大人が毒素に曝されない権利を有するのならば、また大人が彼らの子孫を毒素に曝させない権利を有するのならば、子孫自身についてはどうなのか。この議論から、彼ら［子孫］は（「彼ら」とは「すべての人」である。というのは、私たち大人もかつては子孫だったから）毒素に曝されることなく「身ごもられ、懐胎され、生まれる」権利を有すると主張することは、大した拡大解釈ではない。これは権利を胚と胎児に帰属させることではない。というのは、それは明らかに成熟した人間（full persons）［すなわち大人］に関して言われているからである。

もし企業または自治体が飲料水に毒素を大量に入れたとしたら、それが行っている悪事は、現存する人々に――彼ら自身の持つ権利のゆえに――影響するだけでなく、人々一般――不健康な子供を将来持つことになる親としての彼らの能力のゆえに――にも影響する。さらに、そのような有害物質から保護されるこの権利は、単に現存する人々に当てはまるだけではなく、将来の子ども自身――彼らは自分自身の身体と健康に対する損傷に苦しんでいるかもしれない――もまた不当に扱われている。同様に、もし製薬企業が不十分な検査しかされていない製品を販売し、これがそれを摂取した妊婦の子孫に障害または病いを引き起こしたとしたら、その悪事は、法的な意味でも普通の理解からしても、ただ単に親としての能力ゆえにその女性に影響するだけでなく、その女性から生まれた障害または病気のある子供にも影響する。ジエチルスチルベストロールという薬剤が流産を防ぐという推測（それは後で分かったように正しくない）の下で、一九五〇年代と一九六〇年代に妊婦たちに処方され、子宮内でそれに曝された彼らの娘たちの多くに生殖器官の癌を発症させたが、この事例は、一つの例である。もう一つの事例は、、一九六〇年代に妊娠した母親に処方された睡眠薬のサリドマイドで、これは彼らの子供に重度の四肢欠損とその他の発生異常を引き起こした。化学的毒素については、ある程度詳しく考察しなければ不誠実になるだろうという意味で、権利と責任に関する判断の曖昧な領域がある。これは、発生する子への伝導パイプとしての母親の役割、さらには管理者としての母親の役割に関連している。化学的毒素の悪影響をめぐる状況の一方の極には、母親が彼女自身の生存のために胚に毒性のある投薬を求める場合がある。例えば、てんかん患者が服用する抗てんかん薬は胚の発生に有害な作用をすることが良く知られている。他方の極にあるのが、低出生体重児を生むことや数多くの関連する健康問題を引き起こす喫煙のような自発的な行為、ならびに多くは胚に毒性のある飲酒と気晴らしのための麻薬吸引である。その中間にあるのが、その他のリスクの多い行為で、その中には、中毒者による薬物使用、または貧困な暮らしと有毒なゴミ捨て場の近くに住むことのようなほとんど非自発的なものがあるだろう。

上述の考察のいくつかは、胎児を危険にさらす行為を非難し犯罪視する目的で、女性の生殖の自律と人間としての自律に反対する人々によって書物にまとめられている。これらの行為の中で最も極端なものは、もちろん、妊娠中絶である。というのは、妊娠中絶は、これらのグループの最終的な目的である生む権利を放棄することだからである。妊娠した女性の自律［子どもを産むか否かに関する自己決定権］に反対して、政治的右翼のさらに一層激しいキャンペーンが展開されたが、これを抑えた唯一のものは、汚染し有毒物質を垂れ流す企業側に責任があるという人々の推測だろう。

もちろん、人は、自分の身体に関するある人の行為［例えば、妊娠中絶］を犯罪視することに反対しながらも、他方で同時に、出産させるつもりの発生しつつある胚と胎児に害を与えるかもしれない自発的な行為［例えば、喫煙や飲酒や薬の服用］に対しては批判的な見方をすることができる。特に、ある人々が、製品の有害な作用について警告するために、酒造業や製薬産業に対して法的な必要条件を設けることを提唱した場合には、妊婦がこれらの警告に耳を傾けないことに関しては批判的でなければならない。

将来の子の遺伝子工学的な修正に関しては、先のような曖昧な判断領域は全くない。胚の遺伝子操作は、人間にはまだ試されていない。ある女性が、彼女の服用する薬が胎児に危険を与える可能性があるにもかかわらず投薬治療を必要とする場合とは異なり、出産するつもりの胚に新たな遺伝子を導入する差し迫った必要は全くない。ヒトの生殖細胞の遺伝子操作に関する「責任ある遺伝学協会（CRG）」の政策方針書に述べられているように、そのような医療実践は「現存する人々の命を救うため、または彼らの苦痛を軽減するためには必要とされない。このような遺伝子操作の標的となる人々は、今まで思い描かれたことさえないいわゆる『将来有望な人々[1]』である。」

遺伝子改変の人間に対する危険は、これまで通常は非生殖組織だけが影響を受ける「体細胞（体の細胞）」の改変、ならびに個人のDNAの変化が将来の世代に伝えられる「生殖細胞」（卵子または精子の細胞）の改変の点から議論されてきた。しかし、（クローニングと同様に）初期の胚の遺伝子改変は、たとえ生殖細胞が将来の世代へ伝達されることが全くないとしても、発生する個人を危険にさらす。改変されたDNAの生殖細胞系列への伝達が危険であることは明らかである。例えば、不適切に調節された正常な遺伝子を動物の生殖細胞系列に導入すると、その遺伝子改変された動物子孫の発生には明らか

---

[1]“prospective people”：優生学的な目的のために、知力や体力を高くする遺伝子などを遺伝子操作で受精卵に導入された結果、その受精卵から生まれた子どもが親の期待するように将来優秀な大人になると想像される人のことを著者が揶揄していった言葉。

な影響はなかったが、成熟期に腫瘍発生率が高まった[1]。このような影響は一世代以上にわたってはたぶん認められないであろう。

しかし、生殖細胞系列への伝達が行われない場合でも、このような改変の危険は取り除かれないことを認識することが重要である。発生しつつある個体は生物原理として、発生の初期段階での遺伝子操作により、なおいっそう深刻な変化をこうむるかもしれない。実験室での経験が示すところでは、胚の染色体が好ましくない場所に外来ＤＮＡを挿入され、広範囲にわたる発生阻害を引き起こす可能性がある。例えば、マウスに外来ＤＮＡを挿入することにより正常な遺伝子配列を混乱させると、その混乱がＤＮＡの一つのコピーに生じた場合、マウスは異常な旋回行動をするようになる。また、マウスが近交系でホモ接合型に（すなわち、染色体の両方のコピーに）突然変異が生じた場合には、目の発育欠損、内耳の三半規管の発育欠損および嗅覚を調節する組織、つまり嗅上皮（きゅうじょうひ）［鼻腔の上部にある皮膚］の異常が現れた[2]。

このような「挿入突然変異」のもう一つ別の出来事は、ホモ接合状態における四肢、脳および頭蓋顔面の奇形ならびに胸部右側への心臓の移動を示すマウスの発生であった[3]。これらの発生異常症候群のそれぞれは以前には知られていなかった。遺伝子と生物形態・機能との間の関係の現在の型あるいは将来予想される型から、挿入または破壊された遺伝子配列の知識に基づいて複雑な表現型を予想することは、難しくなる可能性がある。それから、遺伝子操作された胚を発育させて出産させる（「発生期の」遺伝子改変）意図で、遺伝子の挿入または差し替えを初めて試みてもまた一〇〇回試みても、それは人間に関する是認されていない実験となり、人体実験を規制する一九四七年のニュルンベルグ綱領の第五条に違反する。同条は次のように述べている。「死または障害を引き起こすと信ずべき理由があらかじめ存在する場合には、いかなる実験も行うべきではない。ただし、実験する医師も被験者となる実験は除外されるだろう[4]。

発生期の遺伝子改変の試みが不成功に終われば、それは普通の生物学的機能を攪乱し、新しい有害な変異した遺伝子を遺伝子プールに導入するが、その試みが「成功」しても、それは問題を含むものとなるだろう。したがって、多くの科学者または知識のある観察者は、将来病気を治す見込みのある遺伝的状態を作り出すという目的は依然として第一の医学的な課題であるだろう、とは信じていない。その理由は、まれな例外はあるが、出産に際して親が子孫に伝えたくない遺伝子の変異を免れた胚を特定・選択するためには、出生前診断と着床前診断で十分だからである。だから次には、焦点は、生物学的に特別注文され究極的に「より優良な」人を作り出す目的で、どちらの親とも異なる変異した遺伝子を発育しつつある胚に導入することに移る。

未来学者やいく人かの生命倫理学者は、批評家たちが「ヤッピーの〔若い都会派の人々の〕優生学」[2][5]と名づけたものを目指したこのような冒険の将来性を賞賛してきたが、技術好きの「初期の〔優生学的技術を〕採用した親たち」の子孫の実験が失敗しても、それが上手く制御されて、親の期待を反映した結果が生じる限りでは、遺伝的に持てる者〔優良な遺伝子を持つ者〕と持たざる者への社会の分割が起こる可能性がある。しかし、遺伝的に持たざる者は、ただ単に「優良な」遺伝子を与えられなかった人々だけではないだろう。彼らの中には、より大きな人とより優秀な人を求める親の願望が幸いして生まれた将来性のあ

[2] Yuppie Eugenics：古い優生学の現代版で、人々の自発的な意志と選択に基づく新しい優生学のこと。出生前と着床前の遺伝子操作を利用する点では古い優生学とは異なるが、人間の血統と人類の種全体の改善と完成を目指す点では古い優生学と共通している。

るスター運動選手や天才もいるだろう。十八世紀の聖歌隊の楽長は、伝説化した地位である合唱団員としての必要条件を満たすために、生物学的に操作された男性からなるカストラティ[3]という合唱団を召集することができたが、この生命操作実験［男性が思春期に声変わりを防ぐための去勢手術］に失敗した男たち――彼らは、合唱団員というその運命付けられていたが不完全な役割を果たす能力も意欲もなかった――の人生は、歴史の闇の中に消えていった。

子供の才能と他の好ましい形質を生み出すための二十一世紀版の将来性のある発生期の遺伝子操作は、その十八世紀版とはそれほど違わないだろう。発生が完成した後に行われる生物学的操作――美容整形、心臓弁および間接置換術、さらには「体細胞の」（分化した体細胞の）遺伝子治療――とは違って、思春期前の時期の去勢［十八世紀版］と胚遺伝子操作［二十一世紀版］はともに個人の人生における生殖の行動軌跡を変化させ、それをその操作がなかった場合とは本質的に異なるものに変えてしまう。遺伝子を基礎とした医療実践と染色体を基礎とした医療実践では、もともとの種の特徴が維持される保証さえない。このような方法は、いくつかの場合には、偶然にかあるいは意図して、改善された人間を作るために着手されるかもしれないが、結果として産み出されるのは擬似人間か人間以下のものだろう。

あるいは、このような操作は、まさに苦痛を伴う結果を導くかもしれない。例えば、行動の特徴を変化させる目的でマウスの胚を遺伝子改変させる研究が行われ、この目標が達成された。すなわち、成熟したマウスはいくつかの学習・記憶テストで優れた成績を達成し[6]、そして架空の天才児を意味する「プロディジー（prodigy）」にちなんで、「ドゥーギー（Doogie）」という名前のマウスの役でしばらくの間人気テレビ番組に登場した。これがそれほど広く報道されなかったのは、これらのマウスが慢性的刺激に曝された

ときに痛みの感覚も強くなったことを示したからである。(7)

人々の間に広まった（しばしば還元主義的な傾向を持つ科学者と無批判的なジャーナリストに扇動された）誤解に反し、遺伝子は生物の「ブループリント〔青写真〕」または「プログラム〔設計図〕」ではない。むしろ遺伝子型が近似的にのみ表現型を決定すると言ったほうが良い。(8) 同系交配の遺伝的に一様なマウスを三つの異なる実験室で行動させて行動テストの結果を比較した研究では、同一に設定された環境下でも系統的な差異があることが示された。(9) 研究者は、遺伝的な素性と設定が一様であるにもかかわらず、遺伝子の変化が行動に及ぼす影響が著しく異なった可能性がある、と結論づけた。

もちろん、人間は同系交配されたマウスに比べればはるかに遺伝的に多様である。また子を遺伝子工学的に修正するほとんどではないが多くの試みは、予想外の有害な結果を引き起こすと予想することができる。（この疑わしい企ての論理に従って）部分的な制御・管理の下でこのような不確実な結果を引き起こす一つの方法がある。それは、既知の原型「プロトタイプ[4]」からのクローニングにより産み出された数百の培養された胚性幹細胞（ES細胞[5]）から出発し、原型の修正または改善を試みることである。しかし、そのとき、この活動の全路線を動機付けている新しい改善された技術のイデオロギーは、不可避的に起きる実

[3] castrati：バロック時代では、カトリック教会で女性が歌うことが禁じられていたので、女声のパートをボーイソプラノが受け持っていた。彼らは思春期に声変わりするのを防ぐために去勢手術を受け、大人になっても女声のパート（ソプラノとアルト）を受け持つことができた。そのようにして女声のパートを大人になっても担当した成人男性の合唱団のこと。
[4] prototype：クローニングの元となる生物。
[5] 二九一頁の第18章の訳注[9]を参照。

験の過失——それは遺伝子工学的な修正が失敗した結果として、脳損傷とその他の深刻な障害を持つ子供を産み出すことである——を受け入れるどころか、それに反して、完全を求める親にさらに良い結果を求めて再び試みるようせき立てようとするだろう。設計指向型の技術に固有の品質管理パラダイムが実際に始まるだろう。そしてはじめて、人間の生産が製造品の生産と同様に行われるだろう。

発生／発育の初期に行われる損傷を与える技術の介入によるすべての害作用——毒素またはウィルスによる催奇性の損傷（胎児の奇形）、遺伝子のランダム突然変異、幼児期の身体的・心理的虐待——の発生の場合と同様に、そうしたことは起こらなければよかったのにと思うことと、それが他の人々に起こることを防ごうとすることは、この技術の介入によって被害を受けた個人にとって決して非礼ではない。これは、妊婦に対するＤＥＳ（ジエチルスチルベストロール）治療のような善意で行われる介入にも当てはまる。発生期の遺伝子操作はまだ人間には試みられていないが、技術的な能力は達していて、強引なセールスパーソンだけでなく哲学者までもがますますそれを求めている歴史上のこの時点においては、すべての人は遺伝子操作を受けずに身ごもられ、懐胎され、生まれる権利を有すると主張することは、（「予防原則」[5](10)の勧告があるにもかかわらず）将来このようにして産み出されてくるかもしれないすべての人にとって非礼ではない。またそれは、すべての女性の生殖の自律（それには、可能なかぎりあらゆる手段を用いて子供を生む権利は決して含まれない）に対する侵害ではない。

[5] Precautionary Principle：ある活動や政策が有害であるとの科学的に確実な証拠がなくとも、それらが人間の健康や環境に有害であるとの恐れがあると思われる場合にはそれらを規制する措置をとる必要があるとする考え方や原則。

注

(1) A. Leder, P.K.Pattengale, A. Kuo, T.A. Stewart, and P. Leder,"Consequences of Widespread Deregulation of the c-myc Gene in Transgenetic Mice: Multiple Neoplasms and Normal Development," *Cell* 45 (1986) : 485-95.

(2) A.J. Griffith, W. Ji, M. E. Prince, R. A. Altschuler, and M. H. Meisler,"Optic, Olfactory, and Vestibular Dysmorphogenesis in the Homozygous Mouse Insertional Mutant Tg9257," *Journal of Craniofacial Genetics Developmental Biology* 19 (1999) : 157-63.

(3) G. Singh et al., "Legless Insertional Mutation: Morphological, Molecular, and Genetic Characterization," *Genes and Development* 5 (1991) : 2245-55.

(4) In *Trials of War Criminals Before the Nuremberg Military Tribunals Under Control Council Law No.10* (Washington, DC: U.S. Government Printing Office, 1949), 181-2.

(5) Ruth Hubbard and Stuart A. Newman, "Yuppie Eugenics," *Z Magazine* (2002) : 36-9.

(6) Y.P. Tang et al., "Genetic Enhancement of Learning and Memory in MIce," *Nature* 401 (1999) : 63-9.

(7) F. Wei et al.,"Genetic Enhancement of Inflammatory Pain by Forebrain NR2B Overexpression," *Nature Neuroscience* 4 (2001) : 164-9.

(8) Stuart A. Newman,"Idealsit Biology," *Perspectives in Biology and Medicine* 31 (1988) : 353-68; Richard C. Strohman,"Ancient Genomes, Wise Bodies, Unhealthy People: Limits of a Genetic Paradigm in Biology and Medicine," *Perspectives in Biology and Medicine* 37 (1993) : 112-45; L. Moss, *What Genes Can't Do* (Cambridge, MA: MIT Press, 2003).

(9) J. C. Crabbe, D. Wahlsten, and B. C. Dudek,"Genetics of Mouse Behavior: Interactions with Laboratory Environment," *Science* 284 (1999) : 1670-2.

(10) C. Raffensperger and J. Tickner, eds., *Protecting Public Health and the Environment: Implementing the Precautionary Principle* (Washington, DC: Island Press, 1999).

第25章　ポスト・ヒューマンの未来における人間の権利

マーシー・ダルノフスキー

十九世紀末から二十世紀半ばまで広がっていった「人間の遺伝子プールを改善」し、「より優良な人々を産む」という悪名高き努力が、最近の歴史のなかで最も極端な市民的、政治的および人間的権利の侵害のいくつかを引き起こしたが、それについては、ほとんどの人が良く知っている。にもかかわらず、五十年または六十年前では——ＤＮＡの構造が推測される以前は——、「遺伝子権利章典」の条項は無意味だっただろう。

二十五年前でさえも——すなわち、分子レベルでの遺伝子操作の発展、政府に生命特許を与えることを認める法原理の確立およびＤＮＡデータベースの登場以前は、また体外受精と体外受精した胚のスクリーニングが可能になり商業化される以前は、さらに合衆国の主要な出版物で社会的な性選択の広告が現れる以前は——「遺伝子権利章典」は、ディストピア［暗黒郷［1］］の幻想に基づいた根拠のない過剰反応であると人々の間でみなされたことであろう。

しかし、いま私たちは二十一世紀のはじめにいる。植物と動物は日常的に遺伝子組み換えされ、特許化され、企業によって市場に送られている。遺伝子技術は、犯罪科学および医学上の目的でますます人間に適用されている。バイオテクノロジー産業は、二十五年前のその発端以来四〇〇億ドル［約三兆二〇〇〇億円］以上を失ったけれども、[1] 引き続き多数のベンチャーキャピタルを引き付け、新聞のトップ記事の過熱気味な報道を生み出している。

多くの人が述べてきたように、これらの傾向に関する人々の理解は、技術の発展とその商業的な展開にはるかに遅れている。多くの人々は、それらの傾向の技術的な複雑さに萎縮していて、したがって、それらの傾向について政治的または倫理的な判断をしたがらない。政治的な関わり合いから企業支配下の技術プロジェクトには通常警戒感を抱いている人々にとってさえ、人間に関する様々な遺伝子技術の社会的な意味の問題に取り組むことは厄介なことだった。

環境保護運動が少なくとも強力な新しい技術に対する予防手段への手がかりを与えたけれども、予防原則は、技術的な革新が医学の進歩として現れるときには、しばしば無視された。そして環境保護運動は、バイオテクノロジー産業とその支持者たちに打ち負かされた運動である。人間の遺伝子技術についての彼ら［バイテク産業とその支持者たち］の要求は、どう見ても野心的である。すなわち、医療における革命が求められているのだ。また医学上の奇跡が間近に起こるという約束が急増している。そして全世界的な健

---

[1] dystopia：理想郷、ユートピアの正反対の社会のことで、極端な管理社会または基本的な人権を抑圧するという社会として想像される。「ディストピアの幻想」とは、そうした社会があたかも実現されるのではないかと思い込むこと。

康上の不公平な状況の技術的な改善が提案され、それに資金が提供されている。上級研究員たちは、気まずい思いもせずに、年を取ることが、あるいは死でさえもが、バイオテクノロジー的工学によって克服できると言い出している。(2)

生殖遺伝学とポスト・ヒューマン時代の課題

人間のバイオテクノロジーの中で最も厄介なのは、生殖に関わる問題である。現在、着床前遺伝子診断(PGD)として知られている手法によって、性やその他の形質に基づいた胚のスクリーニングと選択が可能となっている。多くのフェミニストや障害者の権利の擁護者はこの医療実践に大きな不安を感じている。しかし、いく人かの熱烈的な支持者にとっては、胚の選択のこのような大雑把な形態は、単に始まりにすぎない。体外受精した胚は、単にスクリーニングされ選択されるよりも、いつかは遺伝子操作・改変されるだろうと予測する観察者は少なくない。彼らは、哺乳類の種を変化させるために今日常的に用いられている遺伝子技術は、人間に適用されれば、将来の子供の形質の「再設計(redesign)」をも可能にするだろうと指摘する。遺伝可能な遺伝子改変(inheritable genetic modification:IGM)[生殖細胞の遺伝子改変と同じ―訳者]のいく人かの支持者は、一世代以内[約三十年以内]に、病気に対する抵抗性が高く、身長と体重が最適な、知能の高い「エンハンス」された[「能力の向上した」という意味―訳者]赤ん坊が生まれるだろうと予測している。さらに遠い将来には、しかし、今日の子供たちの存命中に、遺伝子改変の支持者たちは、人格を調整し、新しい身体の形態を設計し、平均寿命を延ばし、超知能を授ける能力が実現されることだろうと予見している(3)。

親に未来の子孫を再設計する技術的手段を与えようとする野望は、大きな社会的な展望としばしば一体となっている。IGMの支持者は、未来の世代の遺伝子構成を操作することは「人間の進化を自由に操る手段をつかむこと(4)」に達するだろうと指摘している。彼らは正しくも、遺伝可能な遺伝子改変技術が既存の社会的な市場力学と一体となることがきっかけとなって、自己強化する優生学的な工学の急激な発展が生じ、最終的にはおそらく私たちの人間としての共通の生物学的なアイデンティティが放棄されるだろうと述べている。ある人々は、市場ベースの優生学における消費者の選択によって生じた「ポスト・ヒューマン」の未来とその後に続く「遺伝的カースト［階級］[2](5)」の出現を予想している。

このような未来はありうるだろうか。このようなシナリオは、技術的に到達可能な限度を超えているといいのだが。遺伝学者たちの生身の努力の成果――暗闇で光るウサギやクモの糸を含む乳を出すヤギなど――があるにもかかわらず、改変された遺伝子と人工的な染色体は、決して期待したとおりには働かないだろう。遺伝子組み換えされたデザイナーベビー[3]は、予測不可能性と機能不全にあまりにも支配されて、人気のある選択肢には決してならないだろう。

しかし、人間バイオテクノロジーがこれまで辿ってきた軌跡とハイ・バイテクの自由主義的な未来志向のイデオロギー的な影響がますます大きくなっていることは、私たちにこれらの展望をまじめに受け取る

[2] genetic caste：人々が遺伝子の優劣によって階級に序列化されること。

[3] designer babies：受精卵の段階で遺伝子操作して、親の望むような外見や高い知能などを持って生まれてくる子供のこと。

よう忠告している。結局のところ、人間バイオテクノロジーを宣伝する人は、社会の周辺部に存在する無責任な生命工学者たちに限られないし、また科学界の尊敬すべき中心的な人物ではないその他諸々の人たちに限られない[6]。熱心にポスト・ヒューマンの未来を予測する人々の中にはまた、生物医学研究者、バイテク起業家、生命倫理学者および他の分野の学者の一群の人々がいる。彼らのうち動向の気がかりな人たちは、一流の研究機関で働き、重要な文化的影響を及ぼす立派な人物たちである。また不安を与えるのは、彼らの同僚の科学者たちがほとんど沈黙していることである。彼らの多くは新しい優生学に奉仕するためにバイオテクノロジーを用いることについて良心の呵責を覚えているに違いない。しかし、優生学へのバイオテクノロジーの利用に公的に懸念を表明した人は少ない。

生殖遺伝学のための人間の権利の枠組み

米国を本拠地とするCRGというこの小さい非政府組織が「遺伝子権利章典」を書き、提案したのは、このような歴史上の時期においてである。他の権利の宣言と同様に、この宣言も私たちの世界を特徴付けているかまたは特徴付けているはずの社会的条件について大胆な主張を行っている。「遺伝子権利章典」は、遺伝科学における新しい知識と生物学的操作の新しい技術が、そしてそれらが展開される法的、商業的な状況が重大な結果をもたらす、と主張している。そしてそれは、これらの新しい知識と技術をいかに制御すべきかについて広範な同意を確立することが緊急に必要である、と主張している。

『アメリカ法学および医学雑誌』に発表された「絶滅の危機に瀕した人類を保護すること——クローン

ニングと遺伝可能な変更を禁止する国際条約の締結に向けて」というタイトルの画期的な論文の中で、ジョージ・アンナズ、ローリ・アンドリュースおよびロザリオ・イザシは、単一の生物学的な種に属するという人間の状態は「人間の権利の意味とその実行にとって中心的なもの」であると主張している。生殖に関わるクローニングと遺伝可能な遺伝子改変は「人間そのものの本質を変更することができる」ので、これらの技術は「人間の権利の土台を変化させる恐れがある」と、彼らは書いている。このような理由で、「クローニングと遺伝可能な遺伝子改変は独自の種である人類に対する犯罪である」[8]と著者たちは述べている。

米国以外の世界の多くの地域では、人間の遺伝子の再設計という技術は、人権という視点から見られ、それほど深刻に受けとめられてはいない。これらの手法は、「遺伝子権利章典」が「遺伝子操作を受けないで身ごもられ、懐胎され、生まれる権利」と呼ぶものの違反であるとして、容易におよび広く理解されるだろう。特に、生殖に関わるクローニングも遺伝可能な遺伝子改変もまだ人間に適用されていないという事実に照らせば、これらの手法に対する全国的および国際的な禁止を支持する感情は著しく強いことは明らかである。

数十の国々は既にこのような禁止法案を可決しているし、またいくつかの多国間の法律文書も、人権の名の下にこれらの技術に対処する適切な対応を行っている。[9] 例えば、欧州評議会は、数年間の交渉と準備の後、一九九七年に調印のために開かれた「人間の権利と生物医学に関する会議」で遺伝可能な遺伝子改変と人間の生殖に関わるクローニングの両方を禁止している。[10] 同様に、ユネスコの「ヒトゲノムと人間の権利に関する世界宣言」も——法的な拘束力を持つ文書ではないけれども——、クローニングされた人間の生産を禁止し、そして、遺伝可能な遺伝子改変は「人間の尊厳に反している可能性がある」と述べている。

遺伝学の時代における自由と正義

米国では、「遺伝子操作されずに身ごもられ、懐胎され、生まれる」権利を主張する声はそれほど高く鳴り響いてはいるわけではない。私たちは、「人権（human rights）」を含めて、「権利」と言えば、個人を国家の威圧的な力から保護するものと考える傾向がある。しかし、今日では、企業は個人の人生の選択と運命に対して政府と同程度の支配力を持っている。もし仮に、バイオテクノロジーとその補助を受けた生殖産業が「遺伝子エンハンスメント」の手法を開発し、それを将来の親たちに売り込むことを決めたとすれば、「あなたの子供に人生の最良の出発点を与えよう」とする圧力は相当なものとなるだろう。おそらく健康保険会社が介入してくるだろう。売込みを効果的にするために、親に対する強制が政府の権威によって実施される必要もなくなるだろう。そしてもちろん、問題となる子供は――遺伝子操作からの解放が実際には人間の権利であることを私たちが確立しないかぎり――保護はされないだろう。

米国の個人主義的な文化においては、個人の自由を保護し拡大するために、通常は権利が第一にまた一番先に置かれる。それとは対照的に、人間の権利に関する議論は、人々やコミュニティが繁栄できる集団的な状態を守る命令をも意味する。米国では、私たちはまた、権利は、お互いとの複雑で重なり合う関係にやむをえず置かれている人々に当てはまるのではなく、むしろ自分自身にとって価値あるものは自分で選び、自分自身の人生の進路は自分で決める自律した人間としての私たちに適用されるものとみなす傾向がある。私たちは、自律した個人として独力で行動する。多種多様な仕方で互いに依存し合わざるをえない社会的な存在として、私たちは自分たちがどのような世界を築きたいのかについて共通の理解を持つためにともに努力奮闘しなければならない。

最後に、米国に住む私たちは、しばしば個人的な権利や自由を重視するあまり、それらの権利や自由の享受を促進したり妨げたりする社会的な状態についての私たちの認識がぼやけてしまうことがある。言い換えれば、私たちは、権利は必ず力の関係の中に組み込まれていることを時々忘れてしまう。しかし、私たちがその下で生きている政治的、社会的な不平等を考慮せずに、抽象的に権利を擁護するだけでは、社会的な正義を守り、社会的な連帯を作り出そうとする私たちの献身的な姿勢は弱体化するだけだろう。また私たちは、自分たちの政治形態と集団的な生活の基本的な状態に関する決定に参加することができるし、またすべきである、という民主主義的原則を守ろうとする精神も損なわれてしまう可能性がある。

法学者のドロシー・ロバートは、生殖の権利と民族の平等に関連する個人の自由と社会的正義との間の緊張関係に関する彼女の研究論文の中で、「自由についての支配的な見方では、社会の中の最も特権のあるメンバーのためにのみ自由の保護の大部分が保証される」と主張している。それとは対照的に、彼女はまた、「生殖の自由は社会的正義の問題であり」、また「生殖の問題が特殊な地位を占めているのは、個人にとって生殖の問題がどういう意味を持っているかという点から来ていると同様に、また社会構造と政治的関係の中で生殖の問題がどのような役割を持っているかという点から来ている」と主張する。彼女は、新しい優生学の支持者たちが、彼らが「遺伝子改変によるエンハンスメントが民族と階級の格差をより深刻にする可能性を否定する」[12]時でさえも、自らを自由の擁護者として示すことができることに唖然としている。

自由と権利は、それらがどんなに大声で「自明」であると宣言されても、共通の関心事としては、常に社会的な交渉の結果であり、決着がつくにはしばしば多くの苦労を要する。世界のほとんどの国は今では奴隷制を廃止している。多くの国は夫婦間レイプを犯罪とし、子供を売ることと幼児虐待を法的に禁止している。これらは、かつては権利とみなされていた行為が、現在では制限されていると広く認められている行為の例である。

権利は二つに概念化される。それらを「個人選択と自律のモデル」と「社会正義と交渉のモデル」と呼ぼう。実際には、それらは同一の政策立案においてしばしば共存する。例えば、奴隷にされない権利は、個人が不本意な隷属状態に置かれないように保護するが、にもかかわらず、この同じ権利は、ある人が他の人を奴隷にする力を持っている世界は私たちが生きたいと願う世界ではないという——かつてはそれに関して激しい争いがあったが——社会的な交渉を経た合意の結果でもある。

遺伝学における正しいことと間違っていること

これまで述べたすべてのことは、「遺伝子操作されずに身ごもられ、懐胎され、生まれる権利」という提案された権利にどのように当てはまるのか。市場ベースの優生学の支持者たちは、広く受け入れられている私たちの社会の消費者指向の規範に訴えて、また個人の自由と科学の自由と技術の進歩に高い価値が置かれている状況に訴えて、人々は彼らの未来の子供の形質を選択する権利を持っていると主張する。しばしば彼らはこれを生殖選択と「生殖の自由」[13]の拡大として提示する。

これらの主張に対しては、権利に関する「個人選択と自律のモデル」の理論的枠組みからさえ反論できる。クローニングされ遺伝子改変された動物に関する経験から、このような手法［クローニングと遺伝子改変］は、クローニングされ遺伝子改変された子供だけでなくその母親にも非常に大きなリスクをもたらすことが証明されている。発生生物学者のスチュアート・ニューマンが指摘するように、「実験動物のデータをどんなに積み重ねても、最初の対人臨床試験は実験的なもの以外にはならないだろう」。そして、このような手法は、医学的に正当な理由はほとんどないから、非倫理的な人体実験の明白な事例となるだろう。[14]

さらに、クローニングされるかまたは遺伝子改変される人から、生命倫理学者が言うところの「インフォームド・コンセント」を得ることは不可能だろう。というのは、これらの手法は人の誕生前に実行されなければならないからである。そして、生殖クローニングと遺伝可能な遺伝子改変は、クローニングされたかまたは遺伝子改変された人の自律性をほぼ間違いなく危険にさらすだろう。というのは、その人の生命は、親、生殖医療専門医および関連するバイテク企業によって前例のない仕方で管理されるからである。

権利に関する「社会的正義と交渉のモデル」は、提案された「遺伝子操作されずに生まれる権利」をさらに支持するものとなるだろう。このモデルは、生殖クローニングと遺伝可能な遺伝子改変の商業的発展が既存の不平等を激化させ、新たな形態の差別と不平等を生み出す可能性に注意深く関心を向けている。それは、個人の生命に対する、そして人類の遺伝的遺産に対する支配力の新奇な形態を公的または私的な団体に与える危険に注意を払っている。

「遺伝子権利章典」とそれに含まれている「遺伝子操作されずに身ごもまれ、懐胎され、生まれる権利」は、政治的意志と道徳的知性の表明である。それは、壮大な技術の悲惨な結末を目撃した時代において、予防原則を私たち自身の生物学に拡張して適用することを要求している。それは、高まるエリート主義の時代において、連帯と相互性という最小だがきわめて重要な状態としての私たちの共通の人間性を確認することを要求している。それは、不平等をヒトゲノムに刻み込もうとする挑戦に直面して、好むと好まざるとに関わらず、私たちは皆この点では同じであると主張する。

注

(1) David P. Hamilton, "Biotech's Dismal Bottom Line: More Than $40 Billion in Losses," *Wall Street Journal*, May 20, 2004.

(2) Stephan S. Hall, *Merchants of Immortality: Chasing the Dream of Human Life Extension* (Boston: Houghton Muffin, 2003).

(3) 以下を参照。LeRoy Watlers and Julie Gage Palmer, *The Ethics of Human Gene Therapy* (New York: Oxford University Press, 1997) ; Gregory Stock and John Campbell, *Engineering the Human Germline: An Exploration of the Science and Ethics of Altering the Genes We Pass to Our Children* (New York: Oxford University Press, 2000

(4) Stock and Capmbell, *Engineering the Human Germline*.

(5) おそらく、この見方が最も良く表明されている一般向けの本は以下であろう。Lee M. Silver (Princeton biologist), *Re-making Eden: Cloning and Beyond in a Brave New World* (New York: Avon Books, 1998).

(6) 人間のクローニングを目指して積極的に努力しているというSeverino Antinori, Panos Zavos, the Raelians［人間のクローンを作った宗教団体のメンバー］の主張の短い説明に関しては、以下を参照。www.genetics-and-society.org/analysis/promodeveloping/cloning.html.

(7) 遺伝学の上級研究者の中で、まれな例外は、ホワイトヘッド・ゲノムリサーチセンター所長のEric Landerの以下の小論である。"In Wake of Genetic Revolution, Questions About Its Meaning," *New York Times*, September 12, 2000.「最も難しい質問は、私たちはどの程度子供に伝える遺伝子を作り変えることを決めるのか、である。私の近しい同僚のいく人かは、人間の生殖細胞を改変することによって……『不完全な』ヒトゲノムと見られるものを『再設計』する方法を既に提案している。……私はこの点では、私の同僚のいく人かとは意見を異にする。私は、科学的な研究を制限する法律には強く反対するが、人間の生殖細胞の遺伝子改変の禁止は支持したい」。

(8) George Annas, Lori Andrews, and Rosario Isasi, "Protecting the Endangered Human: Toward an International Treaty Prohibiting Cloning and Inheritable Alterations," *American Journal of Law and Medicine* 2, nos. 2/3 (2002): 151-78.

(9) 生殖クローニングと遺伝可能な遺伝子改変を禁止している国には、オーストラリア、オーストリア、アルゼンチン、ベルギー、ブラジル、チェコ共和国、コスタリカ、デンマーク、フランス、ドイツ、インド、イスラエル、イタリア、日本、リトアニア、メキシコ、オランダ、ノルウェー、ペルー、ポルトガル、ルーマニア、ロシア、スロバキア、南アフリカ、韓国、スペイン、スウェーデン、スイス、トリニダードトバコおよびイギリスが含まれている。完全なリストは、以下を参照。www.genetics-and- society.org/policies/other/index.html.

(10) 関連する数節が以下に抜粋されている。www. genetics-and-society.org/policies/ international/council.html. The Convention on Human Rights and Biomedicine, convention.coe.int/treaty/EN/searchsig.asp?NT=164. The Additional Protocol [on human cloning], conventionscoe.int/treaty/EN/searchsig.asp?NT=168.

(11) 関連する数節が以下に抜粋されている。www. genetics-and-society.org/policies/ international/unesco.html. The Universal Declaration on the Human Genome and Human Rights, www.unesco.org/human_rights/hrbc.htm.

(12) Dorothy Roberts, *Killing the Black Body: Race, Reproduction, and the Meaning of Liberty* (New York: Random House, 1997).

(13) John Robertoson, *Children of Choice: Freedom and the New Reproductive Technologies* (Princeton, NJ: Princeton University Press, 1994) ; Allen Buchanan et al., *From Chance to Choice: Genetics and Justice* (Cambridge: Cambridge University Press, 2002).

(14) Stuart A. Newman, "The Hazards of Human Developmental Gene Modification," *GeneWatch*, July 2000, www.gene-watch.org/newman.html.

第26章　胎児と胚の権利ですって？

ルース・ハッバード

「遺伝子操作されずに身ごもられ、懐胎され、生まれる権利」という考え方は、胚と胎児の権利を女性の生殖の権利に対抗させることによって、生殖の自律に対する女性の権利――これを「責任ある遺伝学協会（ＣＲＧ）」は支持している――の主張に逆行するものとなっている。私たちのそれぞれがどのように「身ごもられ、懐胎され、生まれる」かは、私たちが行う決定によって決まるのではなく、私たちがいかなる形態でも存在しないときに私たちの未来の両親、特に母親が行った決定によって決まる。要するに、生殖の自律の支持者たちは、権利を持っているのは、妊娠、懐胎、誕生に責任のある女性［未来の母親］であって、まだ生まれていない子供は、このような未来の母親の持つ権利を上まわる権利は持っていないと主張している。もし私たちが、「遺伝子操作されずに」という文句を削除した場合には、第十条の主張は何の意味も成さないことになる。すなわち、「身ごもられる権利」は全く存在しないし、妊娠中絶が合法か非合法かに応じて、胎児は「懐胎され、生まれる権利」を有すると考えられるか考えられないかのどちらかになるだろう。米国ではこれまでのところ幸いに、胎児はこの権利を持っていない。そこで、「遺伝子操作されずに」という文句が追加されることによってこのような状況が変わるのか。それは次のような意味になるのか。「身ごもられ、懐胎され、生まれる人は、これらの過程［妊娠、懐胎、誕生の過程］を『自然に』たどる事前の権利を有する」。

これは実際にはどんな意味なのか。試験管内で精子の細胞を卵子の細胞に導入することは、遺伝子操作であるのか。もしそうでなければ、なぜそうでないのか。[1] もしそうならば、[2] 体外受精はこの権利［遺伝子

---

［1］人間を対象とする「生命操作」と「遺伝子操作」の守備範囲はどう異なるのか。「人工授精」は、精液を女性の子宮内に注射して受精の発生を助ける操作のことをいう。その他に人工授精に類似した生殖技術として、卵子と精子を体外に取り出して行う体外受精やその一種である顕微授精などの不妊治療の方法がある。体外受精は、著者が「試験管内で精子の細胞を卵子の細胞に導入すること」という方法である。「顕微授精」は、卵子に直接精子を注入して受精させる方法である。したがって、著者が言及している体外受精を含むこれらの生殖技術は、遺伝子を操作しないので、当然ながら、遺伝子操作ではない。ただし、「受精卵の遺伝子操作」は、受精卵を取り出して行われるので、体外受精させてできた受精卵をそのまま体外［試験管内］で遺伝子を操作する手法のことを指している。したがって、その意味では、（受精卵の遺伝子を含む）遺伝子操作は生命操作の守備範囲に入る。これが著者のこの疑問に対する答えである。ただし、訳注［4］で挙げた例のように、不妊治療ではなく、優生主義的な考えから、受精卵選択をする目的に遺伝子診断を利用して体外受精を行うようなケースでは、どちらに分類するか判断するのが難しい場合もある。

［2］intracytoplasmic sperm injection：卵子に精子を人工的に注入すること。精子数が少ない男性の不妊治療法で、「顕微授精（microinsemination）」の別名。したがって、訳注［1］で示したように、著者の主張とは違って、厳密にはこの方法それ自体は遺伝子操作ではないとみなすべきだと考えられる。

操作をされずに、身ごもられ、懐胎され、生まれる権利」に反しているのか、特に体外受精が卵細胞質内精子注入法（ＩＣＳＩ）[3]を含んでいる場合にはそうなのか。さらに、この権利は、妊娠した女性が彼女の胎児の遺伝子構成に影響を与える行為を行うことを防ぐ権限を州政府に与えるのか。そして実際、例えば、コーヒーを飲むこと、ある種の医療用の薬を服用することや気晴らしのための麻薬を使用すること、あるいは病院またはその他の潜在的に遺伝毒性のある環境で働くことなどのうち、どのような行為が胎児の遺伝子構成に影響を与えないというのか[4]。このような権利〔遺伝子操作されずに、身ごもられ、懐胎され、生きる権利〕は支離滅裂で、全く意味を成さない。

もし私たちがこの権利を真剣に考えるならば、人はこの権利が否定されたことに対してどのような訴訟を起こすだろうかを考えてみよう。私の思いつくことのできる最も卑近な類推は、不法行為による死亡訴訟と不法行為による誕生訴訟である。不法行為による死亡訴訟は、医療過失や過誤の結果死んだと考えられる胎児または子供の両親が、責任があると考えられる専門家または病院を訴える訴訟である。このような訴訟は、他の過誤訴訟に非常に似ていて、ごく普通に判決を受けている。不法行為による誕生訴訟は、子供が訴訟を起こす法的地位を確立していなければならないので、非常にまれである〔米国の法では、胎児も胚も法的地位を有していない〕。これまでのところ、このような訴訟では勝訴した例はない。なぜなら、裁判官は一般的に、人はどのような健康状態であれ、生まれないよりは生まれた方が好ましいと思っているからである。したがって、「不法」であると考えられる生命または誕生はないのである[1]。

それとの類推で、もし誰かがその人のゲノムを誕生前に「操作され」たことで訴えたとしても、医療社会的な風潮は、出産医療実践は医学的に正当であると主張する専門家に味方をする可能性が高いだろう。

このような訴訟は、勝訴できる状況にはないだろうし、また確かに女性の生殖の権利を疑問視することには必ずしもならない。さらに、たとえ胎児の「遺伝子治療」が実行されることになっても、いったい誰が正当にも胎児を遺伝子治療から守ることができるだろうか。それは胎児それ自身でないことは確かである。

［3］これは「試験管内受精が遺伝子操作ならば」という意味であるが、しかし、訳注［1］で述べたように、遺伝子操作は、体外受精［試験管内受精と顕微授精］の場合しかできない」と言ったほうがむしろ正しいだろう。というのは、著者の言う「体外受精が卵細胞質内精子注入法［別名「顕微授精」］を含む場合」とは、この両者を含む意味での体外受精のことだからである。

［4］母体によるこの種の自発的ないしは非自発的な行為（非自発的な場合は、第二四章で「貧困な暮らしと有毒なゴミ捨て場の近くに住むこと」（三六二頁）が例に挙げられているが、妊婦が例えば汚い職場で有害化学物質にさらされる場合もそうであり、これについては、第五部の各章を参照）で生じる遺伝子異常は、人工的かつ意図的な遺伝子操作技術を用いた遺伝可能な［つまり生殖細胞の］遺伝子の改変とは根本的に性質が異なる。したがって、著者がこのような疑問をぶつけるのは、今述べた遺伝子の非意図的な損傷・異常と意図的な生殖細胞の遺伝子操作を厳密に区別しないで、むしろ両者を混同しているからだと考えられる。ただし、体外受精と遺伝子診断を併用する場合は、厳密に遺伝子操作と生命操作を区別することは難しいようである。例えば、夫婦の両方または片方が先天性疾患［病気や障害の遺伝子を素因とする疾患］に罹っている未来の親が、種々の疾患発症に関わる遺伝子型の特定が可能となる着床前遺伝子診断を利用して、発症する可能性が低い胚を選び着床させようとしているという場合を想定してみよう。この場合の夫婦のように、体外受精で子どもを生む前提で、着床前遺伝子診断の結果を利用し、遺伝病の原因遺伝子を持つ受精卵以外の受精卵を選んで妊娠させることは、果たして遺伝子操作なのかという問題が生じる。科学者や生殖医療従事者の中には、この場合のような体外受精の利用は、受精卵の遺伝子に直接手を加えたりはしないが、着床前の遺伝子診断が遺伝子によって先天性疾患の発症可能性を調べる診断法を利用しているという点で「遺伝子操作」と分類にする方が適切であると考える専門家は少なくないと考えられる。このように、遺伝子を操作しなくても、遺伝子診断の結果を利用して、受精卵または胎児を選別することは、不妊治療に該当せず、消極的な優生主義的な方法を採用している点で、遺伝子操作の一種に分類することもできるのではないかと考えられる。

うか。

それでは、誰がこの権利［遺伝子治療を受けないで生まれる権利］を実行することができる立場にいるだろうか。

おそらくこれに比肩しうる判断の難しい状況としては、すぐ見ただけでははっきり性別が分からない外見の曖昧な生殖器を持って生まれた新生児の例が挙げられる。米国では最近までは、赤ん坊が非常に曖昧な生殖器を持って生まれ、性を示す染色体上の指標と身体構造上の指標が一致しないために、小児科医が新生児が男か女か決めかねているときには、医師は、性を示すどの外的な器官が最も切除、修正および外科的に改造しやすいかを決め、親にそれらの修正された器官は子供の本当の性を表すのに役立つに過ぎないことを確認させていた。それから親は外科的に修正された子供を医学的に決められた性と一致するように育てるように指示された(2)。

しかし、約十年前から、このように操作された人々のいく人かは、ゲイとレスビアンの運動または性転換運動に類似したインターセックス運動を組織している。そして最近では、彼らは、小児科医と小児外科医との間に同盟関係を見出している。というのは、これらの医師たちは、親が間性［インターセックス］の子供が普通の子供と自身の違いを受け入れる手助けをしようとする際に、進んで親に助言し援助しているからである。これらの医師たちは、子供たちが彼らの身体構造上および生理学上の性を変更すべき年齢に達するまでは、ホルモン上および身体構造上の変化を開始すべきではないという一致した見解を持っている(3)。

かなり強引な類推かもしれないが、上述の議論は、人のゲノムの修正が容認できるかどうか、また、どのような仕方で容認できるかを決める権利を持つのは誰なのかという問題に取り組むためにも役立つ。このような擬似類推にもかかわらず、私は、この権利は否定的な影響を及ぼし、その影響はそれがもたらす潜在的な利益をはるかに上まわると信じつづける。もし私たちがどうしてもこの権利に似たものを保持したいのならば、それを次のように表現することを提案したい。「すべての人は、彼らのゲノムの完全性を保持し、いかなる理由であれ、また彼らの人生のいかなる時点であれ、このゲノムを修正する試みに参加することを拒む権利を有する」。

この言葉は、明らかに出生前の時期を除いているが、親となるべき人によって出生前の時期にも当てはまるように拡大解釈されることができよう。私たちは政治的にも法的にもこれ以上先に進むことは正当化できないと私は考える。

注

(1) Ruth Hubbard, "The Politics of Fetal-Maternal Conflict," in Gita Sen and Rachel Snow, eds., *Power and Decision: The Social Control of Reproduction* (Cambridge, MA: Harvard University Press, 1994), 311-24.

(2) Anne Fausto-Sterling, *Sexing the Body: Gender Politics and the Construction of Sexuality* (New York: Basic Books, 2000).

(3) Alice Domurat Drager, ed., *Intersex in the Age of Ethics* (Hagerstown, MD: University Publishing Group, 2000).

あとがき：人間の権利に関する巧妙な操作に焦点を当てて

「権利章典」という名で知られるアメリカ合衆国憲法の改正憲法は、二百年以上前から研究され解釈されてきた。改正憲法は、この国の市民と社会の変化を反映して、進化しつづけ、個別的に詳細に検討され、練り直されつづけるだろう。改正憲法は、その意味、権限およびそれが与える保護を、部分的には法律の中に占めるその最高の位によって得ているが、それだけではなく、またすべての市民が改正憲法と個人的な関係を保つことによってもそれらを得ている。というのは、改正憲法は、実際、裁判官たちに解釈されるが、それを採択した国で、私たちの生活を通して、私たちのそれぞれによって作り変えられているからである。

バイオテクノロジーの制御に必要とされる問題対応と権利に対する対応には、同様に根気と努力が必要であり、それらの対応は非常に個人的な性質のものである。私には、生命科学の様々な発展は、アイデンティティと人であることに対して重大な挑戦を行っているように思われる。これらの発展は、私たちが男と女として、夫、妻および子供として、家族の一員として、生殖と親業[1]において、集団と公的および私的機関の一員として、病気の個人や健康な個人として、隣人、コミュニティの一員および市民として、ならびに労働者や専門家として演じる役割に影響を与えている。それらの発展は、同時に私たちを個人として変え、私たちの社会を変化させ、伝統的な権利の修正を必要とさせ、新しい権利を考慮することをも要求している。

バイオテクノロジーがもたらしている顕著な変化を考えてみよう。

・**体外受精**。試験管内受精とその最初の成功、すなわちルイーズ・ブラウン〔最初の試験管ベビーの名前〕の誕生からすでに二十五年が経過しており〔彼女もまた健在である〕、女性の体外での妊娠は差し迫っている。[2] 生殖技術は、配偶子〔精子と卵子〕提供者、代理母および両親を以前では想像もつかない仕方で結合させて、すでに新しい種類の家族を作っている。

[1] parenting：おしめを取り換えたり食事を与えたりといった乳幼児の世話から、行儀や作法をしつけたり人格面での教育を施したりすることまでを含む親としての仕事を指す。

[2] gestation outside of a woman's body：S・ウェリン（S. Welin）の著書『体外発生による生殖：ヒトの生殖の第三の時代といくつかの道徳的な結果（Reproductive ectogenesis: the third era of human reproduction and some moral consequences）』を要約した記事によると「第一の時代では、女性の体内での通常の妊娠が自然発生し、子宮内で胎児が成長し、それから、九ヵ月後に新しい個人が誕生し、出現するというヒトの個体の発生過程が行われる。第二の時代は、体外受精（In Vitro Fertilisation：IVF）の時代である。この時代では、胎児は妊婦の体外で受精卵としてその発生過程を開始し、その後妊婦の体内に移され、子宮内で九ヶ月間過ごし、その期間、母体と胎児は空間的にも時間的にも言わば『一緒に旅をし』、誕生時に離れる。体外発生による生殖の第三の時代では、胎児と妊婦の両方は決して『一緒には旅をし』ない。胎児はその妊娠期の全時間を母体の体外で過ごす。私たちは、この二つの生命を妊娠の全期間にわたって時間的にも空間的にも分離させておく。すなわち、胎児が母体の一部であるという状況にある『親密な結びつき』は無くなっている。」著者の言う「女性の体外での妊娠」は、ウェリン氏の言うヒトの生殖の「第三の時代」における「体外発生による生殖」を指しているのかもしれない（http://www.ncbi.nlm.nih.gov/pubmed/15586723）。また、第三の時代は「人工子宮」の発明と共に訪れる。

・**胚の着床前または妊娠中における人間の形質への遺伝的影響の選択**。この選択は、目に見える有益な結果を願うことが動機であるだけでなく、誕生後の器官・組織移植のような実利的目的が動機で行われる。

・**新生児のエンハンスメント検査**。この検査は、病気の［遺伝子］スクリーニングに加えて、発育の特徴、認知の特徴、行為の特徴および音楽や運動などの高い能力の特徴の発現にまで拡張される。まもなくこれによって生涯にわたる医療と病気にかかるリスクの軽減がもたらされるだろう。このような発展の前触れとして、子供の行動修正のためのリタリン[3]の慢性使用と向精神剤投薬治療が挙げられる。

・**人間のエンハンスメント**。今や、主に外科的な方法とホルモン治療の現段階での達成を受けて、まもなくこの目的のために遺伝子選択と遺伝子操作を行うことが考慮されるだろう。加えて、私たちの思考と記憶を補う――または縮小する――ために、埋め込み型機械とナノテクノロジーが考案されているところである。

・**延命**。私たちは今、器官移植と組織移植を含む治療で寿命を延ばしている。過去数十年のあいだに、人間の身体はキメラ――一部は動物または機械で一部は人間――になった。まもなく科学者たちは細胞の老化に影響を与える遺伝子を直接操作しようとするだろう。

・**集団への帰属**。遺伝子検査は、人種、民族、性、性的指向、宗教および居住場所の異なる他人からなる新しい社会組織を創りつつある。将来は、私たちの結婚相手や隣人を選ぶために遺伝子検査が利用されるだろう。

・**アイデンティティ［個人識別または身分証明のための］遺伝子検査とＤＮＡプロファイリング**。政府と企業は現在、それ自身の目的のために、DNA鑑定のような遺伝子技術を用いている。健康と性向を判断するための職場でのDNAプロファイリング[4]がまもなく試みられるだろう。

私たちはこれらの発展にどのように対応すべきか。これらの新しい状況は、啓蒙の価値［理性、自由、科学、自由企業体制などの価値］を再検討するとともに再確認することを、また本書で議論された権利のような有効な権利――古い権利も新しい権利も――を明確化し主張することを私たちに課している。それらの状況は、古い真理を新しい知識と技術と調和させ、貧しい人々に新しい技術の恩恵を得させる新たな政策を考案し実施する機会を提供している。次に示すように、再検討と再定式化を必要とする多くの伝統が存在する。

・**非自発的な［自ら望んだのではない］生物学的、医学的調査および分析から保護される私的空間を保持する権利。**

・**生物学的な根拠で差別されない権利および生物的な根拠で遺伝子構成を他人に曝露されない権利**（一

[3] Ritalin：注意が不足する病気（注意不足障害）の薬。アンフェタミンのような中枢神経興奮剤。

[4] genetic profiling：DNA profiling（「DNAプロファイリング」）と同じ。個人の識別のために、特定の個人のDNAの全情報を調査・分析すること。米国では国民のすべてが、何かあった時にすばやく対応ができるように、すなわち、災害、テロ、事故、誘拐等で犠牲になった場合にそなえて迅速な身元確認が行えるように、DNAプロファイリングで得た自分のDNAデータを「DNA身分証明書」という形で常に携帯しておくよう勧めている。

九、二〇および二一章）。

・誤って有罪を宣告された人の釈放に際して役立った技術（二二および二三章）や大量虐殺の後の人間の遺体の特定のために利用される技術のような**私たちの個人的な自由と権利を守る技術を利用する権利**。

・**個人の医学的情報を管理し利用する権利**――医療専門家と家族の構成員のような他の人々と医学的情報を選択的に共有すること、およびこれらの人との関係から学び恩恵を受けること（一七および一八章）。

人間の創造性と創意工夫の能力は、新しい技術を生み出すことができる。これらの新奇な発展を遂げた新しい技術は、いったん創造されれば、様々な影響力をもって異なった状況で応用することができる。そのほとんどは、有効ではなく、目立った変化をもたらすことはなく、またさらに公的、私的な投資をするに値しないこともあるだろう。時には、新しい技術から重要な影響がもたらされることもあるが、状況によって、それらの技術は、健康に良い効果を生み出すどころか――それらがもたらす個人的な結果や公的な結果が思わしくないことや利用者の不満の増大によって――有害に作用する可能性が高いだろう。まれにだが、技術の革新は、「破壊的」に作用することもあり[1]、それらの革新が作用する個人と環境を大きく変化させることに関わることもありうる。

特定の時点における新しい技術の価値の評価がどうあれ、その技術の研究は、重要な、相互作用する社会的、文化的および政治的な諸要因に関する洞察と見通しを提供することができるだろう。複雑な個人的および社会的な現象から圧力が生じることは明らかである。誕生以来多くの人々の生命は様々な困難に直面し、人間の創意工夫により様々な程度の人間の苦しみは改善するかもしれないが、それらの困難と苦しみは、バイオテクノロジーの創造と応用を生み出す動機としては決して過小評価すべきではない。しかし、これらの人間的な関心事に取り組もうとする試みに加えて、バイオテクノロジーは新旧の困難な課題への洞察と解明を行ってきた。バイオテクノロジーの出現は、新しい研究分野を作り出したが、それだけでなく、宣伝と活動が時には緊急に必要とされる明確な話題を作り出した。生命科学の発展を形作ることができる一連の権利を確立することは、一つのそのような緊急の必要事である。

注目すべきことに、医学的な意思決定と社会的および公的な政策立案のための科学的なデータと証拠に対する需要が最近増加している。それは、米国における現在の連邦の研究管理が最近批判される前から存在する傾向である。一方で、科学的な証明過程の重要性を正しく指摘しながら、科学的知識のこのような第一義的な役割を支持する人々は、事実上すべての科学的な企ての固有の困難、高い費用および進歩の遅さをあまり強調してこなかった。もし私たちが、私たちの生活と他の貧しい世界の市民の生活を変えるために、もっぱら科学的なデータと証拠にのみ頼ろうとするならば、生活を変えるという私たちの大義は、その誕生時に失われている。

むしろ、私は科学が社会にもたらす創造性と創意工夫から利益を獲得する手助けになるもう一つ別の事柄を提案したい。第一に、本書で提示された一連の人間の権利を採用し、それらの権利が広範で多様な人間的関心事に普遍的な関係を持ち、それらの関心事に効果的に訴えるものであることを認識することである。第二に、科学者に技術の革新を知らせるためにこれらの権利について彼らを教育することである。その結果、彼らの研究は、私たちが皆大切とみなす様々な価値に対してより緩やかに作用するだろう。科学者と市民は協力し合って、検討と強化を必要とする様々な過程を特定し、正す必要のある政治的不平等の分野を明確にし、権利が今侵害されている人々を保護することができるだろう。これは、バイオテクノロジーの創意工夫と創造性が開花する可能性のある環境である。これは、人間の必要を――定義するよりも――満たす新しい責任のある科学を生み出すことのできる状況なのである。

科学のこのような進化の要石となるのは、市民としての科学者と市民にとっての科学的知識の必要性に焦点を当てることである。そのためには、より多くの熟考、研究および教育が確かに必要である。ここから、または単に基本的な権利の要求から、政治的活動の新しい同盟と新しい型が生じるだろう。それは、人間の権利による創意工夫と創造性の枠組み、人間の必要に奉仕する知識の枠組みである。

しかし、こうした結果がもたらされるかどうかは確かではない。そのためには人々の思考、活動および善意が必要だろう。私が確信していることは、教条や時代遅れの政治的な喧騒は成功をもたらさないし、科学者と彼らの批判者による自己反省と謙虚な姿勢こそが役に立つ可能性が高いだろう。ここから、強固で凝り固まった力に対して説得し行動する強さが必ずや生まれてくるだろう。

ポール・R・ビリングス
責任ある遺伝学協会

二〇〇四年十一月

注

(1) C. M. Christensen, R. Bohmer, and J. Kenagy, "Will Disruptive Innovations Cure Health Care?" *Harvard Business Review* (September-October 2000): 102-12.

付録：遺伝子権利章典

私たちの生命と健康は、生物的・社会的世界の内部にある複雑に入り組んだ関係に依存している。すべての公共的な政策はこの関係の保護を目的にしなければならない。

商業、政府、科学および医学の諸機関は、遺伝子操作が生命の網にどのような影響を及ぼすことになるか全く分からないにもかかわらず、遺伝子操作を推進している。遺伝子組み換え生物は、いったん環境に入れば、取り除くことはできず、人類と生命圏全体に新たなリスクを及ぼす。

人間の遺伝子操作は、個々人と彼らの子孫の健康に新たな脅威を作り出し、人権、プライバシーおよび人間の尊厳を危険にさらす。

遺伝子、生命の他の構成要素および遺伝子組み換え生物それ自体は、急速に特許化されて商業の対象となっている。この生命の商業化は、病気を治し飢える人を養うという約束の美名の下に行われている。

あらゆる国と地域の人々は、遺伝子革命の社会的・生物的な意味を評価し、その応用を民主的な方向に導くことに参加する権利を有する。

それゆえ、私たち人間の権利と人格的完全性と地球の生物学的完全性を保護するために、私たちはこの遺伝子権利章典を提案する。

一、すべての人は、地球の生物学的・遺伝的な多様性を保護する権利を有する。

二、すべての人は、人間、動物、植物、微生物およびそれらのすべての部分を含む生物が特許化できない世界を持つ権利を有する。

三、すべての人は、遺伝子組み換えされていない食料を手に入れる権利を有する。

四、すべての先住民族は、彼ら自身の生物資源を管理し、彼らの伝統的知識を保存し、科学上の利害関心、企業の利害関心および政府の利害関心による没収と略奪行為からこれらを保護する権利を有する。

五、すべての人は、彼らと彼らの子孫の遺伝子構成を損なう可能性のある毒素、他の汚染物質または活動から保護される権利を有する。

六、すべての人は、強制された不妊・断種から保護される権利、または選択された胚や胎児を中絶または操作することを目的とする強制的な遺伝子スクリーニングのような優生学的手段から保護される権利を有する。

七、すべての人は、彼らの自発的なインフォームド・コンセントなしに遺伝情報を得るために身体の試料を採取または保管されることを防ぐ権利を含む遺伝的プライバシーに対する権利を有する。

八、すべての人は、遺伝子差別を受けない権利を有する。

九、すべての人は、刑事手続きにおいて自らを守るためにＤＮＡ鑑定を受ける権利を有する。

十、すべての人は、遺伝子操作されずに身ごもられ、懐胎され、生まれる権利を有する。

＊　＊　＊

この「遺伝子権利章典」は、次に掲げる人々からなる「責任ある遺伝学協会（ＣＲＧ）」の理事会によって発行されたものである。クレア・ネイダー（Claire Nader、理事長）、マーサ・ハーバート（Martha Herbert）、コリン・グレイシー（Colin Gracey）、ポール・ビリングズ（Paul Billings）、フィリップ・ベリアーノ（Philip Bereano）、デブラ・ハリー（Debra Harry）、ルース・ハッバード（Ruth Hubbard）、ジョナサン・キング（Jonathan King）、シェルドン・クリムスキー（Sheldon Krimsky）、スチュアート・ニューマン（Stuart Newman）、デヴォン・ペーニャ（Devon Peña）、そしてドリーン・スタビンスキー（Doreen Stabinsky）。

寄稿者一覧

マシュー・アルブライト（Matthew Albright） は、コロラド州のドゥランゴに住んでおり、*Profits Pending: How Life Patents Fail Science and Society* の著者である。

ジョゼフ・S・アルパー（Joseph S. Alper） は、ボストンにあるマサチューセッツ大学の化学の教授であり、遺伝子スクリーニングの研究グループ（Genetic Screeing Study Group）の創立時のメンバーである。

フィリップ・ベリアーノ（Philip Bereano） は、ワシントン大学の工学と公共政策の教授である。彼は、バイオセーフティに関するカルタヘナ議定書のための市民社会代表の交渉者を務め、また「アメリカ自由人権協会（American Civil Liberties Union, ACLU）」の全米理事会に所属している。

リチャード・カプラン（Richard Caplan） は、ワシントンにある「米国公共利益調査グループ（U.S. Public Interest Research Group）」の環境保護担当者である。

マーシー・ダルノフスキー（Marcy Darnovsky） は、カリフォルニア州のオークランドにある「遺伝学と社会センター（Center for Genetics and Society）」の事務局次長である。

グラハム・ダットフィールド（Graham Dutfield）は、ロンドン大学クイーンメリー知的財産研究所のハーチェル・スミス上級研究員である。

デブラ・ハリー（Debra Harry）は、ネバダ州のピラミッド湖の北パイユート族の一員で、「生物植民地主義に関する先住民族評議会（Indigenous Peoples Council on Biocolonialism）」の事務局長である。

マーサ・R．ハーバート（Martha R. Herbert）は、マサチューセッツ総合病院の小児神経学者で脳発達研究者であり、またハーバード・メディカル・スクールの神経学准教授である。

ルース・ハッバード（Ruth Hubbard）は、ハーバード大学の生物学名誉教授で、*Exploding the Gene Myth*（邦訳『遺伝子万能神話をぶっとばせ』佐藤雅彦訳、東京書籍、二〇〇〇年），*Profitable Promises, The Politics of Women's Biology* を含む五冊の本の著者である。

ジョナサン・キング（Jonathan King）は、マサチューセッツ工科大学（Massachusetts Institute of Technology）の分子生物学の教授である。

ジェルー・コトヴァル（Jeroo Kotval）は、分子遺伝学者としての教育を受けたコンサルタントで、ヒトゲノム・プロジェクトから生じる倫理的問題の研究に長く従事している。

マーク・ラッペ（Marc Lappé）は、「倫理と有毒物質センター（The Center for Ethics & Toxics）」の事務局長で、*Chemical Deception, Evolutionary Medicine, The Tao of Immunology* を含む数冊の本の著者である。

ポール・スティーブン・ミラー（Paul Steven Miller）は、ワシントン法科大学院大学（University of Washington School of Law）の法学教授で、米国米国雇用平等委員会の元コミッショナーである。

ジョゼ・F・モラレス（**José F. Morales**）は、パブリック・インタレスト・バイオテクノロジーの理事長で、ロックフェラー大学のヒト遺伝学・血液学研究所の博士研究員である。

ピーター・J・ニューフェルド（**Peter F. Neufeld**）は、ニューヨーク市のベンジャミン・N・カルドーゾ法科大学院のイノセンス・プロジェクト（誤って逮捕された無実の人をDNA鑑定で釈放させる運動）の共同創設者及び共同代表である。

スチュアート・A・ニューマン（**Stuart A. Newman**）は、ニューヨーク医科大学の細胞生物学と解剖学の教授で、そこで脊椎動物発生生物学の研究プログラムを指導している。

ホープ・シャンド（**Hope Shand**）は、以前は農村新興国際基金と呼ばれていたETCグループ（環境保護と人権擁護を目指す国際的市民団体の総称）の研究部長である。

ヴァンダナ・シヴァ（**Vandana Shiva**）は、世界的に知られた環境保護運動の指導者で、活動家であり、インドのニューデリーにある「科学技術とエコロジーのための研究基金」の理事長である。

ドリーン・スタビンスキー（**Doreen Stabinsky**）は、メーン州の大西洋大学の環境政治学の教授で、グリーンピース・インターナショナルの遺伝子工学反対キャンペーンの主導者である。

サラー・トフテ（**Sarah Tofte**）は、イノセンス・プロジェクトのプログラム・コーディネーターで、そこで法科大学の学生と大学院生のために設定されたイノセンス・ネットワークの全国的な「間違った有罪宣告—原因と救済策」というコースを指導している。

ブライアン・トカー（**Brian Tokar**）は、バーモント州にある社会エコロジー研究所のバイオテクノロジー・プロジェクトの代表で、*Redesigning life?* と *Gene Traders*（ともに共著）を含む四冊の本の著者である。

ジョン・トゥーヘイ（John Tuhey）は、世界的な情報通信企業のテラブス社の弁護士である。

グレゴール・ウォルブリング（Gregor Wolbring）は、カルガリー大学の非常勤准教授を務める生化学者で、「生命倫理と障害に関する国際ネットワーク」の創設者および責任者である。

【ナ行】

【ハ行】

【タ行】

索引

訳者あとがき

はじめに

本書は、英語版原書が出版されて、すでに七年にもなる。それでも敢えて翻訳出版に踏み切ったのは、二つの理由がある。第一の理由は、現在の日本のおけるバイオテクノロジーに関する本の出版事情に関わることである。すなわち、二〇〇三年にヒトゲノムの解読が完了し、バイオテクノロジーは、ポスト・ゲノム時代に入った。つまり、バイオテクノロジーは、「遺伝子革命」とも呼ばれるような生命操作および遺伝子技術の新たな発展段階に突入した。しかし、このように二十一世紀に移行して、時代がバイテク革命の新時代に入ったにもかかわらず、わが国では、この分野の類書は、相変わらずｉｐＳ細胞の発見と開発に代表される新たな再生医療や遺伝子治療の発展によって将来の医療が約束される夢のような未来を描いたり、旧社会主義圏の消滅後に生じた経済のグローバル化という新たな段階への資本主義の発展の下でのバイオ・ケミカル産業の支配の現況を描いているものばかりである。その一方で、このようなバイオ技術の革命的な発展の下で、人々がこの技術に支配されて彼らの人権が侵害され自由が制限されている現状を全般的に対象とし、その問題点を明らかにした書物は稀有である。このように、初版の発行から数年の歳月が経過したにもかかわらず、本書は、英語圏での書物としては新しいバイオテクノロジーによるこれらの人々の権利と自由をめぐる現状とこの技術の生命倫理上の問題点を、米国の専門家たちが包括的に論じた唯一の書物であると言ってよい。

第二の理由は、今日にまで至るアメリカ社会の世界文明における先導性に関わるものである。二十世紀に入って以降、科学技術の進歩と工業化の推進においては常にアメリカが先頭を走ってきた。またこれらの進歩による資本主義の高度な発展は、これまでに見られなかった新しくて複雑な影響をアメリカ社会にもたらしてきた。時代がミレニアムに突入してから、アメリカは、バイオ技術の分野だけでなく、パソコンや携帯電話、スマートフォンなどの個人向けの娯楽・通信手段の発明と製造・販売で時代をリードしている。しかし、こうした技術の革命的な進歩は、社会に生きる人間の生活に、良いにせよ悪いにせよ、様々な影響を及ぼし、犯罪の多様化、各種のいじめの増加やそれらの新しい形態への変化など、技術革新と産業のグローバル化が進行するたびに新たな社会病理現象を発生させてきた。戦後、一九六〇年代に日本が飛躍的な高度経済成長を遂げたのも、日本独自に成長した産業が一因として挙げられるが、同年に改定された日米安保条約の締結を受けて、産業と生活様式がほぼ全面的にアメリカナイズされたことが主因であると思われる。しかし、とは言いながらも、アメリカで新たに生じた社会現象が日本にも現れるには、私が大学生時代を過ごした七〇年代においても、少なくとも二十年から三十年は要すると言われていた。例えば、私が家族を持ち始めた七〇年代半ばには、すでにアメリカで「幼児虐待」の現象が頻繁に起きていたが、私たちはニュースでこの言葉を聞いても、ピンとこなく、実際にはどのような行為が行われているかは想像もつかなかった。ところが、二十一世紀に入ってすぐに、日本に本格的な長期政権(小泉政権)が登場すると、アメリカの新自由主義を多少は変容させながらもほとんどそのまま取り入れ、派遣社員などの非正規雇用に関する企業の雇用形態が規制緩和された。その結果、正社員が大幅に減少し、ワーキングプアに苦しむ若者が多くなった。それ以来、現在に至るまで、生活に苦しむ若年夫婦（内縁関係にある若い男女を含む）による児童虐待がわが国でも頻繁に見られるようになったことは周知のとおりである。この間、児童虐待の大量発生の「震源地」であるアメリカ社会からこの行為が日本に本格的に伝播したのは、計算して見ると、やはり約二十五年である。

ではバイオテクノロジー革命の日本への影響は、どうだろうか。遺伝子組み換え食品の添加物の審査を経ないわが国への大量流入は今のところ阻止されているものの、胎児の出生前診断を受ける妊婦は九〇年代以降、増加の一途をたどっている（「出生前診断で『胎児に異常』、一〇年前と比べて中絶倍増」、二〇一二年四月五日、朝日新聞電子版を参照）。しかし、本書を読むと、アメリカでは胎児の出生前の遺伝子診断は、健康保険が効かないために貧困層を除くとしても、普通の身分の人々には特別な検査であると考えられているようには見えない。この点を考えても、日米の社会現象の進展の時間的な開きは、少なくとも十年から二十年間はあるように思われる。本書が日本の読者に自分の抱える身近な問題として真剣に読まれるようになるのに少なくとも十年以上はかかると思うが、私は多くの人々にその前に読んでいただきたいと思っている。

以上が、私が本書を日本の読者に提供することを敢えて企てた理由である。

一　訳語問題

翻訳を決めた段階での私の本書に対する印象は、内容が理論的（むしろ哲学的と言ったほうがいい）で専門用語も含めて難解な語句が多く使用されているので、大衆向けの本ではないなあ、というものだった。しかし、使用されている語句はともかく、その内容に関しては米国のある程度教養のある人々にとってはおそらくちょうど良い程度の書物だろうというのが私のこの本に関する第一印象だった。実際に翻訳作業を始めて感じたことは、それぞれの専門家の文体の違いに対応するのに多少苦労したことや、アメリカ人しか分からない流行語や著者たちの造語の理解に苦しむこともあったが、後者は編者のクリムスキー教授の助言が解消してくれた。

第一に"technology"の訳語には「技術」を採用した。というのは、それを「テクノロジー」と訳すと、"technological"は「テクノロジー的」と訳さざるを得なくなり、不自然になるからである。それはむしろ「技術的」と訳すのが自然である。したがって、"technique"の訳語にも「技術」の訳を当てることとなったが、その場合には（　）内にその原語を示した。ただし"biotechnology"は、そのまま「バイオテクノロジー」の訳語を使用した。その他にも、いくつかの外来語はそのまま使用したが、それらはコンピュータ用語や生命科学の学問分野を表す言葉が多い。

第二には、①"sustainable development"を「持続可能な開発／発展」、②"developing countries"を「発展途上国」または「開発途上国」、③"integrity of ecosystems"を「生態系の健全性／完全性」のように斜線「／」で二つの訳語を併記した場合がある。その理由は①と②の場合には、途上国の側では「発展」の訳を好み、途上国を援助する先進国の側からは「開発」の訳を好む傾向があるので、文脈によって訳し分けたが、②に関しては、ほとんどの場合「発展途上国」の訳語を採用した。

第三に、"development"には（個体の）「発生」および（成長した生物）の「発育」の両方の意味がある。

ただ、"developmental biology"は「発生生物学」のことなので、文脈で使い分けたが、生物の専門文献を見ても厳密には使い分けられていないようなので、文脈から判別しがたい場合には「発生／発育」という訳語を使用した。第三に、"genetic"という"gene"（「遺伝子」という意味）の形容詞の訳し方についてはは一言しておく必要がある。例えば、"genetic manipulation"は「遺伝子操作」と訳され、この場合には"genetic"は「遺伝子の」の意味で用いられている。他方、"genetic information"などの場合には"genetic"は「遺伝子の」の意味を含みながらも、「遺伝情報」と訳されるのが普通である。この語にはこのような訳し方があるので、"non-genetic"という語は「非遺伝子（の）」と訳すのは不自然なので、「非遺伝的な」という表現に変え、その語と対にして用いられている"genetic"は当然「遺伝的な」と訳さざるを得ないという場合がある。例えば、"genetic composition"または"gene composition"と言えば、普通は民族や性別や個人によって異なる「遺伝子構成」（遺伝子型（genotype）または遺伝子プール（gene pool）［後者の意味については五三頁の第一章の訳注[17]を参照］）のことであるが、"genetic and non-genetic composition"のように"non-genetic"と対になって用いられる場合がある（三〇三頁）。この表現を「遺伝子構成および非遺伝子構成」と訳すと、前者はその意味が伝わるが、後者は日本語の表現としては、何のことか分からないので、訳語の統一にこだわってこのように機械的に翻訳することは避け、この場合には「遺伝的および非遺伝的な素因」と訳した。このような場合がいくつかあるので、念のため承知しておいてほしい。

最後に"human rights"は基本的に「人権」と訳し、"rights of man"は「人間の権利」の訳語を当てた。ただし、本書ではタイトルに含まれている表現の意味を生かすために、「自由」の語と並置されている場合には「人間の権利」という訳語を当てた。この点には、四七頁第一章の訳注[3]でも言及している。

二　本書の問題点

本書で、ＣＲＧの提案した「遺伝子権利章典」の条文に異論を唱えている著者が二人いる。紙数の都合上、以下で彼らの主張を紹介・検討することで、本書の問題点の指摘としたい。

一人は第16章の著者のグレゴール・ウォルブリング氏である。氏は、「遺伝子権利章典」の第六条は不十分であると批判して、第六条を次のように改定することを提案している。すなわち、「すべての人は、遺伝的**および非遺伝的な**素因に関して判断されることなく、身ごもられ、懐胎され、生まれる権利を有する」（二七二頁）（強調は引用者）のように。第六条で挙げられている「選択された胚や胎児を中絶または操作することを目的とする強制的な遺伝子スクリーニングのような優生学的手段から保護される権利」は、障害者の場合に見られる「**遺伝によらない**先天的な遺伝子の異常」（強調は筆者）に関しても当てはまることは明らかである。にもかかわらず、ウォルブリング氏によると、ＣＲＧは、女性の生殖の自由［子を産む自由——したがって妊娠中絶には反対する立場］の促進を主張するある組織の声明（二六九頁）——この声明の内容は「着床前遺伝子診断の（性格障害に対する利用を含む）医学的な利用は許されるということを意味している」と氏は主張する（同頁を参照）——を支持することによって、「第六条が防ごうとしていること、すなわち、優生学的手段を許して」「医学的な利用のために着床前遺伝子診断を用いることに関しては全く何も述べないということになるという」（同頁）。私の考えでは、ＣＲＧがこのように、障害者や遺伝病の遺伝子のキャリヤ［保因者］または障害者や遺伝病患者の誕生を避けるために医学的な遺伝子スクリーニングを利用することに反対しながらも、男女の産み分けのような非医学的な遺伝子スクリーニングの利用だけに反対し、それ以外の医学的な遺伝子診断を（子どもの出産か中絶かの）選択的判断に利用する行為に対して明確な賛否の決断を下せない首尾一貫性のない姿勢に陥った理由は、根底的には、女性の「生殖の自由」と「生殖の自律」（両者は異なることに注意！）に関して明確な見解を打ち出すことができなかったことにあると言ってよい。というよりもむしろ、生殖の自由と自律の問題に関してCRGの内部に見解の相違があるからだと思われる。

このような見解の相違は、出生前の遺伝子改変の問題に関する議論においてはより顕著に現れている。すなわち、第26章で、ルース・ハッバード教授は、「『遺伝子操作されずに身ごもられ、懐胎され、生まれる権利』という考え方は、胚と胎児の権利を女性の生殖の権利に対抗させることによって、生殖の自律に対する女性の権利——これを『責任ある遺伝学協会（CRG）』は支持している——の主張に逆行するものとなっている。」（三八二頁）と主張している。彼女の言う「生殖の自律に対する女性の権利」とは、「体内にいる子どもを生むか生まないかを女性自身が決める権利」の意味である。また、第一〇条の文言に認められるように、CRGがまだ生まれていない胎児にあたかも「権利」があることを認めるような表現を採用することは、胎児に権利を認めていない米国の裁判所の見解に反するだけでなく、胎児を産むか否かを判断する権利としての女性の生殖——これをCRGは認めているにも関わらず——の自律にも反する。すなわち「生殖の自律の支持者たち（彼女もその一人である）は、権利を持っているのは、妊娠、懐胎、誕生に責任のある女性［未来の母親］であって、まだ生まれていない子供は、このような未来の母親の持つ権利を上まわる権利は持っていない」（同頁）というのがCRGに対する彼女の異議の趣旨である。

最後に、この問題について私が編者のクリムスキー教授と交した電子メールの内容をご紹介して本書の問題点の検討を終えたい。

「親愛なるクリムスキー教授、

私は今、本書の日本語版のタイトルについて考えているところです。問題は『権利と自由』という言葉を日本語版のタイトルに含めるべきかにあります。この問題を考えながら、私は、「権利」という言葉に「自由」という言葉を付け加えるべきか否かについてCRGの間で激しい議論が戦わされたのではないかと推測しています。

私がそのように考える理由は、「遺伝子権利章典」には「自由」という言葉は全く用いられていないことです。もう一つは、ルース・ハッバード教授が、第一〇条の考えは生殖の自律に対する女性の権利に反するものだと考えて、本条を批判していることです。

私は、「権利」の概念は「自由」の概念と対立するのではないかと考えています。また私の考えでは、生殖の自律に関するルース・ハッバード教授の主張〔『遺伝子操作されずに身ごもられ、懐胎され、生まれる権利』という考え方は、胚と胎児の権利を女性の生殖の権利に対抗させることによって、生殖の自律に対する女性の権利――これを「責任ある遺伝学協会（CRG）」は支持している――の主張に逆行するものとなっている〕は一理あると考えています。というのは、「自律」という言葉の意味の方が「権利」という言葉の意味よりもより一層「自由」という言葉の意味に近いからです。

アメリカでは、『自由主義または個人主義』は人々の自由を強調するのに対して、『民主主義』の概念はアメリカ人の権利の主張を含んでいると考えられます。ですから、本書の内容は、このような自由主義または個人主義と民主主義の対立を反映しているのではないかと思います。この点は、私が本書を読んだ結果、私の脳裏に生まれた想像力の産物にすぎません。私は実はアメリカに（シカゴですが）一度しか行ったことがありません。私はあなたに、この二つの考え方がアメリカ人の心の中でどのように混在しているのか、また本書がこのような対立する概念の混在する事実をどのように反映しているのかについてあなたのご意見を伺いたいと思っています。

長島功

二〇一二年八月二八日

親愛なるイサオ

権利と自由に関するあなたの分析はほとんど正しいと言っていいです。「権利」は法的・道徳的なカテゴリーです。それに対し、『自由』は政治的なカテゴリーです。両者は確かに対立する概念です。合衆国では、自由（liberties）という言葉の概念には、宗教を信じるか無宗教を貫くべきかの選択の自由（freedom）、開業する際にどこに住居を構えるべきかの選択が含まれます。というのは、厳密な意味での『権利』とは、人が他の人々または国家に要求または期待するものと関わりがある言葉です。例えば、『私たち（米国民）はヘルスケア（医療）を受ける権利を持つべきであるのに、実際には今のところは持っていない』と感じる人もいるでしょう。私たちは、遺伝子組み換えされていない食品を食べる権利を持っていると主張する人もいるでしょう。他方で、企業はＧＭ食品であってもそのような食品であるとの表示をしていない食品を製造する自由があると考えるでしょう。

事実、「権利」と「自由」は確かに互いに衝突する時があります。つまり、あなたが「自由」と感じたものが私の権利と衝突することがあるのです。例えば、私は、タバコの煙を含んでいないきれいな空気を吸う権利があると考えて、他の人々にタバコを吸わない義務を課すことができると思います。それに対し、タバコを吸う人は、タバコを吸う自由が私の吸う空気を汚すとしても、彼らは喫煙する権利があるのだと考えるというわけです。

シェルドン・クリムスキー

二〇一二年八月二八日

最後に、本書の翻訳に当たってお世話になった方々に感謝の言葉を述べたい。私が事務局長を務める「バイオハザード予防市民センター」の顧問の本庄重男博士には、生物学に関する初歩的な事柄についてご助言をいただき、心から感謝を申し上げたい。また原著書の編者のシェルドン・クリムスキー教授には、私からの数多くの質問に一つ一つ丁寧にお答えくださり、感謝に堪えない。最後に、私からの本書の翻訳の提案を快諾していただいた緑風出版の高須次郎氏に厚く御礼申し上げる次第である。

長島　功

二〇一二年の残暑厳しい初秋の日

[編著者略歴]

シェルドン・クリムスキー（Sheldon Krimsky）

タフツ大学の都市・環境政策の教授およびパブリックヘルス・家庭医学の非常勤教授である。彼は、「責任ある遺伝学協会」の創立時の理事会メンバーである。クリムスキー教授は、これまでに140を超える論文や報告を発表しており、また *Genetic Alchemy: The Social History of the Rcombinabt DNA*、*Biotechnics and Society: The Rise of Industrial Genetics*（『生命工学への警告』木村利人監訳、玉野井冬彦訳、家の光協会、1985年），*Agricultural Biotechnology and the Environment*（R. Wrubelとの共著）、*Science in the Private Interest*（『産学連携と科学の堕落』宮田由起夫訳、海鳴社、2006年）を含む７冊の著書を出版している。出版された大部分は、遺伝学とバイオテクノロジーの社会的な影響と倫理的意味を主題としている。

ピーター・ショレット（Peter Shorett）

マサチューセッツ州のボストンでフリーランスのライターとして仕事をしている。彼は、経済学と政治の科学に関する様々な雑誌で書いており、「責任ある遺伝学協会」のプログラムの元責任者である。

[訳者略歴]

長島　功（ながしま・いさお）

バイオハザード予防市民センター事務局長、ロゴス英語教育研究所長、翻訳家。1950年生まれ。1974年静岡大学人文学部卒業。1983年広島大学大学院地域研究研究科修士課程修了。国際学修士。ルーズベルト大学ジャパンセンター講師、大手予備校等の英語講師、フリーランスの翻訳者を経て現職。専攻：哲学、経済学、社会思想史、環境社会学、環境法学、生命倫理学、科学技術論

著書論文:『教えてバイオハザード！』（共著、緑風出版、2003年）、『国立感染研は安全か――バイオハザード裁判の予見するもの』（共著、緑風出版、2010年）、論文その他多数。

e-mail address：snc66543@nifty.com

遺伝子操作時代の権利と自由
——なぜ遺伝子権利章典が必要か

2012年11月15日　初版第1刷発行　　定価3000円＋税

編著者　シェルドン・クリムスキー／ピーター・ショレット
訳　者　長島　功
発行者　高須次郎 ©
発行所　緑風出版
〒113-0033　東京都文京区本郷2-17-5　ツイン壱岐坂
［電話］03-3812-9420　［FAX］03-3812-7262［郵便振替］00100-9-30776
［E-mail］info@ryokufu.com［URL］http://www.ryokufu.com/

装　幀　斎藤あかね　　イラスト　Nozu
制　作　R 企 画　　印　刷　シナノ・巣鴨美術印刷
製　本　シナノ　　用　紙　大宝紙業・シナノ　　E1200

ISBN978-4-8461-1217-2　C0036